·第四版·
最新版

PLAY THERAPY
THE ART OF THE RELATIONSHIP

游戏治疗

（美）加利·兰德雷斯（Garry L.Landreth）/ 著

雷秀雅 葛高飞 / 译

重庆大学出版社

版贸核渝字（2009）第 131 号

图书在版编目(CIP)数据

游戏治疗/(美)兰德雷斯(Landreth，G.L.)著；
雷秀雅，葛高飞译.—重庆：重庆大学出版社，2013.8(2022.8 重印)
(心理咨询师系列)
书名原文：Play Therapy：The Art of the
Relationship
ISBN 978-7-5624-7643-6

Ⅰ.①游… Ⅱ.①兰… ②雷… ③葛… Ⅲ.①儿童—游戏—
精神疗法 Ⅳ.①B844.1 ②R749.055

中国版本图书馆 CIP 数据核字(2013)第 181013 号

游戏治疗
Youxi Zhiliao

［美］加利·兰德雷斯（Garry L.Landreth） 著
雷秀雅 葛高飞 译
策划编辑：王 斌
责任编辑：敬 京 版式设计：敬 京
责任校对：夏 宇 责任印制：赵 晟

*

重庆大学出版社出版发行
出版人：饶帮华
社址：重庆市沙坪坝区大学城西路 21 号
邮编：401331
电话：(023) 88617190 88617185(中小学)
传真：(023) 88617186 88617166
网址：http://www.cqup.com.cn
邮箱：fxk@cqup.com.cn (营销中心)
全国新华书店经销
重庆市正前方彩色印刷有限公司印刷

*

开本：720mm×1020mm 1/16 印张：20 字数：316千
2013 年 8 月第 1 版 2022 年 8 月第 7 次印刷
ISBN 978-7-5624-7643-6 定价：58.00 元

译者序

我多年从事特殊儿童心理研究与心理治疗工作,在研究与治疗实践中深感游戏对于孩子心理治疗的重要性。正如同大家理解的那样,游戏是孩子的世界,只有在游戏中孩子才能真实地展示自己,因此,游戏是我们了解孩子,与孩子沟通的最好途径之一。这不仅仅对那些需要心理治疗的儿童,对于一般儿童也如此。游戏疗法是我们在特殊儿童治疗中主要运用的治疗方法。在治疗实践中,这看似简单的疗法,由于孩子们的个体差异和游戏疗法自身的特点,因此要想达到较好的治疗效果并非易事。当读完兰德雷斯博士的这本《游戏治疗》后,我有一种兴奋的感觉。因为,有许多在治疗实践中让我困惑不解的问题,在这本书中找到了答案。在此,感谢兰德雷斯博士,感谢他对游戏治疗精彩而详细的描述,感谢重庆大学出版社,感谢出版社将这本优秀的图书带给中国读者。

这是一本教您使用游戏疗法的书。本书脉络清晰,结构完整,作者在开篇就为我们概括性地介绍了游戏疗法的背景知识和发展历史。随后,他又用生动的语言为我们描述了如何布置出一间游戏室以及应该把什么样的玩具和游戏材料放入游戏室中。在阐明了儿童、家长和治疗师三方可能出现的问题和在孩子接受游戏治疗时三方面应该持有的态度之后,作者使用了大量的篇幅详细地介绍游戏治疗的具体方法和步骤。在一个循序渐进的讲述过程之中,作者一步步地把读者带进了游戏治疗的世界,同时也带进了孩子丰富的内心情感世界。作者在此书的写作当中不但结合了自己丰富的经验,还引用了大量详实的参考文献,保证了本书的专业性和客观性。书中出现了很多插图和案例,这些都能帮助读者更好地理解和运用游戏疗法。

兰德雷斯博士,是全世界最大的游戏治疗中心的创立者兼董事长,是以儿童为中心的游戏治疗和亲子游戏治疗的领军人物。此书用最朴素的语言介绍了如何用游戏治疗的原则来活化与儿童互动的过程，了解儿童进而帮助儿童达到心理上的成长。本书不仅是游戏治疗相关工作者及研究者不可或缺的工具书，同时对家长来说也是一本实用的育儿手册。总体上来说，本书受众较广，对于专业研究者、家长及相关工作者都具有较高的实用价值，是值得学习、参考、收藏的一本书。兰德雷斯博士作为当代游戏治疗的大师，他将以自己深厚的治疗功底向你展示，如何用以儿童为中心的游戏疗法来关注、接纳和启发儿童，与儿童建立良好的治疗关系，让他们在宽松愉悦的氛围中，用游戏自由地表达出内心的情感和愿望，并且在治疗师充分的信任中自己做选择，自己做决定，不断地进行自我探索，最终实现成长的跨越。

此外，本书还能帮助你从不同的视角来看待孩子的成长问题。在很多时候，作者以督导师的身份告诉读者，在游戏治疗中你应该注意什么，避免什么；而有的时候，作者又会以孩子的身份向大人们诉说自己不被关注的内心感受；在读者可能产生疑惑的地方，作者会引用其他治疗师的话，以此来告诉读者其他人在面对相同问题时可能出现的感受；当你不明白某些治疗步骤或技术为何不能用别的方式来进行时，只要看了接下来作者所描述的孩子的心声，你就会感到恍然大悟；当做为游戏治疗新手因为治疗没有取得成功而感到沮丧时，看了其他治疗师对于自己相同失败经历的描述也许能让你获得启发。总之，本书有利于读者更好地换位思考，以全方位的立体视角来看待孩子的成长问题。

目前，孩子的教育问题牵动着每一位家长的心，生活节奏的加快，生存压力的增大，使得家长很早就开始为孩子做各种打算。殊不知，在不经意间，家长们不自觉地把自己的需求当成了孩子的需求，把自己的愿望强加在了孩子身上。虽然家长也都是从孩子长大的，但是却忘却了孩子在这个应当充满欢乐与自由的年龄里真正想做的事情。与其说本书教会了我们如何使用游戏疗法的技术，不如说它教会了我们如何与孩子一起生活。游戏是儿童非常重要的交流媒介，引用作者的一句话就是："玩具是孩子们的词汇，游戏是他们的语言。游戏对于孩子的作用就像语言对于大人一样重要。"希望这本书能让治疗师和家长们更好地理解属于孩子们自己的语言，让孩子们在游戏中健康快乐地长大。

译　者

2013 年 7 月 20 日

前　言

　　我曾犹豫过是否要写这本书,因为我所认识的孩子们的世界总是在不断地变化,几张白纸上的只言片语并不足以将它呈现出来。毕竟,书面的语句不能充分地传达出个体的感受和体验。然而,我所付出的努力是为了要促进成人与孩子之间的交流,因此,我必须进行尝试。要试着表达出心中对孩子们的认识和对孩子们的世界的感受,这对我来说是一个艰巨的任务。我能与读者建立心灵上的沟通吗? 我能让读者理解我吗? 我能让读者感受到我对孩子的情感吗? 读者会改变对孩子们的看法吗? 读者能更好地理解动态儿童世界的特点吗? 书中的内容会让读者改变对待孩子的方式吗? 很明显,我是怀着忐忑的心情投入到写作当中的。

　　或许应该首先指出,我已经把游戏疗法当成了一种与孩子交流的媒介,它能让治疗师充分地体验到孩子的世界。在交流的过程中,治疗师要勇于向孩子展现其真实的自我,并敞开心扉去感受孩子传达出的细微而微妙的信息。这些信息蕴含着孩子个性中的独特之处。游戏的过程被认为是孩子为了获得对周围环境的控制而作出的努力。孩子的问题不会脱离孩子本身而存在。因此,游戏疗法作为一种动态的方法,正好能与孩子动态的内在心理结构相匹配。

　　使用游戏疗法来帮助儿童的心理健康的从业人员在不断地增多,这充分说明了作为人生早期的发展阶段,儿童期的重要性已经获得了人们越来越多的关注和认同。我们的社会渐渐开始将儿童当作正常的人来看待,而不再把他们看成是玩物或是没有内在情感的物体,也不再把他们看成是造成大人烦心的罪魁祸首。大人们发现,儿童其实是拥有无限潜力、具有非凡创造性并不断处于成长和发展之中的真真正正的人。如果大人们愿意打开紧锁的心门,耐心地去聆听的话,孩子们完全有能力让他们了解自己的真实面貌。孩子是真正的人,不是大人身边简单的附属品,他们拥有自己独立的感受和反应,而不需要依赖于大人去体验各种喜

1

怒哀乐。"孩子不安是因为母亲不安",这种假设并不成立。如果真是这样的话,我们是不是可以假设,如果房子塌了母亲很平静,那孩子就不会受到任何影响了呢?不是的。儿童是独立的个体,他们有自己的人格,有着属于自己的感受,并对这种感受做出属于自己的反应。所有的这些感受和反应都是独立于他们生活中的重要成年人而单独存在的。

本书介绍了有关孩子以及他们世界的知识,这些知识是我从孩子们的身上学到的。孩子们的世界比我在这寥寥数页中所进行的描述要丰富得多;同样,游戏疗法中的经验以及和孩子们的关系也远比本书中的介绍要复杂得多。感受一个孩子接纳自己的过程是无法用语言来描述的,只有治疗师置身于与孩子的关系之中,亲身经历那个与孩子无私分享的时刻,才能对此有所体会。我的目的正是打开一扇通往孩子世界的门,通过这扇门去帮助孩子们感受、探索、体会和创造这个充满新奇、激动、快乐,有时又带点悲伤的色彩斑斓的世界。

本书第三版包括了众多的修订,治疗步骤的扩展解释以及新的素材。第三版较之前的版本更加易于使用。关于以儿童为中心的游戏治疗的章节已彻底重写,使该理论知识和方法原则更加容易理解和应用。关于游戏治疗关系的开始、促进式回应的特点、父母参与游戏治疗等的章节也彻底重写,内容也有所扩展。

由于管理式护理流程的要求,在很大程度上激起了学习短期游戏治疗兴趣的快速增长,因此,在"短期强化式游戏疗法"一章增加了当下强化式治疗研究的最新发现和成果。游戏治疗中心已在研究减少各次游戏治疗的间隔时间的有效性,为使用降低间隔时间的限时模型提供了有力的支持。

第三版新增加了治疗伦理和法律问题,基于多元文化的以儿童为中心的游戏治疗方法,以及游戏治疗监督等内容。游戏治疗领域的动态发展过程已包括了当前该领域的发展和趋势,并结合章节内容补充到位。第三版还新增加了一章,总结了近期大多数控制性结果研究,如整合分析研究,证明了在各文化群体以及各种各样的问题行为上,以儿童为中心的游戏治疗的有效性。

针对前两个版本中的经验法则的反应很热烈,因此在第三版中,我加倍提出了更多的经验法则,用以阐明游戏治疗关系。在第三版中,我还保留了对一些主题和争论的探索,我的研究生们指出在他们学习游戏治疗过程和儿童关系动态变化时,这些主题和争论均很重要。本书包括的一些基本主题如下所示:

- 游戏在儿童生活中的意义:在对适应良好和适应不良的儿童进行游戏治疗

时,游戏的各个发展阶段

- 理解游戏治疗中的游戏主题

- 以儿童为中心的理念以及游戏疗法治疗关系理论的特点、主要概念和宗旨

- 以儿童为中心的游戏治疗的多元文化方法

- 孩子在游戏治疗过程中所学到的内容

- 治疗过程中,游戏治疗师所应具备的必要的性格要素和他所要扮演的角色;

- 促进式回应的特点,对如何帮助儿童承担其对自我成长的责任所提出的具体指导;

- 对建立一间游戏室的详尽指导,推荐的玩具和材料;

- 对于如何向父母解释游戏疗法的具体建议;

- 对抵触或焦虑的儿童的应对方式,对游戏室中关系的构建;

- 儿童对游戏治疗经历的感受;

- 设定限制条件的时机,限制设置的步骤,限制被打破时的应对方式;

- 游戏室中的典型问题,对于如何应对这些问题的建议;

- 一项有关游戏治疗中的问题的调查,比如对孩子游戏的参与、礼物的接受以及最后谁来收拾打扫等问题;

- 对于儿童游戏治疗案例的摘录和讨论:一名濒临死亡的孩子,一名需要情感宣泄的孩子,一名操控欲很强的孩子,一名选择性缄默的孩子,和一名扯光自己头发的孩子;

- 短期游戏治疗和高强度游戏治疗;

- 如何决定游戏治疗程序和终止程序的指导;

- 对 10 周亲子游戏治疗模式的描述;

- 理解游戏治疗主题;

- 以儿童为中心的游戏治疗中,控制性结果研究的综述。

本书中还有一些内容是关于我自己的,其中包含了我的经历、体验和感受。因此,在我表达自己的感受时,都使用了代词"我"。而通常在我使用"作者"一词时,其后所描述的内容并不代表我个人的观点。

目 录
CONTENTS

1 关于我

我读书一直有一个习惯,那就是首先要了解作者或至少了解有关作者的一些事情。因为这有助于我更加清晰地了解作者试图传达的内容。所以,本书在一开始的时候,我想让读者先了解一些关于我的事情,或许这对你们了解本书的内容有所帮助,哪怕我的文字没能确切承载我真正想表达的信息,读者也能借助对我的了解来更好地理解这本书的真谛。当我开始考虑用文字来记述我与孩子们一起的经历和我对孩子们的感受、信念与希望,以及游戏疗法在孩子们生活中的重要性时,我就真切地感到了担忧和不妥。这也许就是我会如此看重在游戏治疗关系中我与孩子们在一起的原因,因为在那里,我们不会由于文字交流不畅而受到任何制约。

小时候我是个骨瘦如柴、发育缓慢的孩子。那时我就读于一所只有一个房间,且房间里装满了所有 8 个年级学生的乡村小学,老师是我的母亲。那样的环境给予我许多优良品质,使我能以真诚的、欣赏的目光去看待事物,使我产生了努力奋斗的动机,产生了对学习的热爱,更产生了一种对那些不为人们所注意的,所谓"劣等孩子"的关注。由于这些经历,我现在能敏锐地觉察到那些不被人注意的孩子们。

我并非一直以来都是与孩子们融洽相处的,我猜这点和你们当中许多人一样。因为,当初我还不能从经验和情感上真正地了解孩子们的世界,对此我感到一些遗憾。那时候,我是通过书本上的知识和在大学所获得的知识去认识孩子们的变化的,但这仅仅是"认识",并没有用心灵去触碰他们,或触及他们的世界来真正"理解"孩子们。有时孩子们就在旁边,我也注意到了他们,但就是不会想到要尝试如何更好地与他们交流。由于急于需要让自己像成人一样稳重成熟而获得认同,我内心中的那个"孩提"被掩盖了。对我来说,成人就意味着要严肃对待生活,要充满责任感。现在,我意识到了以前所以要那么做,一部分原因是想要摆脱某种不胜任感以及这样一个事实:在我整个大学期间以及21岁刚成为高中老师的那年,我都看起来要比我的实际年龄年轻很多,以至于我曾经常被错认为是那些高中生中的一员。

直到教了4年书、攻读了硕士学位以及拥有了2年高中学校咨询的经验以后,我才在新墨西哥大学儿童中心担任研究生助理时首次获得窥探儿童内心世界的机会。在那里我遇到了一位敏锐且洞察力极强的博士生导师,他在我身上看到了一些我自己都没能发现的潜质。他鼓励我去与孩子们打交道,并把那令我为之激动的、内容丰富的游戏疗法介绍给了我,正是通过这个疗法我才慢慢开始探索和体验那逐渐向我敞开大门的儿童世界。

有没有可能用语言来描述改变人生的因素呢?如果答案是肯定的话,那么这趟发现之旅未免显得微不足道或者无关紧要,又或者二者兼而有之了。因为就大多数词语来说,其本身就是微不足道和无关紧要的。此刻,我想把我与孩子们接触过程中所获得的最真实的快乐表达出来,这些快乐为我的生命增添了丰富的内涵,而这些感受却是无法通过语言表达的。怎样能把孩子们在充满生命力的活动中所流露出的好奇与兴奋描述出来?又怎样把孩子们不断在生活中所表达的新鲜气息表达出来?能把这些简单的描述为孩子们惊人的韧性吗?显然不行,我确实无力把这些感受性的经验准确而又完整地表达出来。想到这里,我的思维出现了短暂的停滞,不再活跃,虽然大脑能清晰地回忆出那曾发生过的一幕幕,但语言却显得贫乏,一时间找不到能用来表达那些体验的词语,尽管我对那体验再熟悉不过了。

人生不能被描述,它只能被体验和领悟,话语能被评价,但人生却不行。这就是人生,从它展现在我们眼前的那一刻起我们看到的就是它的全貌,它不会给你更多,也不会更少。我们不会看着一个人然后去评判他"拥有了过多的或过少的人生"。的确,在我的许多重大的发现中,其中有一项就是:孩子们几乎不会去评价其他孩子的人生,但他们之间会互相影响,然后都尽可能地接纳对方。在我职业生涯的早期,体验无条件地接纳孩子们,对我来说是具有深远影响的重要经历。孩子们并不会希望我做得更多或更少,我能感觉到他们之所以接纳我是因为在当时那一刻我就是我,他们并没有尝试去让我改变,他们喜欢我的状态和方式。那时候的我不必伪装,去除所有掩饰,我发现我完全能展现出最自然、最真实的自己,这是一种多么神奇的释放自我的体验啊!现在,每当我与孩子在一起时,这种体验仍然会在我身上延续。而在当时,我也认识到了作为孩子,他们也表现出了最真实的自己,我正是在这样的基础上与他们接触,接受孩子应有的外在表现,孩子应有的人格特点。这样的接触就成为了分享伙伴相聚以及彼此相互接纳的互惠体验。

早期,在游戏治疗中与孩子们产生的互动,唤醒了我内心前所未有的对生命历程的由衷景仰。抛开那些对生命外在的欣赏,一种新的赞叹也油然而生,这种赞叹深深地震撼着我的生命。生命不像有些东西那样可以改变、可以取消,也不像有些东西需要不断克服重重障碍,才能证明其价值。生命存在于对生活的不断感激之中,我由此获得一种兴奋,这种兴奋就是按照上帝为我们创造的模样去生活所获得的兴奋,是作为自我的兴奋!作为更纯粹的自我,这就意味着要接受自己是纯粹的人类的身份,即在接纳自己众多优点的同时也要接纳自己各项缺点,因为每个人身上确实既存在优点又存在缺点,我们所犯过的错误正好能说明一个问题:我们的确是一个容易犯错误的——人类。这些经历对我来说是一个很重要的发现,但是当我细想时,它似乎又不算一个发现,而好像是一个自然而然的过程,就像生命一样,由静静体会,到逐渐在意,然后再慢慢地开始欣赏。在此,我想把佩斯(Peccei)在《以孩子们的名义》(1979—1980)一文中的真情流露送给读者。

假如曾经我们会允许自己去完整、真实地触碰一个孩子对生命的好奇并以他为师的话,那我们现在一定会说:"感谢你,孩子……因为你使我想起了作为人类所拥有的快乐与兴奋;感谢你让我陪伴你一起成长,因此我能再次学到我早已淡忘的质朴、专注、全心全意、好奇和爱,并且学会了尊重我自己生命的独特性;感谢你让我从你的眼泪中明白了成长的艰辛和生存于人世间所要经历的痛苦;感谢你为我展现了热爱他人以及与他人为伴的人类最纯真自然的天性,这种天性的成长就好像生命奇迹之花朵一般绚丽绽放。"(Peccei,1979—1980:10)

当我与孩子们的关系在游戏治疗中获得进展的同时,我在与成人的咨询会谈方面也取得了惊人的进步。从那时起,咨询过程好像提速了,我变得更加高效起来。就连之前那些纠缠不清、毫无进展的成年来访者的咨询,其进度也开始推进,我与来访者之间出现了更深层次的分享与自我开放。当我审视这些进展时,所有这些改变都要归功于我更加留意那些来访者身上细微却是固有的线索,并对其进行了及时的反馈。我认为这种对来访者细节敏感性的提升,正是来源于我对孩子们精细沟通形式敏感性的提升。由此我发现,与孩子们在游戏治疗中的高效,使得我与成年来访者的心理咨询也变得高效了。

1966 年,我进入了北德克萨斯大学咨询师教育系,并于 1967 年第 1 次教授了《游戏疗法》课程。当时游戏疗法在德克萨斯并不为人们所熟知,在全国的其他地方,情况也是大致如此。俗话说得好,万事开头难。但是从那时起到现在,游戏疗法的普及状况已经发生了翻天覆地的变化,其发展历程是如此的激动人心。

位于北德克萨斯大学(the University of North Texas) 的游戏治疗中心(Center for Play Therapy) 最早是由我发起建立的,如今它已承担了世界上最大的游戏治疗培训项目,每年都向人们提供 5 个方面和层次的游戏疗法课程,它们分别是高级游戏疗法、亲子游戏疗法、团体游戏疗法、硕士生游戏疗法实习课程和博士生高级游戏疗法实习课程。

在教授游戏疗法课程中,当我进行角色扮演时所显示出的我身上所具有的"孩提成分"是真正让我感到享受的东西。借此我找到一种平衡,这种平衡把我从平日里对待事物过于认真的倾向中解脱了出来。我现在已经能够真正地去珍视自己身上的"孩提成分"。为此,我对孩子身上的特点更加敏感且充满敬意。我发现,当与孩子们在一起时,和自己头脑里那些有关为人处世的知识相比,我更关注的是我自己本身。

在游戏中,我陪伴着孩子们一起体验他们复杂而又单纯的内在情感世界。在洞察这一情感世界所展露出的跳跃式色彩时,我也一直在学习有关孩子们以及我自身的东西。我把我所学到的东西和我与孩子相处的心得结合起来,总结出一些基本原则。

与孩子相处的原则

我并不是什么都知道，

　　因此，我不需要试图表现得好像什么都知道；

我需要被爱，

　　因此，我要敞开心扉关爱孩子们；

我想要更多地接纳自己内心中的"孩提成分"，

　　因此，我要怀着好奇与敬畏的心来允许孩子们照亮我的世界；

我对儿童期各种错综复杂的现象知之甚少，

　　因此，我会让孩子们教我；

我自身的努力奋斗对我影响深远也使我受益匪浅，

　　因此，我要加入到孩子们的"努力奋斗"中去；

我有时需要获得慰藉，

　　因此，我会给予孩子慰藉；

我希望自己的本性被他人完全接受，

　　因此，我会努力体会和赞赏孩子的本性；

我会犯错误，错误是我存在形式的宣言——我是人类，是人类就可能犯错误，

　　因此，我会容忍孩子们所犯的错误；

我通过主观情感的内化和表达来对我的客观世界产生影响，

　　因此，我会放松对客观事件的把握并尝试进入到孩子的内心世界中；

作为能提供答案的权威人士的感觉很棒，

　　因此，我会做足工作让孩子们不依赖于我，自己解答问题；

我在感到安全时会显得更加轻松自在，

　　因此，我会与孩子们保持交流与互动；

我的生活只有我自己才能过，

　　因此，我不会尝试去约束一个孩子的生活；

我从亲身经历中学到的东西最多，

　　因此，我会尽量让孩子去自己经历更多的事情；

我对人生的希望以及对生活的信念都来源于我自己内心深处，

因此,我会认可和肯定孩子的意志和个性;

我无法赶走孩子们内心的伤痛、恐惧、沮丧和失望,

因此,我要尽量让孩子们免受伤害;

当我脆弱的时候我会感到恐惧,

因此,我在触碰孩子易受伤害的幼小心灵时会满怀着亲切与温柔。

参考文献

Peccei, A. (1979—1980). In the name of the children. Forum, 17-18, 10.

2 游戏的意义

> "儿童游戏的作用不仅仅只停留在身体的运动上,游戏对于孩子来说不仅非常重要而且意义远大。"
>
> ——F. Froebel

从发展的眼光来看,我们应该多接触并且多了解孩子们,而不应该只把他们看做是成人的缩小版。他们的世界与成人世界不同,有着自己独特、具体的现实内容,而孩子们的体验往往通过游戏来与人进行交流。为了减轻孩子们在语言表达上的负担,同时探索他们的情感世界,治疗师们必须放松对客观现实以及言语表达的把握和重视,而转向孩子们的"真实情感体验"。在成年人的世界中,最普遍的沟通媒介是语言表达,但是在儿童世界中,他们的媒介却是游戏活动。

游戏的功能

游戏作为儿童普遍享有、不可剥夺的权利,对儿童的成长以及各方面的发展都具有普遍而重要的意义,这在联合国关于游戏的报告中已经得到了肯定。游戏是儿童期最主要的活动,它可以在任何时间、任何地点开展。孩子们做游戏是本能的、自发的、感兴趣的、没有目的性的,他们不需要他人教导,也不需要他人强迫,自己就能做游戏。为了让儿童游戏变得更有"价值",有些成人给游戏赋予了类似于"任务"的意义,而为了实现"为将来的成功做铺垫"以及"加快儿童成长进程"的目的,很多成人难以容忍儿童"玩浪费时间的游戏"。他们认为只有那些可以取得收获,或者是能朝成人设定的目标靠近的游戏才是可取的。

很遗憾,很多人都将游戏界定为儿童的任务,这在某种程度上是在尝试使游戏合理化,然而这一行为却暗示着:只有当游戏符合成人世界的想法和目标时,游戏才是重要的。然而,与童年期除了能为成年期做准备以外还有其独特的内在价值一样,儿童游戏也有其独特的价值,而不能仅仅以其对日后成长的重要与否作为评判。与任务(有目的性,通过适应即时环境的需求来靠近目标或是完成已规定的工作)相比,游戏对儿童来说是为了追求内在的完善,而并非为了获得外在奖励,通过游戏孩子们可以吸收外在世界的信息,以构建自己内在的观念世界。

弗兰克(Frank,1982)指出,通过游戏儿童可以学到从别人的教育中所不能学到的知识。他们通过游戏来探索并适应现实世界中的各种概念——时空、事物、动物、结构以及人。在游戏的过程中,儿童学会理解我们用象征性概念表达的含义和价值,与此同时他们以自己的方式来探索、验证和学习这个世界。

根据沃特曼的观点:

儿童本能和自发的活动使他们获得了形成概念化、结构化能力的机会,同时也把他们带到了日常行为活动中可以直观触及的层面,儿童可以凭借自己已有的经验和感受来对直观世界进行摸索。也就是说,游戏为儿童提供了一个让其"体验"那些令他们感到困扰、冲突、疑惑的社会场景的机会,尤其对于那些不具备流畅的语义表达能力的幼儿。由于幼儿的感觉统合能力还处在发展中,所以那些不断变化的、种类繁多的游戏工具和材料是他们表达自己情感和态度的理想方式。(Woltmamn,1964:174)

在10~11岁以下的儿童中,大多数孩子都难以在较长时间里乖乖坐好保持不动,对于这样的小孩来说,他们必须要有意识地努力才能保持坐好,这些努力会导致将创造性的能量消耗在做无用功上。而游戏疗法满足了孩子们身体上自由活动的需要。在游戏活动中孩子们可以做的事情有:释放积攒的能量;为承担生活责任做好准备;实现有难度的目标;摆脱沮丧的情绪等。孩子们可以通过游戏获得身体上的接触,以此来缓解对竞争的本能需求,在社会认可的范围内表现攻击性,学会与他人和谐相处。游戏还能帮助孩子们发挥自己的想象力,理解他们文化中的象征性符号,以及获得一些社会技能(Papalia & Olds,1986)。当孩子做游戏的时候,他们表达的是自己的个性,而支撑他们行为的是那些有可能在日后融入他们个性的内在能量。

象征性游戏

根据皮亚杰(Piaget,1962)的观点,游戏搭建起了具体经验和抽象概念之间的桥梁,并且正是因为具有象征性的功能,游戏才变得如此之重要。在游戏中,儿童通过感觉运动的方式来感知具体物体,并用这种物体来代表他所直接或间接经历过的其他事物。有时候当前物体与其所代表事物之间的联系看起来非常明显,但是有时候它们之间似乎又没什么联系。不管看起来有没有联系,游戏都表现出了儿童想要把自己已有的经验组织起来的愿望。并且,这样的游戏过程有可能成为儿童一生中为数不多的良好经验,如,因为获得了更多控制感而使得安全感大大增强的生活事件经验。

以儿童为中心的理论认为,游戏是儿童健康发展的必备条件。游戏以具体的形式和表达方式展示了儿童的内心世界。在情感上,孩子在游戏中会用特殊的、充满含义的表达方式来代表自己的重要经历,并以此将其表达出来。游戏的一项主要功能就是通过符号表征来把现实中难以处理的情景转变为在游戏条件下可以处理的情景,从而为儿童提供了通过自我引导学习处理问题的机会。治疗师之所以对儿童采用游戏疗法,主要就是因为游戏是儿童自我表达的象征性语言。"通过操作玩具,孩子在游戏中会比在运用语言的环境下表现出更好的适应性,他可以用玩具表达出他对自己以及生活中重要的人和事的感受。"(Ginott,1994:51)"治疗师如果执著于文字思维,且难以容忍不服从大人安排而异想天开的孩子,那么他会时常品尝到失败的恶果。"(Axline,1969:127)

一个生动的例子可以说明成人和儿童在情感表达和行为反应方面存在差别,这个例子就是2001年美国发生的"9·11事件"。在事件发生几天以后,成人一遍又一遍地诉说着他们所经历的震惊和恐惧。而那些遭受同样打击的儿童几乎从来没有再提起过这次事件,他们的恐惧反应通过游戏体现了出来:他们把积木搭建成塔,然后再用飞机去撞击这座塔。大楼燃烧过后轰然倒塌,警报悲鸣,民众死伤,救护车把伤员一一送往医院……一个3岁孩子在游戏治疗中反复地斥一架直

对儿童来说,通过游戏去体验自己的经历和情绪是最自然、最有自愈效果的过程,这也是在孩子们能力范围之内的事情。

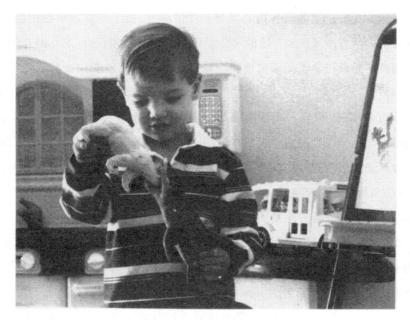

如果直接表达的话,有些情感和态度可能会让儿童感到害怕,所以把情感和态度投射到自己选择的玩具上会让他觉得更加安全和舒适。

升机去撞击墙壁,并看着飞机掉落到地板上,然后很激动地说"直升机我恨你! 直升机我恨你!"

儿童用游戏来沟通

既然已经认识到游戏是儿童最基本的交流方式,我们就应该更加重视游戏的作用。使用自发的、本能的游戏与使用语言相比,前者让儿童可以更加充分直接地表达自己。这主要是因为游戏是一种能让他们感觉到更加舒适的表达方式。对于儿童而言,用游戏"演示"经历和感受是他们能够参与的,既满足动态需求又包含自我治疗过程最基本的形式。游戏是一种信息交流的媒介,如果非要把儿童限制在语言表达上,那就是给咨访关系的建立无故添加了障碍,实际上就是在对儿童说:"你必须要达到我的语言交流水平,必须用语言和我交流。"治疗师的责任就是进入到儿童的水平框架中,以儿童感觉轻松的交流方式进行沟通。为什么儿童一定要与成人一致? 一名合格的治疗师应该具有很好的自我调整能力,掌握成熟的应对技能,知道如何有效地与各层次来访者进行沟通,并且能够用发展的眼光解读儿童。当治疗师说"给我说说这件事吧"的时候,其实儿童已经处在了一个要去适应治疗师的不利环境下了。

在治疗工作中,与儿童建立良好关系的最佳途径就是通过游戏,而建立良好的咨询关系则是治疗中的一个关键性步骤。游戏能够提供解决冲突以及实现情感交流的方案。"毫无疑问,玩具是那个孩子表达的一种媒介,所以玩具实现了孩子沟通的过程……他自由游戏的内容正是对他想要做的事情的表达……当他没有得到任何指导自由玩耍时,他表现的就是一个独立思考和行为的过程。他终于把自己一直在试图'公布'的感受和态度给释放了出来。"(Axline,1969:23)如果直接表达的话,有些情感和态度可能会让儿童感到害怕,所以把情感和态度投射到自己选择的玩具上会让他觉得更加安全和舒适。因此,一个孩子更可能会采取埋沙子、射击恐龙或者是拍打代表弟弟的娃娃屁股等行为,而不会直接用语言表达自己的思想和情感。

儿童对感受的表达在语言层面上通常是不通畅的。从发展角度来看,他们还缺乏相应的认知能力以及语言使用熟练度;从情感层面上看,他们还不能一边专注于自己的感受一边考虑如何用语言的方式充分表达出自己的感觉。我们从个体发展的研究中可以知道,大概 11 岁之前的儿童都不能很好地进行抽象推理和抽象思考,就像皮亚杰(Piaget,1962)所指出的那样。语言是由符号组成的,而符号正是抽象的。毫无疑问,我们费尽心思用语言描述出来的东西,其在本质上就是抽象的。儿童的世界是一个具体的世界,只有当我们近距离接触儿童才有可能接近他们的世界。游戏是儿童具体的表达方式,是他们认识和改造世界的方式。

即便是最正常且能力突出的儿童在生活中也会遇到一些看似难以克服的障碍。但是当他以自己的方式把这些问题通过游戏表达出来以后,他就可能一步一步地摸索,最终变得能把问题解决好。儿童经常会使用可能连他们自己都难以明白的象征性手段,因为他们的行为通通都是由某种内在心理机制所引起的外在表现,而他们行为的起因可能已经被深深地埋藏在潜意识中了。这有可能导致在那一刻我们完全无法理解其游戏所代表的意义,甚至被误导,因为我们并不知道这个游戏的真正目的是什么,也不知道它会向何处发展。在没有紧急危险情况的条件下,最好的做法是不对孩子们进行任何干扰,因为他们正全神贯注于游戏的过程中。尽管想要在游戏中帮助儿童的意图是美好的,但是这样做有可能会阻碍他们的自我探索,打断他们的终极发现,隐藏对他们最为有益的通过自己探索而得出的问题解决方式。(Bettelheim,1987:40)

治疗过程中的游戏

游戏是一种自发的、由内在动机引起的活动,它在决定物品如何使用的问题上具有灵活性。不存在外在目标,孩子们在做游戏的过程中是很开心的,而游戏结果也是无关紧要的。游戏集合了孩子们的身体、精神和自我情绪 3 个方面,并把它们投注到了创造性表达和社会交流上面。所以当儿童做游戏时,我们可以说这个儿童是一个"完整的小孩"。"游戏疗法"这个术语已经预示了哪些活动可以被称之为"游戏"。对于一个正在读故事书的儿童,我们不会说:"她正在做游戏。"就像之前对游戏的描述一样,游戏疗法被界定为受过系统游戏疗法训练的治疗师与儿童(或者其他任何年龄段的人)之间动态的人际关系。其中,治疗师向儿童提供精心挑选的游戏材料和工具,并促进一种对孩子安全的关系发展,让他们通过游戏(孩子基本的交流方式)可以充分地进行自我表达和探索(情感、思想、经历以及行为),从而获得最佳的成长和发展。

大多数成人都可以将自己的情感、挫折、焦虑以及个人问题转化为某种形式的语言表达。游戏对儿童的重要性就与语言对成人的重要性一样,它是表达感情、开发人际关系和自我实现的媒介。如果有机会,儿童就会以游戏的方式像成人那样很好地传递出他们的情感和需求。对于不同的孩子,他们表达的程度和沟通手段都是不同的,但是他们所表达的内容(恐惧、愤怒、高兴、沮丧、满足)与成人却是一样的。从这个角度来看:玩具就好比是儿童的词汇,游戏就是他们的语言。因而,如果在与儿童的咨询中仅依靠语言来沟通,那就否认了交流的另外一种存在形式,即富有画面感的活动。

一些游戏治疗师的目标就是"让孩子说话"。这种情况往往揭示了该治疗师自身焦虑不适,想通过让孩子说话来寻求控制感的状况。治疗并非只局限于谈话治疗。既然谈话治疗可以存在,那为什么游戏治疗不能存在? 游戏为儿童提供了能反映其整体行为状况的机会,而不单单是言语行为。

斯莫伦分析了那些与治疗师几乎没有语言交流的孩子所取得的进步:

我们得出了一个非常直观的结论,即只有在语言治疗能够完全代表动作治疗的情况下,它才会起作用。即便是对成人而言,用词语来描述动作也并不总是恰当的。例如,光是围绕行为障碍这类患者就涌现出了海量的专业著作,单凭这一点就可以看出要用语言代替行为是多么困难。词语作为行为的抽象化和替代品而存在,它对经验丰富的成年人来说总是充满了意义;但是对于尚未成熟的儿童来说,孩子们还没有获得自由运用抽象表意和思维方法的能力。即使是掌握了一定量的词汇,他们仍然缺乏丰富的经验以及必要的背景知识,因此他们不能在治疗中利用词语的潜在含义来把自己的情感经历充分表露出来。(Smolen,1959:878)

对于孩子们而言,让他们用语言说出自己的感觉以及那些曾经经历过的事情对自己所产生的影响是有一定难度的。但是,如果能有一位细心的、懂得与孩子共情的成年人出现,孩子们就会用他们所选择的一些玩具和材料来表露内心的感受,并把自己所用的材料、行为的过程以及所表演的故事内容通通展现给治疗师。儿童的游戏对他们自己而言是非常重要也极具意义的活动,因为通过游戏他们把自己延伸到了所掌握的语言无法企及的领域。比如,儿童可以用玩具表达那些他们说不出来的东西,做那些在实际生活中他们不方便做的事情,以及表达那些在现实中可能遭到训斥的情绪、情感。游戏是儿童自我表露的象征性语言,它可以揭示:①儿童经历了什么;②对于这样的经历儿童有怎样的反应;③这些经历引发了怎样的感受;④儿童的愿望和需求是什么;⑤儿童的自我概念的发展状况。这些都是在儿童游戏治疗过程中非常重要的资料信息。

游戏代表了儿童想要整合自我经验以及自我世界的愿望。通过游戏过程,儿童体验到了控制感,虽然在现实生活中环境可能是难以控制的。弗兰克对儿童为了获得控制感而做出的尝试进行了如下解释:

儿童在游戏中不断使自己适应新的环境变化并以此来把当下的自己与逐渐累积的过去联系起来。儿童反复重演自己过去的经历,并把它们吸收进入已有的相关图式或者是作为新的理解框架进行储存……通过这种方式,儿童不断地重新发现自我,伴随着他与世界之间关系的每一次改变,他尽其所能同时也不得不重新更新自己对自己的印象,把新学到的知识和技能增加在自己身上。同样,当儿童试图消除现实中的困惑时,他们可以通过操控游戏的材料和道具以及大人们的一些东西来解决游戏中的问题和冲突,以此来学会解决现实问题的方法。(Frank,1982:24)

在儿童期,孩子们总会感到许多事不受自己控制。游戏恰恰就是为他们生活提供平衡与控制的最佳手段。在游戏中,孩子们通常能控制各种游戏事件,虽然这并不意味着孩子同样也能控制这些事件所代表的现实生活事件,但只是这种控制的感观或者感觉就能满足孩子们在情感发展与精神健康方面的需求了,所以并不需要实实在在的控制。

理解孩子们的游戏行为有助于治疗师寻找到深入儿童内心情感世界的线索,因为儿童的世界就是动作和行为的世界,所以游戏疗法为治疗师提供了进入儿童世界的契机。由治疗师精挑细选、种类繁多的玩具有利于让孩子们更好的发挥,完成更多有关感受的描述。这样,孩子们就不会被局限在只谈论所发生的事情上,而是会继续深入下去。因为他们在游戏中体验的不光是过去的经历,还有与之有关的情感。因此,治疗师就应该抓住机会参与到孩子们的情感生活中去,而不应当只着眼于回顾过去的生活事件。由于孩子们完全沉浸在游戏当中,他们现在乃至过去的态度和情感都被以一种详尽的、具体的以及最直观的方式表露出来。在这样的情况下,治疗师就可以针对孩子们当前的活动、状态、感受以及情绪做出回应,而不必过多地关注过去的背景。

如果一个孩子是因为攻击性行为而被推荐给了治疗师进行治疗,那么这个治疗师在来访小孩企图用镖枪射击自己时,不但能通过亲身经历来获取有关侵犯性行为的第一手资料,同时还能利用在咨询设置中设定适当限制条目的方法来对孩子的行为做出回应,并以此帮助他学会自我控制。要是没有现成的游戏材料,治疗师就只能以谈话的方式来讨论孩子昨天或者上周的攻击行为。在游戏治疗中,无论儿童因为什么原因而被推荐接受治疗,治疗师都有机会通过孩子对自己经历的直观表达来体验以及敏锐地触及孩子身上存在的问题。克斯莱恩(Axline,1969)将这个过程看做是:首先儿童通过游戏演绎出自己的感受;接下来他们把这

在游戏治疗中,孩子们可以通过玩具来传达那些现实中不能说的话,或者表达那些难以言表的情感。

种感受提升到意识表层;然后把这些感受表达出来使其公开化;最后面对这些感受。这种治疗程序的有效性在 4 岁女孩凯西接受游戏治疗时得到了验证。起初,凯西就像每一个 4 岁孩子那样在玩假装游戏。然而,当注意到娃娃身上所穿的短裤时她开始感到不安。于是她给这个娃娃盖上毛毯,把它带到"医生"那里进行了详细的检查,并帮娃娃表达了想要把腿放下来的愿望。到这里,一个隐藏的主题开始显现出来了。虽然她还非常幼小就遭受了虐待,但是似乎她也在尝试使自己从那些惨痛的经历中解脱出来。

游戏疗法的阶段划分

在游戏疗法中出现不同阶段,是治疗师与儿童之间的相互交流与互动不断发展变化的结果,这种关系的变化发生在充满轻松自由氛围的游戏室中,而治疗师对孩子们的真诚关爱则促进了这种关系的发展。在这种特别而生动的关系下,儿童身上所具有的独特天性和个性差异都是可以接受和理解的,而为了达到治疗师能够接受自己的程度,儿童也会同意去对自己的心灵进行拓展。在仍然不断发展的游戏治疗过程中,儿童在已经确定的几个游戏疗法阶段里所表现出的变化正好说明了拓宽心灵范畴的可能性。

姆斯塔卡对在游戏治疗中受到困扰的儿童进行了案例研究分析,他观察到处于游戏治疗过程中的儿童在经过了以下几个已经确定的阶段后取得了进步:

1. 随处可见的发散负性情感阶段;
2. 偏向于焦虑和敌对的矛盾情感阶段;
3. 指向父母、兄弟姐妹以及其他人的直接负性情感或是某种具体形式的退行阶段;
4. 指向父母、兄弟姐妹以及其他人,既有积极情感又有消极情感的矛盾阶段;
5. 包含清晰、独立、实际的,积极与消极并存的态度,但是以积极态度为主导的阶段。(Moustakas,1955a:84)

正如姆斯塔卡(Moustakas,1955a)所见,无论是焦虑、愤怒还是其他负性情绪,随着游戏治疗的开展,受到问题困扰的儿童的态度都依照以上几个阶段发生了变化。他主张，人际间的相处使得孩子们可以更多地表达，并且可以对不同层次的内心情感世界进行更多地探索，从而获得情感上的成熟和发展。

作为有关游戏疗法过程最全面的研究之一，亨德里克斯（Hendricks，1971）向我们报告了她对以儿童为中心的游戏疗法（child-centered play therapy）的描述性分析，她发现儿童在治疗中总会遵照以下模式：

第 1~4 次治疗：在此阶段，儿童充满好奇，在游戏中主要是探索性的、无目的性而又具有创造性的玩耍；能作简单描述，包含少量有参考价值的评论；欢快与焦虑的情绪同时表现出来。

第 5~8 次治疗：此阶段儿童继续进行他们那具有探索性、无目的性以及创造性的游戏；无显著特点的攻击性游戏开始增加；继续表现出既欢快又焦虑的情绪，自发的行为开始更加明显。

第 9~12 次治疗：探索性、无目的性和攻击性的游戏减少；涉及关系的游戏开始增加；创造性游戏与欢快情绪占主导地位；与治疗师之间非语言的交流开始增多；提供更多关于自己和家庭的信息。

第 13~16 次治疗：创造性的和涉及关系的游戏占主导；具体的攻击性游戏增多；对内心愉悦感、困惑感、厌恶感、疑虑感的表达也开始增加。

第 17~20 次治疗：情节类以及角色扮演类的游戏成为主导；具体的攻击性的表述仍在继续；与治疗师的关系进一步加深；愉快成为主要的情绪表现；继续向治疗师提供有关自己和家庭的信息。

第 21~24 次治疗：涉及关系的游戏以及情节与角色扮演游戏占据主要地位，其他次要游戏开始增加。

关于以儿童为中心的游戏疗法，另一个比较全面的研究是由威特（Withee，1975）完成的。她发现在前 3 次治疗中，儿童会以纯口头的方式来试探咨询师对其行为的反应；表现出极高程度的焦虑；进行语言的、非语言的、游戏探索性的各种活动。在第 4~6 次治疗中，儿童的好奇心和探索行为减少，攻击性的游戏、言语和叫喊发生的次数达到最多。在第 7~9 次治疗中，攻击性的表现降到最低水平，而创造性游戏的次数、愉悦感出现的次数以及用语言提到家、学校和其他与生活有关各方面信息的次数达到最高。在第 10~12 次治疗中，涉及关系的游戏次数达到最高点，而无目的游戏的次数降到其最低值。在第 13~15 次治疗中，无目的游戏的次数与对愤怒情绪的表达次数达到顶峰,焦虑情绪超过之前的水平,借助语言的人际关系互动次数和儿童命令咨询师的次数都达到最高。在游戏中男孩与女孩的差异是显而易见的。男孩会表达更多的愤怒,表现更多的攻击性语言,并开展更具攻击性的游戏,制造出更大的"动静"。而女孩的游戏活动更多地体现出创造性、关系性、愉悦感、焦虑感,她们会更多地用语言向治疗师进行求证,用语言表达出各种积极和消极的想法。

这些研究都证明了在游戏疗法中,治疗关系的发展可以被分成多个具有显著特点的阶段。伴随着游戏治疗进程的深入,孩子们会变得更加直接以及实际地表达自己的情感,所表达的内容也更加集中而具体。他们一开始都会进行探索性的、无目的性和创造性的游戏;到了第二个阶段,他们就会表现出更多的攻击性,并开始对家人和自我进行语言描述;在治疗后期,情节扮演类游戏以及儿童与咨询师的关系会变得尤为重要,孩子们开始表达自己的焦虑、沮丧和愤怒。

适应良好儿童与适应不良儿童在游戏中的表现

根据姆斯塔卡(Moustakas,1955b)的观点,能够适应环境的儿童与不能适应环境的儿童在游戏中存在很多不同点。

适应良好的儿童(adjusted children)是健谈的,他们倾向于谈论自己的世界,好像这个世界就真的是为他们而存在一样。然而对于适应不良的儿童(maladjusted children)来说,他们在起初几次治疗中总是保持完全的沉默,要费很大力气才能让他们开口对治疗师说话。还有一类适应不良的儿童,他们在第一次治疗中总是像连珠炮一样不停地说话和提问题。其实适应不良的儿童最初反应就是谨小慎微和深思熟虑,而适应良好的儿童在游戏中则表现得自由自在和天真率直。

适应良好的儿童会尝试所有的游戏种类,使用各种各样的游戏材料。而与此形成鲜明对比的是,适应不良的儿童只会待在很小的区域内使用少量的玩具。适应不良的儿童通常希望别人告诉他该做什么和不该做什么,而适应良好儿童会采用各种策略去发现他们在治疗关系中所应承担的责任和被施加的限制。

当儿童被打扰或者是激怒时,适应良好的儿童会采用具体的方法将问题呈现出来,而适应不良的儿童则更有可能通过图画、泥土、沙子或水来象征性地表达自己的情绪感受。适应不良的儿童通常会表现出更多的攻击行为,他们有时会产生破坏玩具或伤害治疗师的冲动。在适应良好的儿童身上也能看到攻击性行为,但是他们的这种行为不具备强大的破坏力,并且他们愿意为自己的行为负责。除此之外,适应良好的儿童在对待和自己、治疗师以及游戏有关的问题时不会像适应不良的儿童那样严肃而紧张。

姆斯塔卡(Moustakas,1955b)根据自己在游戏治疗中与适应良好以及适应不良的儿童相处的经验总结得出,在所有的孩子中,假如忽视他们对环境的适应性,那么他们所表达出来的消极态度的内容都是类似的。这两种孩子的区别并不能体现在他们所表达的消极态度的内容种类上,而是体现在了其所表达出的消极态度的总量和强度上。适应良好的儿童表达消极情绪的频率较低,并且具有一定的指向性和针对性;适应不良的儿童表达消极情绪的频率高,缺乏目的性和方向性。

豪和锡尔弗恩(Howe & Silvern,1981)指出了暴力型、内向型以及良好适应型3类儿童在游戏治疗中行为上的差异。暴力型儿童在游戏的过程中会表现出:频繁的游戏中断,充满暴力冲突的游戏内容,自我暴露的语言表达,高度的幻想性,以及针对玩具和治疗师的攻击性行为;内向型儿童则表现出:反映焦虑的退缩行为,怪异的游戏内容,对治疗师的干预的排斥,对游戏内容的烦躁与不安;适应性良好的儿童的表现则是:极少的情绪不适,极少的社会信心不足以及极少的充满幻想的游戏内容。但是,当内向型女孩和适应性良好的女孩在一起时,很难把她们辨别开。

佩里(Perry,1988)研究了适应良好与适应不良的儿童在游戏治疗中的游戏行为表现。他发现,适应不良的儿童与适应良好的儿童相比,很明显地表现出更多的烦躁情绪、冲突性的游戏主题、游戏中断和消极的自我评价;与适应良好的儿童不同,适应不良的儿童会占用很大一部分活动时间来表达他们愤怒、悲伤、恐惧、不悦以及焦虑的情绪;要经历更多的治疗次数才能谈及和演绎出他们的冲突和问题。但是,在抛开社会适应能力的游戏以及在充满幻想的游戏中,适应良好的儿童与适应不良的儿童在表现上并没有区别。

欧意(Oe,1989)为了调查儿童游戏在诊断中的参考价值,对比了这两种类型的儿童在游戏治疗初始的行为差异。适应不良的儿童对环境拒绝的行为要远远多于适应良好的儿童。尽管 Oe 发现这两种类型的儿童的游戏动作频率在初始治疗中并不存在显著的差异,但在游戏室中,适应不良的儿童在情节或角色扮演游戏中的情绪反应要比另一类儿童强烈得多。而在适应不良的孩子中，女孩比男孩更为频繁地表现出角色扮演的行为，且反应强度也更大。

　　游戏治疗师在推断某个儿童游戏所表达的内涵时一定要小心谨慎，不论是儿童所使用的玩具还是他玩玩具的方式都并不一定能被用来揭示儿童内心的情感问题。而环境因素、近期事件以及经济的衰退却也都有可能成为导致儿童内心困惑的原因。

参考文献

Axline, V. (1969). Play therapy. Boston：Houghton-Mifflin.

Bettelheim, B. (1987). The importance of play. Atlantic Monthly(3), 35-46.

Frank, L. (1982). Play in personality development. In G. Landreth(Ed.), play therapy：Dynamics of the process of counseling with children(pp. 19-32). Springfield, IL：Charles C. Thomas.

Ginott, H. (1994). Group psychotherapy with children：The theory and practice of play therapy. Northvale, NJ：Aronson.

Hendricks, S. (1971). A descriptive analysis of the process of client-centered play therapy (Doctoral dissertation, North Texas State University). Dissertation Abstracts International, 32, 3689A.

Howe, P., & Silvern, L. (1981). Behavioral observation during play therapy：Preliminary development of a research instrument. Journal of Personality Assessment, 45, 168-182.

Moustakas, C. (1955a). Emotional adjustment and the play therapy process. Journal of Genetic Psychology, 86, 79-99.

Moustakas, C. (1955b). The frequency and intensity of negative attitudes expressed in play therapy：A comparison of well adjusted and disturbed children. Journal of Genetic Psychology, 86, 309-324.

Oe, E. (1989). Comparison of initial session play therapy behaviors of maladjusted and adjusted children(Doctoral dissertation, University of North Texas).

Papalia, D., & Olds, S. (1986). Human development. New York：McGraw-Hill.

Perry, L. (1988). Play therapy behavior of maladjusted and adjusted children (Doctoral dissertation, North Texas State University).

Piaget, J. (1962). Play, dreams, and imitation in childhood. New York: Routledge.

Smolen, E. (1959). Nonverbal aspects of therapy with children. American Journal of Psychotherapy, 13, 872-881.

Withee, K. (1975). A descriptive analysis of the process of play therapy (Doctoral dissertation, North Texas State University). Dissertation Abstracts International, 36, 6406B.

Woltmann, A. (1964). Concepts of play therapy techniques. In M. Haworth (Ed.), Child Psychotherapy: Practice and theory (pp. 20-32). New York: Basic Books.

3 游戏疗法的历史与发展

鸟儿的天性是飞翔，鱼儿的天性是游水，孩子的天性是做游戏。

——Garry Landreth

很久以前人们就已经发现，游戏在一个人的童年时期占据着很重要的位置。早在18世纪，卢梭就在他的一篇文章中提到，"通过观察孩子的游戏来了解和理解孩子是一件很有意义的事情"。而在他有关儿童心理研究的著作《爱弥尔》中，卢梭更是认为，孩子并不是"小大人"。有一件有趣的事情值得注意，那就是在240年之后，我们还在和这种观念较劲。尽管卢梭认为玩耍和游戏更应该服务于教育而不是被运用于咨询与治疗当中，但他的作品还是为我们揭开了一个能通过感性来理解的孩子的世界。"以敬畏的心态来对待童年，不要急于对她做出是好是坏的评判……在你强加干预之前先给她时间自然成长，以免惊动了她……童年是沉睡的理性。"（Rousseau，1762/1930：71）。

在1903年出版的《人的教育》一书中，福禄贝尔（Froebel）强调了游戏的象征性意义。他提出，不管游戏的性质是怎样的，它都包含着意识与潜意识两个层面的部分，因此，游戏可以被用来追寻潜在的含义。"游戏代表了童年期发展的最高层次，它能对儿童的心灵进行自由的表达……孩子们的游戏不仅仅是运动，它充满了内涵与价值。"（Froebel，1903：22）

首例被公开发表的有关游戏对儿童的治疗作用以及其治疗方法的案例是西格蒙德·弗洛伊德（Sigmund Freud）在1909年发表的经典案例——一个患有恐惧

症的 5 岁男孩"小汉斯(Little Hans)"。弗洛伊德(Sigmund Freud,1909/1955)只对汉斯做过一次面对面的咨询,然后就在阅读汉斯父亲对汉斯游戏过程的笔记的基础上,通过向汉斯父亲提供建议,让他改变对汉斯某些行为的反应来远程实施了治疗。"小汉斯"的案例是第一个把孩子的症状归结于情绪原因的案例。现如今,情绪因素已经被人们广为接受,以至于后来出现的众多有关儿童心理障碍的新概念都难以得到人们的欣赏赖斯曼(Reisman,1966)认为,在 20 世纪,专家们普遍认为孩子童年时期的失常是缺乏教育和训练的结果。

卡纳(Kanner,1957)从他的研究中总结得出,在 20 世纪初,没有能被用来治疗儿童精神问题的方法。游戏疗法是从精神分析对儿童治疗的尝试中发展出来的。在 20 世纪早期人们对儿童的了解实在少得可怜,通过回忆和自省来获取解读来访者心理资料的心理分析方法已被普遍用于成人的治疗,这在当时是最正规的方法。但是人们很快就发现这种方法并不适用于孩子的心理分析。

精神分析的游戏疗法

就在弗洛伊德完成对汉斯的治疗之后,一批新的治疗师出现了,他们强调游戏对分析儿童的重要性,并且在治疗过程中为儿童提供游戏材料,为的是让儿童表达自我。赫曼(Hermine Hug-Hellmuth,1921)就是其中之一。尽管她的研究早于安娜·弗洛伊德(Anna Freud)和梅兰妮·克莱因(Melanie Klein),但是她并没有系统地阐述自己开展治疗的详细方法。不过,她还是让人们都注意到了,把成人疗法应用到孩子的治疗中实在是件困难的事情。现在看来,如今我们所面对的问题在过去也同样存在——我们试图把现成的针对成人的疗法应用到孩子身上,殊不知对孩子的分析与对成人的心理分析是截然不同的。心理分析师发现儿童无法像大人一样通过口头来表达他们的焦虑。同时,与成年人不同的是,孩子们对于探究他们的过去以及讨论他们的发展轨迹没有一点兴趣,并且还时常拒绝自由联想。结果,大多数 20 世纪早期的儿童精神治疗专家开始求助于间接的疗法,这种疗法一般通过收集对孩子们的观察记录来实现。

1919 年,梅兰妮·克莱因(Melanie Klein,1955)开始使用游戏的方法来分析 6 岁以下儿童。她假设,孩子游戏的内容就像成年人的自由联想一样是由内在动机所决定的,而分析的依据则是把通过语言描述的自由联想换成了游戏。因比,游戏疗法成为了能直接接触到孩子潜意识的方式。她在报告中指出，在她的解读之下，游戏中的隐藏含义能够浮出水面。同一时期，安娜·弗洛伊德（Anna Freud，1946，1965）也开始使用游戏的方法来鼓励孩子们与她建立一种联系。不同于克莱因的是，安娜·弗洛伊德认为，在解读孩子们游戏和画作背后的潜意识动机之前，首先应当与孩子们建立情感上的联系。但不管是克莱因还是弗洛伊德，她们都强调揭露过去和激励自我的重要性；同时，她们也都相信，游戏是孩子们能够自由表达自我的最佳媒介。

梅兰妮·克莱因（Melanie Klein，1955）使用游戏的方法来鼓励孩子们表达出他们的幻想、焦虑以及防御，然后她再进行解读。她们最大的不同就是克莱因更偏重于对孩子在游戏中所表达出的前意识与潜意识内容的解释，她在大多数游戏过程中都会观察其中的象征意义，尤其是关于性的象征意义。她相信对于潜意识的探索是治疗中的主要任务，这可以从孩子对治疗师的移情中分析得到。她重视通过回溯的方式从治疗师与儿童的咨访关系中抓住孩子们的欲望与焦虑。她会带儿童回到他们的婴儿时期，以及回到他们与所爱客体的关系中，这些客体主要是指家长，尤其是指母亲。这样做能让孩子们再次体验自己早期的情感和幻想，并理解它们，然后从治疗师的解读当中洞察自己的内心，最终消除焦虑。

克莱因通过描述一个游戏治疗过程的片段来阐述了解读的重要性。片段中的主角是一个被玩具小人和砖块所围绕的小孩。

我对这个孩子所描述的房间以及用玩具所代表的人物进行了总结和解释。这样的解释会影响到孩子对自己潜意识的初探。通过我的解释，他开始意识到玩具其实是代表了在他内心里的人物，因此他对玩具所表达的情感其实针对的是他心目中的人，而他在此之前完全没有注意到这点。他开始明白一个事实，那就是他对于自己的一部分想法是意识不到的，换句话说，即潜意识是存在的。进而，他开始明白分析对他所起的作用了。（Klein，1955：225）

克莱因使用的玩具和材料都非常简易、小巧、非结构，且都是非机械的：小巧的木头人、小动物、小汽车、小房子、球、弹珠、纸片、剪刀、黏土、颜料、胶水还有铅笔。她将每个孩子的游戏材料都锁在抽屉里面，这代表了治疗师与孩子之间私密和亲近的关系。克莱因不能容忍身体攻击，但是她为孩子们提供了让他们表达攻击性情绪的其他方法，包括对她进行语言攻击。她说她总能在第一时间对孩子行为的内在动机进行解读，以此来掌控住局势。

安娜·弗洛伊德主要将游戏用于更好地建立儿童对治疗师的积极情感依恋，并把游戏当做通向儿童内心的大门。她使用游戏的主要目的是为了让孩子们喜欢她，所以她很少直接地解读游戏内容。她并不把游戏中的所有东西都当做是象征性的表达，她相信有些游戏并不包含情感价值，因为它们只不过是在意识层面上对近期经历的简单再现。她相信儿童不会产生移情。她会首先对游戏过程进行观察并对孩子家长进行访谈，在获取了足够的有关孩子信息的基础上才会把游戏中隐藏的含义告诉孩子。

从本质上来说，由弗洛伊德所发展出的自由联想是属于认知层面的，所以安娜·弗洛伊德修改了这个框架，引入了孩子情感层面的经验。她鼓励孩子将自己的白日梦或者幻想用语言表达出来，而当孩子在讨论感受以及态度方面的问题遇到困难时，她就鼓励孩子安静地坐好并且仔细地观察脑海中的"画面"。通过这个方法，孩子们学会了用语言表达内心的想法并且依靠分析师的解释能够发现这些想法的意义。因此孩子对于自己的潜意识有了一定的洞察。当孩子与咨询师的关系发展时，在治疗过程中的重点就从游戏转变成了语言交流。

克莱茵在 1929 年的时候出访美国，并在不久之后发表了这样的感慨：游戏，作为针对孩子的治疗手段之一，在美国却没有人去真正使用它。赫曼、安娜·弗洛伊德以及梅兰妮·克莱因在改变人们对孩子及他们问题的态度上起到了革命性的作用。

释放疗法

游戏疗法经历的第二次大发展是在 20 世纪 30 年代，大卫·利维（David Levy，1938）发展了释放疗法，这是一种具有完整结构的游戏疗法，主要针对的是那些经历过压力情境的孩子。利维认为解读游戏是没有必要的，他把他的疗法主要建立在游戏的宣泄效果上。通过这个方法，治疗师的主要作用就是担任"场景转换者"，通过精选的玩具重现导致儿童焦虑反应的场景。孩子先被允许去自由地玩耍，目的是让其尽快熟悉游戏室和治疗师，然后治疗师在恰当的时候用游戏材料来引入产生压力的环境。重现产生创伤的事件能让孩子释放由它所引起的痛苦和焦虑。在剩余的时间里,孩子则有可能被允许去玩自己喜欢的自由游戏。在这个"演绎"过去事件,或者说再现过去经历的过程中,孩子能够控制整个游戏的发展,因此他可以赶走因"被迫做某事"而带来的消极影响,并吸收作为一个"施动者"所带来的积极作用。在孩子游戏时,治疗师要用语言或非语言的方式对孩子所表达出的感受进行反馈。

下面是释放疗法所包含的3种形式的活动:

1. 扔东西或者戳破气球以释放自己的攻击情绪,或者吸吮奶瓶以释放自己幼儿期的快乐;
2. 在标准化的场景中释放自己的情感,例如:呈现将洋娃娃放在母亲胸口的情景,激发兄弟姐妹互相竞争的感受;
3. 在游戏中重现一个在孩子生命中使其特别紧张的情景以释放情绪。

以下由利维所描述的例子很好地表现了释放疗法的本质。

有一个两岁的小女孩,之所以提到她是因为她有黑夜恐惧症,她在被推荐接受治疗前两天开始发作。她尖叫着从梦中惊醒,并认为有一条鱼在她的床上……产生这个恐惧的原因是,就在发作的那天她去过海鲜市场,那个鱼店的老板把她抱起来让她看鱼。

她还有一个症状就是口吃,发作于被推荐治疗前5个月,尽管在那之前她的语言能力一直发育正常……总共有10次治疗课程。在第2次治疗时,一条黏土做成的鱼被引入到游戏当中。当面对问题"为什么这个洋娃娃会害怕鱼?"的时候,小女孩回答道"因为鱼会咬人,它还会钻进去……",同时用手指向了娃娃的眼睛、耳朵,还有阴道。在黑夜恐惧发生的前几天,患儿看到了他父亲的裸体,之后她还询问了有关性别差异的问题。除去游戏治疗中治疗"鱼"的大部分时间外,释放治疗还允许患儿有时间玩自己喜欢的游戏。例如,她看见了手指颜料画就也想尝试一下,我给她示范了方法,但她不愿意触碰画纸,也不允许我把一丁点颜料涂在她手上。于是我就在一边自己玩,同时慢慢地教她,她很快就爱上了这个游戏。

在与女孩的第一次约见以后,她的行为并没有发生变化……在第3或第4次治疗以后她对鱼的恐惧消失了,而在第6次治疗以后她的口吃开始有所改善,在治疗结束前两周口吃彻底消失了。7个月之后我进行了跟进调查,女孩仍然在进步。(Levy,1939:220)

戈夫·汉比奇(Gove Hambidge,1955)以"构建游戏疗法"的名义,在利维所做研究的基础之上进行了拓展,他在引入创伤事件时更为直接,在建立了治疗关系之后格式化地进行以下步骤:重现产生焦虑的情景;"演绎"焦虑情景;允许儿童自由玩耍(使儿童能从这种"直切式"的治疗中喘口气)。

关系游戏疗法

杰西·塔夫脱(Jesse Taft,1933)和弗雷德里克·爱伦(Frederick Allen,1934)的研究虽然被归类为关系疗法,但是他们的研究出现却构成了游戏疗法在历史上的第三次重大发展。关系游戏疗法的哲学基础是从奥托·兰克(Otto Rank,1936)的研究中发展而来的。他不再强调一个人的过去和潜意识,而是把治疗师与来访者的咨访关系看做是关键,并不断把注意力放在此时、此地和此景。

关系游戏疗法首先要强调的就是,治疗师与孩子之间的情感关系是有治疗力量的。就像爱伦所说的那样:

我对创建一种自然关系很感兴趣。在这种关系中,患者对自己能有更高的接受度,而在他与自己赖以生存的世界所产生的联系中,他能清晰地明白自己所能做的和所感受到的……我并不害怕让患者知道我所感兴趣的是他"这个人"。(Allen,1934:198)

在这个疗法中,没有对过去经验的解读,当前的感受和反应才是关注的重点。而且据说这个方法能在很大程度上减少治疗的时间。爱伦和塔夫塔强调把孩子看做是内心力量强大到足以积极地改变自己行为的个人。因此,孩子有自己决定是否参加游戏的自由,并且可以主导自己的活动。关系游戏疗法假设孩子们都能渐渐意识到自己是需要自我奋斗的独立个人,同时他们还能意识到自己可以带着独有的特点与他人一起并存于一种关系之中。在这个方法中,孩子必须得承担自己在成长过程中的责任。

非指导式游戏疗法

卡尔·罗杰斯(Carl Rogers,1942)深入研究并且扩展了关系疗法,他扩充了那些概念并且发展出了非指导式的游戏疗法,后来这个疗法被归入了当事人中心疗法(Rogers,1951),也就是现在所说的以人为中心的疗法。

游戏疗法的第四次重大发展是由弗吉尼亚·克斯莱恩(Virginia Axline,1947)的研究带来的。她是卡尔·罗杰斯的学生,她成功地将非指导式疗法(当事人中心疗法)的原则在游戏治疗中应用到了孩子们的身上。所谓非指导式疗法的原则,就是指相信个体为了成长而付出的自然努力以及相信个体自我引导的能力。非指导式游戏治疗不会试图去控制或者改变孩子,它的建立基础是:孩子们的行为时刻都是受自我实现的需要所驱使的。它的目标是促进孩子们自我意识和自我引导的产生。治疗师有一间能储存很多东西的游戏室,当儿童选择玩游戏时他就能自由地玩耍,否则也可以选择保持沉默。治疗师会积极地对孩子的想法和感受进行反馈,并坚信当孩子的想法被表达、辨别并且被接受之后,孩子们自己也就能坦然接受它们,并且能很轻松地处理自己的感受。

克斯莱恩曾总结道,"游戏的过程是有治疗作用的,因为它为成人与孩子之间提供了一种安全的关系,这样孩子就能获得自由和空间来以自己的方式进行自我陈述,而在那一刻,孩子所使用的方法和时间确实是专属于他自己的。"(Axline,1950:68)这个方法后来被吸收到了当事人中心疗法和再往后的以儿童为中心的游戏疗法中。

游戏疗法在小学

20世纪60年代,当心理指导与咨询项目在小学出现时,它为游戏疗法的第五次发展开启了大门。在20世纪60年代之前,游戏疗法主要只受到那些关注适应不良儿童治疗的私人心理从业者的钟爱。一些与游戏疗法有关的著作曾对此有过描述。然而到了60年代,心理咨询师开始进驻小学,同时像亚历山大(Alexander,1964)、兰德雷斯(Landreth,1969,1972)、穆罗(Muro,1968)、迈里克和霍尔丁

（Myrick & Holdin, 1971），尼尔森（Nelson, 1966）还有沃特兰（Waterland, 1970）这样的咨询教育家们也都快速做出反应，把自己的游戏治疗经验写到了著作之中。这些作者们都鼓励将游戏疗法运用到学校环境中来，这样能满足所有孩子的大部分发展需求，而不仅仅只是服务于适应不良的孩子。游戏疗法开始向预防心理问题的方向发展了。

迪米克和哈夫（Dimick & Huff, 1970）建议说，如果儿童与咨询师之间需要交流的话，那么在儿童熟练掌握语言并能用语言进行完整的自我表达以前，应该先让他们用游戏来进行交流。而接下来，小学咨询师、学校心理学家和社工是否应该使用游戏疗法就不再是最主要的问题，问题变成了游戏疗法应该怎样被运用到小学中去。

小学教育的终极目标应当是：通过提供足够的学习机会，帮助孩子们在智力、情感、身体和社会交往等各方面取得全面的发展。因此，针对小学生使用游戏疗法的目的就是为孩子们从学校提供的课程中汲取营养而做好准备。孩子是不能被强迫去学习的，即使教书最好的老师也没法让一个还没有准备好学习的孩子静下心来。于是游戏疗法成为了老师最好的助手，它能让孩子们及早地适应学校的

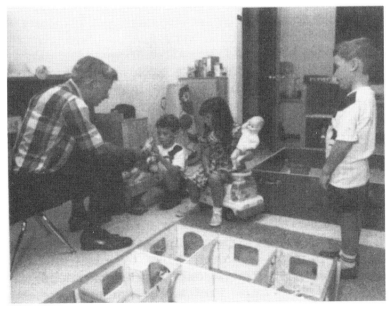

如果游戏室内同时有多个小孩在场，他们会互相观察学习，这能让有抵触情绪的孩子发现治疗师是安全可信赖的。

学习,也就是把孩子们接受教育的意愿放到了最大。

游戏疗法协会

1982 年游戏疗法协会(APT)的成立昭示着在一步步发展的游戏治疗领域,其第六次重大发展已然来临。APT 组织是由 Charles Schaefer 和 Kevin O'Connor 发起成立的,他们希望有一个国际化的组织能够投身于游戏疗法的发展中去。APT 把自己定位于跨学科、综合性的学术组织。这个组织每季度出版一次其优秀的刊物——游戏疗法国际期刊,而且每年 10 月在美国或加拿大的不同城市举办一次学术大会。APT 的会员已从 1988 年的 450 人发展到了 2002 年的 4 400 人。会员数量的快速增长正好从侧面说明了当今游戏治疗领域的迅猛发展。如果您想加入 APT,可以给游戏疗法协会写信,来信请寄:the Association for Play Therapy,2050N. Winery Avenue,Suite 101,Fresno,CA 93703。

大学训练

伴随着很多游戏治疗专家与训练专家对游戏疗法训练开始表现出兴趣,越来越多的大学开设了游戏疗法课程和督导。位于北德克萨斯大学的游戏治疗中心在 2000 年进行了一次全国调查,调查显示:有 102 所大学至少在一节课中为学生们介绍了游戏疗法,而在这些大学中更有 83 所院校花费了至少一个学期的时间来给学生们教授游戏疗法课程。这要放在 1989 年,全国只有 33 所大学教授游戏疗法课程。而在北德克萨斯大学的咨询发展与高等教育系里的游戏治疗中心则能在每个学期都为大家提供游戏疗法的硕士及博士课程,其中还包括有专家指导的实习课程。

游戏治疗中心

加里·兰德雷斯(Garry Landreth)在北德克萨斯大学校园内建立了全国游戏治疗中心,这又为游戏疗法的发展画上了浓墨重彩的一笔。这个中心的作用就好像信息交换所一样收集并发布有关游戏疗法著作、训练、研究等方面的信息,并作为一个站点为大家提供游戏疗法的培训和研究。中心拥有八间配置齐全的游戏治疗室和三间活动室,每个房间都有录像视频设备和单向镜;中心会教授 8 课时的研究生游戏疗法课程,包括督导实践课程;在 7 月份的时候会提供一次为期两周的暑期游戏疗法短训班;在每年的 10 月份会举办一次游戏疗法年会;中心会出版一些调查与研究的结果,其中包括了《游戏疗法训练目录》和《游戏疗法文献》,还制作了系列录影带来记述专家的临床治疗过程;此外,中心还为博士生提供奖学金以资助他们学习和研究。因此,游戏治疗中心被认为是世界上最大的游戏疗法培训机构。如果您想获取中心更详细的信息,请来信查询。来信请寄:the Center for Play Therapy,University of North Texas,P. O. Box 311337,Denton,Texas 76203-1337,或者访问网址:www. coe. unt. edu/cpt。

亲子游戏治疗

亲子治疗(filial therapy)的出现已成为游戏治疗领域里的一次重大突破。所谓亲子游戏治疗,是指通过对家长进行训练,使他们成为能够使用基本游戏技巧的"治疗代理人(therapeutic agents)",并最终让家长自己用游戏疗法解决自己孩子的问题。这种创新的方法是由伯纳德(Bernard)和路易斯·格尼(Louise Guerney)这对夫妻在 20 世纪 60 年代开发出来的,它作为一种促进亲子关系的模式得

在团体游戏治疗中,每一位儿童可以独立地演绎出他们自己的故事。

到了人们的广泛认可。亲子游戏治疗最初由 Guerney 夫妇提出构想,它由一套高度结构化的程序组成,家长们经过程序中的训练而获得一些必备的技巧,然后借助所学技巧并使用以孩子为中心的游戏治疗技术,每周在家对自己的孩子进行游戏治疗。目前我在原有的基础之上发展出了一套 10 周子女治疗模型,经过了对大范围的亲子样本的研究可以得出,这个变革是可靠的。亲子游戏疗法的出现和发展代表了精神健康领域的进步,在这种疗法中,治疗师需要和家长们分享治疗的技巧,因为只要治疗师在游戏室里施加给孩子的行为是有效的,那么家长对孩子所施与的同样的行为,对于孩子的成长和发展就同样有效。

游戏疗法的发展趋势

成人游戏疗法

如今出现了一个新的趋势,那就是人们逐渐把兴趣点放在了用游戏疗法治疗成人的问题上。在这些游戏治疗中,成人的注意力是集中在游戏活动本身上的,但在不知不觉中却进入了某种意识状态之中。这种感觉是无法通过语言交流来获得的。在游戏中,成人所独自体验到的东西就好像是与自己进行了一次对话一样,因为他们亲身参与到了探知自我的游戏当中。成人疗法中常见的游戏材料有玩具屋、沙盘,还有颜料。此外,针对居住在疗养院中较年长的人的治疗方法在我的书——《游戏疗法中的创新:问题,方法,特殊人群》(2001)中也有所描述,方法非常有效。

一些治疗师在让成人自由挑选玩具这一行为上得出了让人满意的结果;另外一些治疗师则在游戏室开展团体治疗,他们让成人组员挑选一个能代表并象征自己的物件,这些物件就成为了组员分享自我和获得反馈的关注点。

游戏疗法的家庭治疗技术

家庭治疗师们也发现,将玩具和绘画材料引入治疗过程中对提高孩子们的参与积极性和表达流畅性是很有帮助的。9~10 岁年龄段以下的儿童不具备必需的语言表达能力,所以他们不能完全地参与到家庭访谈中去。如果缺少了游戏媒介,那么许多家庭治疗就只能以语言互动来进行,互动的一端是全情投入的成年人,而另一端自然就是小孩子。这些孩子要么只能以观察者的身份参与到治疗中,要么就是直接参与其中,但却一会儿乱动一会儿走神,难以使治疗顺利进行。让孩子们用玩具小人摆出家里所发生的事件要比让他们用语言来描述和确认这个事件更为有效。在全家人都参与的情况下,让所有人都进入到游戏当中,既能使治疗变得方便简单又能达到治疗的目的。当家长被要求与孩子一起为游戏活动制定计划时,他们就能从中学到解决问题的方法,这种解决问题的过程能在日后给全家人的沟通提供帮助。家庭游戏疗法允许治疗师在与家庭合作时有扮演诸多角色的权力,比如说扮演游戏的促进者、模范角色、参与者、老师或教育者。

团体游戏疗法

尽管在整个游戏疗法的发展过程中我们能多次看到有人使用团体游戏疗法,但是对该疗法的运用还是非常有限的。由哈伊姆·吉诺特(Haim Ginott)所著,于1961年出版1994年再版的著作《儿童团体心理疗法:游戏疗法的理论与实践》与丹尼尔·斯威尼(Daniel Sweeney)和琳达·斯威尼(Linda Homeyer)在1999年出版的著作《团体游戏疗法手册》是仅有的两本有关团体游戏疗法的读物。正因为如此,同时也因为人们对于团体游戏疗法的兴趣日益增加,我把团体游戏疗法列入了游戏疗法的发展趋势。

就像在对青少年和成人所进行的团体心理咨询中一样,团体游戏疗法主要为人们展现了一个心理成长和社会交往的过程,在这基础之上,孩子们在纯自然的游戏过程中相互影响,不仅了解了其他的孩子,同时也了解了自己。在相互影响的过程中孩子们互相帮助,使自己,也使对方学会了在人际交往中需要承担的责任。之后孩子们就能自觉并迅速地将这种相互影响扩展到团体游戏疗法之外的同龄人交往中去。不同于其他团体咨询所使用的手段,在团体游戏治疗中,没有团体目标,而团体的凝聚力也不是治疗过程发展的重点。我们想要的是,让孩子通过观察别人来勇敢地做自己想做的事。

医院里的游戏疗法

对于孩子来说,住院治疗是一件可怕得让人不寒而栗的事情,因为当孩子面对一个陌生的环境时,其所有应对侵犯的程序就会开始运行。正因为这些程序,再加上身边那些不熟悉的事物,孩子常感到焦虑并且觉得缺乏安全感。戈尔登(Golden,1983)相信,游戏治疗师的玩具就像医生的手术刀那样重要,它们能让孩子们健健康康走出医院。如果孩子们得不到适当的机会来宣泄和处理他们对医院的恐惧和忧虑，他们就有可能会出现情绪问题并影响到心理的健康。

世界各国很多医院都使用了游戏疗法的原理和程序。在美国，儿童生命保障计划已经将游戏室和游戏疗法与医院的设备有机地结合了起来。通过让医院的设备（如注射器、听诊器、口罩等）与洋娃娃或者木偶同时出现，治疗师就能运用指导性游戏来使孩子们熟悉医疗过程，从而大大减轻孩子们对与医院相关的事物的焦虑。如果治疗师能允许孩子们自己选择医疗器具和游戏材料，并且让他们自己主导游戏，那么游戏的效果也同样会是积极的。

在游戏中，孩子们经常会把他们刚刚经历的事情通过游戏演绎出来，这可以被看做是儿童在尝试理解自己刚刚经历的事件，也可以被看做是儿童在发展自己的控制力。

游戏疗法的效果

雷、布拉顿、莱茵和约翰（Ray，Bratton，Rhine & Jones，2001）对已有的94项研究进行了分析，这些研究都涉及了游戏疗法作为心理治疗干预手段的疗效问题。他们发现，游戏疗法对于孩子的治疗效果是良好而积极的。他们在报告中指出，游戏疗法的疗效具有普遍性，这种普遍性在于不管游戏参与者的个性、年龄、性别、生活环境和所信任的理论流派是怎样的，也不管他们是否是在正式的临床治疗中接受了游戏治疗，该疗法都能有效地治疗或缓解游戏参与者的症状。针对儿童可能出现的众多心理问题，游戏疗法在被用于解除以下问题时效果会更为突出：

1. 解决爱拔头发的问题（Barlow，Strother & Landreth，1985）；

2. 改善选择性缄默的症状（Barlow，Strother & Landreth，1986）；

3. 减少暴力和冲动的行为（Dogra & Veeraraghaven，1994；Hannah，1986；Johnson & Nelson，1978；Kaczmarek，1983；Willock，1983）；

4. 改善离婚家庭的子女的情绪调节能力（Burroughs，Wagner & Johnson，1997；Mendell，1983）；

5. 提升受虐和被忽视儿童的情绪调节能力（Mann & McDermott，1983；Perez，

1987）；

6. 增强被性虐待和见证家庭暴力的儿童的情绪调节能力（Kot, Landreth & Giordano, 1998；Saucier, 1986；TyndallLind, Landreth & Giordano, 2001）；

7. 减少住院治疗儿童的压力和焦虑（Clatworthy, 1981；Daniel, Rae, Sanner, Upchurch & Worchel, 1989；Ellerton, Caty & Ritchie, 1985；Garrot, 1986；Golden, 1983）；

8. 改善儿童的阅读能力（Axline, 1947, 1949；Bills, 1950；Bixler, 1945；Mehus, 1953；Pumfrey & Elliot, 1970；Winn, 1959）；

9. 提高学习障碍儿童的学习行为（Axline, 1949；Degangi, Wietlisbach, Goodin & Schneider, 1993；Guerney, 1983；Holmer, 1937；Jones, 1952；Machler, 1965；Moustakas, 1975；Siegel, 1970；Sokoloff, 1959）；

10. 减少对学校适应不良的表现（Constantino, Malgady & Rogler, 1986；Gaulden, 1975；Hannah, 1986；Leland, Walker & Taboada, 1959）；

11. 纠正语言习惯（Axline & Rogers, 1945；Dupent, Landaman & Valentine, 1953；Reynert, 1946；Wakaba, 1983；Winn, 1959）；

12. 减轻精神发育迟滞儿童的情绪和智力问题（George, Braun & Walker, 1982；Leland, 1983；Leland & Smith, 1962；Miller, 1948；Moyer & Von Haller, 1956；Pothier, 1967）；

13. 进行更好的社会性和情绪调节（Amplo, 1980；Andriola, 1944；Axline, 1948, 1964；Brauch, 1952；Conn, 1952；King & Ekstein, 1967；Miller, 1947；Moustakas, 1951；Pothier, 1967；Schiffer, 1957；Trostle, 1988；Ude-Pestel, 1977）；

14. 改善口吃的问题（Wakaba, 1983）；

15. 减轻某些心因性障碍，比如哮喘、溃疡和过敏反应（Dudek, 1967；Jessner & Kaplan, 1951；Miller & Baruch, 1948）；

16. 减轻儿童抑郁症的症状（Burroughs et al. , 1997；Springer, Phillips, Phillips, Cannady & Kerst-Harris, 1992；Tyndall-Lindet et al. , 2001）；

17. 促进自我概念的发展（Bleck & Bleck, 1982；Crow, 1989；George et al. , 1982；Kotet et al. , 1998）；

18. 减少分离焦虑(Milos & Reiss,1982)。

除去低功能自闭症和精神分裂症,游戏疗法对儿童可能出现的绝大部分病症都有治疗效果。

参考文献

Alexander, E. (1964). School centered play therapy program. Personnel and Guidance Journal, 43, 256-261.

Allen, F. (1934). Therapeutic work with children. American Journal of Orthopsychiatry, 4, 193-202.

Amplo, J. (1980). Relative effects of group play therapy and Adlerian teacher training upon social maturity and school adjustment of primary grade students(Doctoral dissertation, University of Mississippi). Dissertation Abstracts International, 41, 3001.

Andriola, J. (1944). Release of aggressions through play therapy for a ten-year-old patient at a child guidance clinic. Psychoanalytic Review, 31, 71-80.

Axline, V. (1964). Dibs: In search of self. Boston: Houghton Mifflin.

Axline, V. (1950). Entering the child's world via play experiences. Progressive Education, 27, 68-75.

Axline, V. (1949). Play therapy: A way of understanding and helping reading problems. Childhood Education, 26, 156-161.

Axline, V. (1948). Play therapy: Race and conflict in young children. Journal of Abnormal and Social Psychology, 43, 300-310.

Axline, V. (1947). Nondirective play therapy for poor readers. Journal of Consulting Psychology, 11, 61-69.

Axline, V., & Rogers, C. R. (1945). A teacher-therapist deals with a handicapped child. Journal of Abnormal and Social Psychology, 40, 119-142.

Barlow, K., Strother, J., & Landreth, G. (1986). Sibling group play therapy: An effective alternative with an elective mute child. The School Counselor, 34, 44-50.

Barlow, K., Strother, J., & Landreth, G. (1985). Child-centered play therapy:

Nancy from baldness to curls. The School Counselor, 32, 347-356.

Baruch, D. (1952). One little boy. New York: Dell.

Bills, R. (1950). Nondirective play therapy with retarded readers. Journal of Consulting Psychology, 14, 140-149.

Bixler, R. (1945). Treatment of a reading problem through nondirective play therapy. Journal of Consulting Psychology, 9, 105-118.

Bleck, R., & Bleck, B. (1982). The disruptive child's play group. Elementary School Guidance and Counseling, 17, 137-141.

Burroughs, M., Wagner, W., & Johnson, J. (1997). Treatment with children of divorce: A comparison of two types of therapy. Journal of Divorce & Remarriage, 27, 83-99.

Clatworthy, S. (1981). Therapeutic play: Effects on hospitalized children. Journal of Association for Care of Children's Health, 9, 108-113.

Conn, J. (1952). Treatment of anxiety states in children by play interviews. Sinai Hospital Journal, 1, 57-63.

Constantino, G., Malgady, R., & Rogler, L. (1986). Cuento therapy: A culturally sensitive modality for Puerto Rican children. Journal of Counseling and Clinical Psychology, 54, 639-645.

Crow, J. (1989). Play therapy with low achievers in reading. Doctoral dissertation, University of North Texas.

Daniel, C., Rae, W., Sanner, J., Upchurch, J., & Worchel, F. (1989). The psychosocial impact of play on hospitalized children. Journal of Pediatric Psychology, 14(4), 617-627.

Degangi, G., Wietlisbach, S., Goodin, M., & Schneider, N. (1993). A comparison of structured sensorimotor therapy and child-centered activity in the treatment of preschool children with sensorimotor problems. American Journal of Occupational Therapy, 47, 777-786.

Dimick, K., & Huff, V. (1970). Child counseling. Dubuque, IA: William C. Brown.

Dogra, A. , & Veeraraghaven, V. (1994). A study of psychological intervention of children with aggressive conduct disorder. Journal of Clinical Psychology, 21, 28-32.

Dudek, S. (1967). Suggestion and play therapy in the cure of warts in children: A pilot study. Journal of Nervous and Mental Disease, 145, 37-42.

Dupent, J. , Landsman, T. , & Valentine, M. (1953). The treatment of delayed speech by client-centered therapy. Journal of Consulting Psychology, 18, 122-125.

Ellerton, M. , Caty, S. , & Ritchie, J. (1985). Helping young children master intrusive procedures through play. Children's Health Care, 13(4), 167-173.

Freud, A. (1965). The psycho-analytical treatment of children. New York: International Universities Press.

Freud, A. (1946). The psychoanalytic treatment of children. London: Imago.

Freud, S. (1909/1955). The case of "Little Hans" and the "Rat Man." London: Hogarth Press.

Froebel, F. (1903). The education of man. New York: D. Appleton.

Garrot, P. (1986). Therapeutic play: Work of both child and nurse. Journal of Pediatric Nursing, 1(2), 111-115.

Gaulden, G. (1975). Developmental-play group counseling with early primary grade students exhibiting behavioral problems (Doctoral dissertation, Florida Institute of Technology). Dissertation Abstracts International, 36, 2628

George, N. , Braun, B. , & Walker, J. (1982). A prevention and early intervention mental health program for disadvantaged pre-school children. The American Journal of Occupational Therapy, 36, 99-106.

Ginott, H. (1961/1994). Group psychotherapy with children: The theory and practice of play therapy. Northvale, NJ: Aronson.

Golden, D. (1983). Play therapy for hospitalized children. In C. Schaefer & K. O'Conner (Eds.), Handbook of play therapy (pp. 213-233), New York: John Wiley.

Guerney, L. (1983). Play therapy with learning disabled children. In C. Schaefer & K. O'Conner (Eds), Handbook of play therapy (pp. 419-435), New York: John

Wiley.

Hambidge, G. (1955). Structured play therapy. American Journal of Orthopsychiatry, 25, 601-617.

Hannah, G. (1986). An investigation of play therapy: Process and outcome using interrupted time-series analysis (Doctoral dissertation, University of Northern Colorado). Dissertation Abstract International, 41, 1090.

Holmer, P. (1937). The use of the play situation as an aid to diagnosis: A case report. American Journal of Orthopsychiatry, 7, 523-531.

Hug-Hellmuth, H. (1921). On the technique of child analysis. International Journal of Psychoanalysis, 2, 287.

Jessner, L. , & Kaplan, S. (1951). The use of play in psychotherapy with children. Journal of Nervous and Mental Disease, 114, 175-177.

Johnson, M. , & Nelson, T. (1978). Game playing with juvenile delinquents. Simulation & Games, 9, 461-475.

Jones, J. (1952). Play therapy and the blind child. New Outlook for the Blind, 46, 189-197.

Kaczmarek, M. (1983). A comparison of individual play therapy and play technology in modifying targeted inappropriate behavioral excesses of children (Doctoral dissertation, New Mexico State University). Dissertation Abstracts International, 44, 914.

Kanner, L. (1957). Child psychiatry. Springfield, IL: Thomas.

King, P. , & Ekstein, R. (1967). The search for ego controls: Progression of play activity in psychotherapy with a schizophrenic child. Psychoanalytic Review, 54, 25-37.

Klein, M. (1955). The psychoanalytic play technique. American Journal of Orthopsychiatry, 25, 223-237.

Kot, S. , Landreth, G. , & Giordano, M. (1998). Intensive child-centered play therapy with child witnesses of domestic violence. International Journal of Play Therapy, 2(7), 17-36.

Landreth, G. (2001). Innovations in play therapy: Issues, process and special populations. Philadelphia: Brunner-Routledge.

Landreth, G. (1972). Why play therapy? Texas Personnel and Guidance Association Guidelines, 21, 1.

Landreth, G. , Allen, L. , & Jacquot, W. (1969). A team approach to learning disabilities. Journal of Learning Disabilities, 2, 82-87.

Leland, H. (1983). Play therapy for mentally retarded and developmentally disabled children. In C. Schaefer & K. L. O'Conner(Eds.), Handbook of play therapy(pp. 436-454). New York: John Wiley.

Leland, H. , & Smith, D. (1962). Unstructured material in play therapy for emotionally disturbed brain damaged, mentally retarded children. American Journal of Mental Deficiency, 66, 621-628.

Leland, H. , Walker, J. , & Toboada, A. (1959). Group play therapy with a group of post-nursery male retardates. American Journal of Mental Deficiency, 63, 848-851.

Levy, D. (1939). Release therapy. American Journal of Orthopsychiatry, 9, 713-736.

Levy, D. (1938). Release therapy in young children. Psychiatry, 1, 387-389.

Machler, T. (1965). Pinocchio in the treatment of school phobia. Bulletin of the Menniger Clinic, 29, 212-219.

Mann, E. ,& McDermott, J. (1983). Play therapy for victims of child abuse and neglect. In C. Schaefer & K. O'Conner (Eds.), Handbook of play therapy(pp. 283-307). New York: John Wiley.

Mehus, H. (1953). Learning and therapy. American Journal of Orthopsychiatry, 23, 416-421.

Mendell, A. (1983). Play therapy with children of divorced parents. In C. Schaefer & K. O'Conner (Eds.), Handbook of play therapy(pp. 320-354). New York: John Wiley.

Miller, H. (1948). Play therapy for the institutional child. Nervous Child, 7, 311-317.

Miller, H. (1947). Play therapy for the problem child. Public Health Nurse Bulletin,

39, 294-296.

Miller, H. , & Baruch, D. (1948). Psychological dynamics in allergic patient as shown in group and individual psychotherapy. Journal of Consulting Psychology, 12, 111-113.

Moustakas, C. (1951). Situational play therapy with normal children. Journal of Consulting Psychology, 15, 225-230.

Moyer, K. , & Von Haller, G. (1956). Experimental study of children's preferences and use of blocks in play. Journal of Genetic Psychology, 89, 3-10.

Muro, J. (1968). Play media in counseling: A brief report of experience and some opinions. Elementary School Guidance and Counseling Journal, 2, 104-110.

Myrick, R. , & Holdin, W. (1971). A study of play process in counseling. Elementary School Guidance and Counseling Journal, 5, 256-265.

Nelson, R. (1966). Elementary school counseling with unstructured play media. Personnel and Guidance Journal, 45, 24-27.

Perez, C. (1987). A comparison of group play therapy and individual play therapy for sexually abused children (Doctoral dissertation, University of Northern Colorado). Dissertation Abstracts International, 48, 3079.

Pothier, P. (1967). Resolving conflict through play fantasy. Journal of Psychiatric Nursing and Mental Health Services, 5, 141-147.

Pumfrey, P. , & Elliott, C. (1970). Play therapy, social adjustment and reading attainment. Educational Research, 12, 183-193.

Rank, O. (1936). Will therapy. New York: Knopf.

Ray, D. , Bratton, S. , Rhine, T. , & Jones, L. (2001). The effectiveness of play therapy: Responding to the critics. International Journal of Play Therapy, 10(1), 85-108.

Reisman, J. (1966). The development of clinical psychology. New York: Appleton-Century-Crofts.

Reynert, M. (1946). Play therapy at Mooseheart. Journal of Exceptional Child, 13, 2-9.

Rogers, C. (1951). Client-centered therapy. Boston: Houghton Mifflin.

Rogers, C. (1942). Counseling and psychotherapy. Boston: Houghton Mifflin.

Rousseau, J. (1762/1930). Emile. New York: J. M. Dent & Sons.

Saucier, B. (1986). An intervention: The effects of play therapy on developmental achievement levels of abused children (Doctoral dissertation, Texas Women's University). Dissertation Abtracts International, 48, 1007.

Schiffer, M. (1957). A terapeutic play group in a public school. Mental Hygiene, 41, 185-193.

Siegel, C. (1970). The effectiveness of play therapy with other modalities in the treatment of children with learning disabilities (Doctoral dissertation, Boston University). Dissertation Abstracts International, 48,2112.

Sokoloff, M. (1959). A comparison of gains in communicative skills, resulting from group play tberapy and individual speech therapy, among a group of non-severely dysarthric, speech handicapped cerebral palsied children (Doctoral dissertation, New York University).

Springer, J., Phillips, J., Phillips, L., Cannady, L., & Kerst-Harris, E. (1992). CODA: A creative therapy program for children's families affected by abuse of alcohol or other drugs. Journal of Community Psychology, 20, 55-74.

Sweeney, D., & Homeyer, L. (1999). Handbook of group play therapy. San Francisco: Jossey-Bass.

Taft, J. (1933). The dynamics of therapy in a controlled relationship. New York: Macmillan.

Trostle, S. (1988). The effects of child-centered group play sessions on social-emotional growth of three-to six-year-old bilingual Puerto Rican children. Journal of Research in Childhood Education, 3, 93-106.

Tyndall-Lind, A. (1999). Revictimization of children from violent families: Child-centered theoretical formulations and play therapy treatment implication. International Journal of Play Therapy, 1(8), 9-25.

Tyndall-Lind, A., Landreth, G., & Giordano, M. (2001). Intensives group play therapy with child witnesses of domestic violence. International Journal of Play Therapy, 10(1), 53-83.

Ude-Pestel, A. (1977). Betty: History and art of a child in therapy. Palo Alto, CA: Science & Behavior Books.

Wakaba, Y. (1983). Group play therapy for Japanese children who stutter. Journal of Fluency Disorders, 8, 93-118.

Waterland, J. (1970). Actions instead of words: Play therapy for the young child, Elementary School Guidance and Counseling. Journal, 4, 180-197.

Willock, B. (1983). Play therapy with the aggressive, acting-out child. In C. E. Schaefer & K. L. O'Conner (Eds.), Handbook of play therapy (pp. 386-411). New York: John Wiley.

Winn, E. (1959). The influence of play therapy on personality change and the consequent effect on reading performance (Doctoral dissertation, Michigan State University).

4 对儿童的看法

为了能健康地成长,小孩子不需要过多地知道怎样去学习,只要知道怎样去玩就好了。

——Fred Rogers

尽管有人说太空是科学探索的最终目标,但我却认为科学研究的最前沿有可能是人类的儿童期。我们对错综复杂的儿童期知之甚少,而为探寻和理解儿童期的重要意义所付出的努力又收效甚微。之所以如此,是因为我们只能靠儿童来告诉我们他们在经历什么。我们只能从儿童身上获取有关他们的知识。儿童把自己丰富的情绪和情感带入了与治疗师的关系之中,他们复杂的人格也是由这些情感元素编织而成的。但是儿童多样化的情绪却像面纱一样挡在了治疗师的眼前,它们不断变幻,使得治疗师无法看清儿童内心的真实面貌。儿童之所以没有展现出自己最真实的一面,有可能只是因为他不喜欢治疗师这个人,也有可能是因为治疗师没有给他充分的回应,甚至还有可能是儿童在治疗师身上感觉到了某种气息。

与儿童相处的原则

要想遵循以儿童为中心的理念去与孩子们相处,那就首先要记住下面几条原则,而这些原则也是治疗师在进行与儿童换位思考时所要考虑的问题框架。原则如下:

1. **儿童不是成年人的缩小版。**治疗师也不要用对待成年人的方式去对待儿童。

2. **儿童也是正常人。**他们同样可以体会到强烈的痛苦与欢乐。

3. **儿童是独特并且值得尊重的人。**治疗师应当珍视每个儿童的独特性并尊重他们的人格。

4. **儿童是能适应环境的。**儿童本身具有极强的克服困难和适应环境的能力。

5. **不断成长并走向成熟是儿童的天性。**他们具有一种内在的直觉能引导他们走向成熟。

6. **儿童具有积极地自我引导的能力。**他们能运用充满创造力的方法去认识这个世界。

7. **游戏是儿童天生的语言。**当与能让他们感到舒服的人在一起时,他们就会用游戏来表达自我。

8. **儿童有保持沉默的权利。**当儿童选择不说话时治疗师应予以尊重。

9. **只有在儿童感觉到需要的时候他们才会接受治疗。**治疗师别想去决定何时让儿童去玩,怎样去玩。

10. **对待儿童不能采取揠苗助长的方式。**治疗师应当意识到这一点并对孩子的成长保有耐心。

儿童有他们自己的权利。他们发展的轨迹不应该是按照计划提前锁定的。每个儿童都拥有独立的人格,这些独特性的存在与否不是由他们生命中那些重要的人所决定的,而每个孩子在发展自己独立的人格时也不应当受到他人的限制。因此,儿童是值得尊重的,因为他们也同样具有成人所具有的价值和尊严。治疗师应该接受和欣赏儿童身上的独特性,并且把他们当做独立的个体来对待。儿童也同样是人,他们不应该受到差别待遇。

儿童不是一个有待研究的物体,而是一个需要去了解的活生生的人。在游戏室里,站在治疗师面前的儿童是一个完整的人类,而不是一个等待治疗师去分析解决的问题,儿童所需要的是来自我们的关注和理解。实际上不仅仅是儿童,所有人类都会希望有人来倾听自己的心声,承认自己的价值。有一些儿童,他们每天都发出这样的信息:"嘿,看这!有人在听我吗?有人在看我吗?有人在意我没人管吗？我心很痛。你看到了吗？你在乎吗？"然而一天天过去了,儿童身边的大人根本不管孩子们发出的声音。但是在游戏室里,儿童是被关注的、被聆听的、被回应的,也是被允许描绘自己的生活的。对于儿童来说,这是一个允许他们发挥内在的成长动力、把握自我发展方向的自由阶段。游戏室中宽容的环境可以让孩子们最大限度的表现自我。

儿童具有自愈能力

儿童拥有一种内在的能量,通过这种能量儿童能够从创伤或是某种不利环境中恢复过来。他们就像弹簧一样在受到挤压之后仍然能恢复原样。如果只是把这种恢复能力归结为是家庭环境造成的,那这样的解释就有点过于简单了,这种说法并不能解释在同样环境下长大的孩子们,为什么有的人独立性较强,而有的人却又容易受环境影响。但如果不这么去理解,我们又如何解释有些儿童在生命中经历了灾难性的处境后却又看起来毫发无损;有些孩子时常遭到残暴的家长毒打,但是内心却越发坚强;一些儿童在贫困的环境下成长起来却拥有富足的精神能量和开阔的视野;一些在父母酗酒的家庭环境中成长起来的儿童却具有很强的独立性并且具有较好的自我调节能力;有些由患有情绪障碍的父母抚养长大的儿童顺利成长并且具有很好的情绪控制能力。对于这些现象我只能这样解释,不幸的经历被孩子们内化,并在他们与环境相互作用的过程中不知不觉被重新整合,最终只有对孩子们有利的部分被保留了下来。这些例子强调了人类的一种能力,即便是在极其不利的环境下,人们也能依靠这种能力朝着成熟与自我实现的方向成长。

研究者们提出,有几个重要的因素可以让儿童不易受到伤害,它们是较强的自我关注意识、自控能力、内部成就动机以及自我认同感。自愈能力强的儿童总是对自己充满信心,他们相信自己有能力控制住局面并且在行动时总是以目标为导向。研究者们还发现这些儿童的家长给予了孩子相当大的自我引导的空间西格尔、叶赫兹(Segal & Yahraes,1979)。所有这些发现都与心理动力学理论以及从儿童的游戏治疗中总结出的经验相一致。

一想到恢复能力强的孩子,我脑子里就出现了18个月大的杰茜卡·麦克奴,她掉进了西德克萨斯的一口废井里。这件事曾引起全世界的关注。这种遭遇对于一个小孩来说是一段多么恐怖的经历,成年人所能想起的任何可怕回忆都不能与之相提并论。她被卡在井道里足足两天,没有人和她说话,没有人抚摸她,也没有人能安慰她。她无法知道自己在哪,也不知道发生了什么。受困的 2 天时间对于杰茜卡来说一定无比漫长。当她独自被困在漆黑的废井 46 小时后,救援人员终于找到了她,然而他们听到的却是这个小不点正在轻声地给自己哼唱歌谣。这件事情有力地证明了儿童天生就有自我安慰和自我照顾的内部动机。即便是以我们成人的智慧也没有办法弄清楚儿童到底有多大潜能。我们之前对儿童的看法过于狭隘,一些成年人认为儿童的理解能力很有限,所以他们的行为也应该受到限制,然而却不知道人体机能的强大已经远远超越了那些成年人的理解力。

通常儿童都是兴高采烈的,一旦大人逗他们,他们就会表现出兴奋、外句和欢喜。所有小孩子每天都应该开开心心的,而作为养育者的大人们,也应该把这一点作为养育孩子的目标。但是,当孩子们忙于完成家长所布置的任务时,或者是按照家长的计划"快速成长"时,他们本应拥有的快乐就被家长夺走了。在儿童的成长过程中,他们一直在探索自己的能力到底有多大,此时大人们应该做到耐心地等待。儿童总是很信任身边的人,而他们也因此更容易受到伤害。大人们应该小心行事,并保证自己没有胡乱地利用孩子对自己的信任。成年人们一定要随时关注孩子们的内心感受。

儿童不会停留在昨天,他们关注的只是当下。我们也不能对儿童说"等一下",因为他们所体验的永远是现在,而不是那些还没发生的事情。儿童的世界是慢于成人的,因为他们总是停下来东瞧瞧西看看。儿童喜欢简单的事物,他们从不尝试把简单的事情搞复杂。儿童在不断地长大,内在和外在的表现也在逐渐发生变化,要想让他们心理保持健康,只有用不断变化的心理治疗方法才能跟得上他们不断成长的身体和心灵。

有些孩子像爆米花,而有些孩子像糖浆

任何陪伴过孩子成长的人都会对孩子们所展现出的丰富个性和行为印象深刻,孩子们也正是依靠自己独特的个性和行为方式来探索属于自己的世界。有些孩子就像爆米花一样,他们在做任何事情时都会迸发出能量和活力。只要有什么事情发生,他们就会突然跳出来,然后说出一个又一个新奇而不可思议的想法;但

是当他们的注意力被某件事物吸引时,他们又能一动不动地待上半天,好好地研究这个奇特的东西,就像蜜蜂停留在花朵上一样;然而等到玩够了的时候,他们又会一边制造出很大动静,一边去寻找下一个能让他们感兴趣的目标。

另外有些孩子就像糖浆一样,只会慢慢地从一处挪到另一处。他们做任何事都会深思熟虑、谨小慎微,好像他们的所有动作都只是受到了"惯性"的驱使。他们看起来对周围的变化没有任何反应。可以用陀螺来比喻这群孩子:世界的改变让他们心中剧烈反复回荡,但是表面上看起来他们却又无动于衷。

有的孩子像蘑菇,他们在夜间才绽放光彩;有的孩子像兰花,他们会用7～12年的时间去积蓄力量,然后才幽幽盛开纳特(Nutt, 1971)。真正合格的游戏治疗师既能够等待"兰花开放",又能对"蘑菇"也保有耐心。每个孩子都有自己独特的方法去解决问题,这就是他们生存的方式。因此,当儿童具备了一切条件并开始成长为一个能适应不同环境的成熟的个体时,治疗师就可以耐心地等待了,让他们自己去发现自身与众不同的地方吧。此外,治疗师还要真心地相信儿童自己有克服一切困难的能力。也正因为如此,不要忍不住去提醒孩子回到谈话主题上来,也不要强迫孩子去谈论所谓"更重要"的话题,毕竟这些内容都是孩子身边的大人经常让他们说的。孩子真正需要的是改变。只要治疗师是尊重孩子的,他就不会在谈话中打断或教训孩子,对孩子所说的想法和感受也会深信不疑。

参考文献

Nutt, G. (1971). Being me: Self you bug me. Nashville, TN: Boardman.

Segal, J. , & Yahraes, H. (1979). A child's journey: Forces that shape the lives of our young. New York: McGraw-Hill.

5 以儿童为中心的游戏疗法

一个人所获得的最大发现一定是在他自己身上找到的。

——Ralph W. Emerson

以儿童为中心的理论其实是一种与孩子相处的哲学,它并不是那种在进入游戏室之前必须要掌握的外在的技术,而只是一种交往方式,它要求治疗师要完全相信儿童天生就具有努力迈向成长与成熟的能力。以儿童为中心的游戏疗法是一个完整的治疗体系,要想达到这种疗法的最佳效果,治疗师不单需要依靠一些能够促进关系和谐发展的技术,更多地还是要具备一种信念,即儿童可以通过他们自身的适应和恢复能力来使自己朝着构建更完整人格的方向发展。这种信念是使用此项疗法的基础条件。如果儿童要想获得能够促进成长的能量的话,他们自身就是最好的能量来源。他们本来就具有很强的能力能够以适当的方式来引导自己成长,而同时,在游戏治疗的关系中,他们又被赋予了很大的自由度来表现出真实的自己,因此他们可以用游戏演绎出自己内心的感受和体会。孩子们在游戏室里能够创造出自己独有的故事,而且治疗师也会充分尊重每个孩子的选择,让他们能够沿着自己的轨迹发展下去。

以儿童为中心的游戏治疗师十分相信儿童的内在潜力。因此,治疗师在与儿童相处时就有这样一个目标:把孩子内心中能够自我发展的、自我完善的、积极向上的、富有创造力的以及能够自我治愈的能量充分释放出来。当这个目标在孩子们身上得以实现时,他们就蓄满了能量。他们可以利用自己发展的潜能去探索和发现,最终建构出一个完整而成熟的自我。治疗师们所关注的重点就是如何发展出这种治疗的关系,它能促进儿童情感的成长,并使他们对自己充满信心。这就是以儿童为中心的游戏疗法,它是一种态度,是一门哲学,是与孩子相处的门道,而不是一种可以生搬硬套的现成步骤。

人格理论

其实,孩子们所学习的科学文化知识对于他们自身人格的构建并没有太大的影响;我们看到每个孩子的行为表现都不一样,这种行为上的差异性来源于孩子们对自身感受的不同。每一个孩子都对内在自我和外在世界存在一个独特的知觉,通过这种知觉,孩子们建立了属于自己的"现实(reality)",同时也获得了日常生活中属于他们自己的经验。独特的知觉与自身无限的潜能是儿童构建人格的基础,而游戏疗法中以儿童为中心的方法也是在这样的人格理论上建立起来的。对这些原理的了解能帮助我们去理解孩子所持有的信念、动机和态度。我本来是打算从孩子身上出发,描写他们如何用新奇的方法去探索世界的,但首先介绍一下理论也很有必要。对人格建构理论的了解能使治疗师对接触儿童产生浓厚的兴趣,同时也能提升治疗师对儿童内心世界关注的敏感性。

以儿童为中心的人格建构理论是以3个核心概念为基础的,它们分别是:①个体;②现象场;③自我(Rogers,1951)。

个体

"个体(person)"就是一个孩子自身所拥有的全部:思想、行为、感觉和身体。而现象场(phenomenal field)是一个孩子所经历的每一件事情,包括存在于意识层面的、意识层面以外、身体以内的以及身体以外的各种各样的经验。现象场为个体所产生的各种内在看法提供了基础。有这样一个基本观点:每一个孩子都存在于"以自我为中心的不断变化的经验世界"(Rogers,1951:483)中,如果一个孩子对这个不断变化的经验世界做出了反应的话,由于他所处在的经验世界是一个有组织的整体,所以他的反应就会导致世界中的某一部分发生变动;而不管在哪一个部分出现了变动,经验世界的其他部分也会随之而改变。因此,持续的、不断变化的人际交流始终在发生。在这种动态的人际交流中,孩子作为完整的系统会一直努力地实现自我。这个活跃的过程所要达到的目标,是使孩子朝着自我的进步、独立、成熟与增强不断成长，最终变成一个"机能充分发挥的人"。在这个过程中，孩子所做出的行为是为了努力去满足自己在独特的现象场中所体会到的需求。

现象场

以儿童为中心的人格结构理论的第二个核心概念是"现象场"。它是指孩子所经历和体验的一切事情，包括出现在意识层面和非意识层面的经验，以及从体内和体外所获得的经验。对于正在发生的事情，不管孩子知觉到的是什么，这都是孩子自己的"现实"。每个人知觉到的现实都是不一样的。因此，如果想要理解孩子所表现出来的行为的话，治疗师就首先必须去理解孩子所知觉到的世界。在与孩子建立关系时，治疗师应该把关注点放到孩子的现象世界里，这个世界是治疗师必须要弄懂的。因为，孩子们的行为被看做是为了满足他们在自己独特的现象场中所产生的需求而进行的努力和尝试。

治疗师需要进入到孩子们的内心才能理解他们的行为。所以，即便是在面对孩子最简单的行为时（如画一幅画，尝试拼字或做泥塑），治疗师也不应该针对行为去评判，而是要努力进入孩子的内心。如果治疗师想要接触孩子这个个体的话，孩子的现象世界是必须要关注和理解的目标。治疗师不应该紧攥自己的标准，然后用这个标准去要求孩子；也不应该根据自己对孩子行为的判断来把他们分成三六九等。

孩子作为一个个体，拥有自己的思想、行为、感受和身体。孩子的个体始终与外在的经验世界保持着不断运行和变化着的互动；在动态的互动中，孩子对现实的知觉、态度以及思想都在不断变化。这样的动态性对于有可能1周只能见到孩子1次的治疗师来说有很大的影响。孩子在新一次的治疗中表现稍有不同，治疗师就必须得"跟上脚步"。对于相同的事件，孩子本周的反应与上周很可能不一样，因为孩子的内在"现实"发生了改变。这种不断对经验进行整合的过程也许能够解释孩子们所具有的强大的可塑造性。生命就是不断变化着的经验，在随着外在世界的不断变化之中，孩子们也时刻都在经历着思想、情感和态度的重新组织。所以，随着时间的推移，人们对过去经验的体会不会像曾经那么强烈，过去的事情对人们的影响也在一天天改变。因此，治疗师没有必要带孩子回顾过去，因为孩子已经从过去的事件中成长了起来。治疗师只需要让孩子把当前在游戏室里所获得的体验带到生活中的其他地方就可以了。

自我

在以儿童为中心的人格结构理论中,第三个核心概念是"自我(self)"。通过在外在世界中与重要的他人不断进行互动,一直在成长的婴儿逐渐开始能从整个现象场的经验中分化出一部分来作为"自我"。所谓自我,它是孩子对于自身知觉到的全部(Rogers,1951)。按照皮特森(Patterson,1974)的说法,孩子只有在与他人的互动中才能变成一个完整的人,才能发展出"自我"部分。在孩子与现象场不断产生作用的同时,孩子的自我也会成长和发生变化。罗杰斯把"自我"部分描述为:"是一种对于自身的可以意识到的知觉所构成的有组织的结构。它由以下几部分组成:对个人的特点与能力的知觉;在与他人以及外在世界接触时的自我认知和自我概念;附着于经验与客体的价值;带有正性或负性的目标和理想"(Rogers,1951:501)。总的来说,孩子的行为通常是与他的自我概念(concept of self)相一致的。

自我意识(awareness of self)会导致个体对他人积极关注的需求的增长。这种对积极关注的需求是相互的,当个人满足了他人对积极关注的需求时,个体同样的需求也会得到满足。对于积极关注需求的满足与否同个体经验结合在一起,共同促成了对自我关注需求的发展。"这种自我关注感会以一种普遍的形式存在,它会影响个体作为整个机体的行为,它独立于来自他人关注的实际经验而单独存在。"(Meador & Rogers,1989:154)

以儿童为中心的理论关于人格和行为的观点

罗杰斯(Rogers,1951)阐述了有关人格与行为的19条基本命题,这些命题为我们更好地理解人类的行为与动机提供了一个理论框架,同时它们也是以儿童为中心的游戏疗法的理论核心。罗杰斯所提出的这些命题包含了以儿童为中心理论关于人格和行为的所有观点,它们是治疗师在实施游戏治疗之前需要掌握的基础。这19条命题可以被总结如下:

儿童存在于以他为中心的不断改变的经验世界中。儿童作为一个有组织的整体对他所体验到和觉察到的领域作出反应,这个所知觉到的领域就是孩子自己的"现实"。在儿童的不断发展以及与外在世界进行的互动中,他私人世界(知觉域)里的一部分会逐渐发展成"宾我(me)"(区别于自我),然后儿童会开始形成有关自我、外在世界以及与外在世界相关联的自我的概念。儿童有一个基本倾向,即实现、维持和强化经验中的自我。他们的行为是一种基本的以目标为指向的尝试,为的是满足在知觉域中所体验到的需要。因此,理解孩子行为最有力的点在于理解孩子的内心。

孩子的大部分行为都是与他的自我概念相一致的,与自我概念不一致的行为也有可能出现,但是这些行为并不是个体所"拥有的"。当自我概念与儿童个体的所有经验都相符时,他就会感受到心理上的自由与适应。如果不相符的话,儿童就会体验到紧张,或者是适应不良。与自我概念不一致的经验会被感知为是威胁,这种威胁会导致儿童僵化地维护自己已有的自我概念。当任何针对自我知觉的威胁都不存在时,儿童就能自在地对自我概念进行修订,并能吸收和容纳一些与自我概念不一致的经验。完整和积极的自我概念能让儿童更好地去理解他人,也因此能与他人建立更好的人际关系。(Rogers,1951:483-524)

关键概念

以儿童为中心的游戏疗法既是一门描述儿童成长与成熟的人类固有能力的基本理论,又是一种相信儿童有能力去进行建设性的自我引导的态度。通过观察不断迈向成熟与进步的过程中的各个发展阶段,人们明白了人类始终是处于一种自然的、向前的运动之中。正是有了这个基础,以儿童为中心的游戏疗法才孕育而生。成长的趋势是人类先天具有的,而不是外在环境教育或驱动的。儿童天生好奇,并且乐于征服与成就。为了发现自我以及发现自我与外在世界的关系,他们始终在进行着不懈的追求,活力无限的孩子们就是生活在这种追求之中的。

在谈及自我发现与自我成长时,姆斯塔卡说道,"做治疗时所要面对的挑战就是要更好地服务,而且要带着兴趣与关注去等待孩子激活自己前行的意愿以及做出让自己行动起来的选择,等待他们以好奇和渴望的心勇敢地去追求展现在他们眼前的世界。这就要求治疗师具备非比寻常的耐心和不可动摇的信念,要相信孩子们能找到自己的路,能适应生活中的规则和压力,能够倾听自己的心声并做出能强化自我的选择。"(Moustakas,1981:18)

儿童与生俱来的天性使得他们能够朝着适应环境、个性成长、独立自主、保持精神健康以及我们统称为自我实现（self-actualization）的方向笔直迈进。儿童生活的最基本特性就是活跃。只要对孩子们的游戏进行一次近距离观察，人们就可以发现他们的生活是一个活跃的过程。在这个过程中，孩子们会保持着积极与进取的生活态度，而不会停留在消极和自满的状态之中。在婴儿与儿童的任何一个发展阶段中，人们都可以看到一种能促使孩子们去探索、发展和成长的内在推动力。在征服与成就的过程中如果遭遇了困难或挫折，婴儿反而会奋发向上，运用自己独特的应对技巧去战胜困难。面对失败，婴儿往往会展现出新的力量、努力和决心，并依靠它们去重新挑战，直到取得成功。

婴儿们并不满足于在地上爬来爬去的生活。遵循着不断向前发展的规律，一种要让自己站起来的内在驱动力会促使婴儿们开始学习走路。这并不是婴儿意识层面的决定，也不是他们精心准备好的计划，更不是成年人努力教导的结果。对于走路的学习，是孩子在时机成熟的情况下，以追求发展与进步的天性为基础而表现出的外在行为。这种自我引导的本性并不能保证让儿童平稳与连续地渡过这个时期。婴儿总会经历一个艰辛的过程：直起身子，松开大人的手，脚下踉跄地跨出一步，摔倒；再次站起，向前走出几步，然后再一次摔倒。在这个过程中婴儿会经历到很多痛楚，但是他们仍然会做出力争向前的努力和尝试。人们不需要去向婴儿解释"为什么会疼痛"，"哪个地方做错了"，"你的行为会对大人产生怎样的影响"，以及"要想成功需要进行哪些改变"。虽然孩子有可能会在行为上出现短暂的倒退，但只要他准备好了要跨出下一步，自我引导的本性就会引领他做出再一次的尝试，直到他对走路的掌握达到了令自己满意的程度为止。在这些经历中婴儿承担起了自我成长的责任，所以成就所带来的满足会内化到他们的自我当中，并进一步地巩固自我。趋向于不断成长的本性会使得孩子对更加成熟的行为产生满足感。

虽然我所举的这个例子好像是在以过于简单的方式解释一个非常复杂的过程，但它还是很清晰地反映出了儿童所具有的自我决定的能力。选择独立自主、自我管理以及摆脱外力的控制是孩子固有的内在趋势，这种趋势并不仅限于让婴儿、学步儿取得一些人生发展初期的成就，它可以被看做是整个人生最基本的推动力。它会对人的完整个体起作用，而且不管个体处于人生的哪个发展阶段，都会受到它的影响。借助这股力量，人们会把自己的一生都投入到人际交往与对自我的巩固中去。孩子们所具有的引导自我的能力比人们所认识到的要强得多,他们能够做出合适的决定。每个孩子体内都有一个非常强大的力会促使他去自我实现。这个力的根源是孩子的本性,它所指向的方向是独立、成熟和自我引导。并不是思维和有意识的思想使孩子产生了对某些感受的需求;而恰恰是孩子趋向于实现内在平衡的天性把他带到了他需要去的地方。按照克斯莱恩的话来说就是:

个体在任何时候所表现出的行为似乎都只是由一种驱力所引起,它就是完整的自我实现。当个体在达成完整自我实现的道路上碰到了难以逾越的障碍时,个体就会产生阻抗和紧张情绪。而当障碍消除时,个体就会通过在个人现实中努力地建立自我概念来满足这种内在驱力;或者,他也有可能在他封闭的内在世界中完成这个建立的过程,这会更加省力,同时这也同样能让他以间接的方式满足内在的驱力。(Axline,1969:13)

适应良好与适应不良

对于自我实现与自我价值肯定的渴望是人最基本的需求,每个孩子都在不断地满足这两项需求。"对于能够良好适应环境的人来说,一方面他不会在自己的道路上遇到太多的障碍;而另一方面,他也能靠自己的能力去得到获得自由和独立的机会。而适应不良的人不通过一番痛苦的挣扎就很难获得适应良好的人所取得的成功"(Axline, 1969:21)。在生活中,我们在孩子的身上也能清楚也看到这两种表现。这在接下来我所要介绍的马特的案例中能有所体现。

7 岁的马特慢慢地和我一起走进了咨询中心。他双手插兜,弯腰驼背,脸上无精打采的。他不得不屈服于这可怕的现实:之前的 4 天他都被关在郡政府办公大楼顶层的那间看守所里。那里闷热、昏暗、臭气熏天,没有一个他熟悉的人去安慰他。他父母的住处离看守所只有咫尺之遥,但是他们也从没有去探望过他。是不知道儿子在那里,还是根本就不想去,只有他父母自己才知道。在那天清晨我在看守所刚见到马特时,他还试图表现出镇定和若无其事,但是从他眼睛里透露出的惊恐的目光以及他下嘴唇上鲜红的牙印还是背叛了他,把他内心的焦虑展露无疑。他只是一个被吓坏了的小男孩,一个处于不开设青少年教管中心以及不对儿童特殊照顾的司法系统中的受害者。

先前还在上学的时候,马特就被他二年级的老师送到了游戏治疗中心,原因是"行为过于暴力,注意力不集中,经常迟到,情绪喜怒无常。"一起被送过来的成绩单显示,他在学业上还具有一定的潜力。学校推荐他接受游戏治疗,每次由学校的一名职员陪伴着他从学校走过一个街区,来到治疗中心。治疗被安排成每周1次,马特进行了6次治疗。当他第7次治疗缺席时,我给学校打电话才被告知他进了看守所。他被抓起来是因为他偷了杂货店的空饮料瓶子,而这已经是他在该月第二次偷东西被抓获了。他的父母把判决权完全交给了郡法官,因为他们觉得"我们对他已经毫无办法了"。于是法官认为这个孩子无可救药,就把他送进了看守所。我说服法院把他安排在我这里接受心理治疗,所以我们又能一起待在游戏治疗室中了。他一边把怨气撒在充气不倒翁身上,一边说:"当你有时想知道父母是否爱自己的时候,你就可以出去做点坏事。当你父母知道你做的事情以后,如果他们狠狠揍了你一顿,那就说明他们是爱你的。"马特竭力地想要去证明父母对自己的爱,然而他却恰恰是在把自己想要的东西越推越远,因为他的行为使得他难以被父母接受。

马特想要被他人喜爱,想要感受到家庭的接纳和包容,还想要成为家庭中重要的一员。然而在他的家庭环境中,家人之间的关系并不能给他提供必要的安全感和归属感,所以这并不能满足他想要被人欣赏以及被当做一个讨人喜欢的人的渴望。因为马特不能够把自己的内驱力向外表现出来以巩固自我,所以他就寻求了一种间接的,可以说是弄巧成拙的方法来确认其自我的价值。

克斯莱恩解释了适应良好的行为与适应不良行为间的区别:

当个体获得了充足的自信心并能通过评判、选择、使用资源等手段去有意识和有目的地达成他人生的终极目标——自我实现时,他就是一个适应良好的人。

反过来说,当个体缺乏能够把自己的内驱力转化为开放行为的足够自信心时,他就会满足于用间接的方式来促进自我实现,然后放弃尝试更有建设性和高效性的方法。这样的个体就属于适应不良的个体。为了达到完整的自我实现,他创建了内在的自我概念,但是他的外在行为与内在自我概念是不一致的。行为与

概念之间的差别越大,适应不良的程度就越高。(Axline,1969:13-14)

所有的适应不良都是来自于个体实际体验与自我概念的不一致。无论什么时候,只要孩子歪曲或是否认了对一段经验的知觉,从某种程度上说,自我与经验之间就出现了不一致。就像先前陈述的一样,儿童具有体验心理不适应因素的能力,他们会倾向于从一种适应不良的状态中转移到一种心理健康的状态。

有助于成长的治疗条件

刚才所描述到的这种积极向前的实现倾向是以儿童为中心的游戏疗法的中心思想,它被罗杰斯简要地概括为:"在个体内部存在有大量可供他进行自我了解以及改善自我概念、态度和行为的资源;如果能为个体提供一个有利于他保持积极心理状态的氛围的话,他就能把内部的资源发掘出来。"(Rogers,1980:115)好的治疗关系能帮助儿童把内部的资源释放出来,并将其用于成长和发展。这种好的治疗关系是建立在治疗师的一些基本态度之上的,它们是:真诚(真实与坦诚)、无条件的接纳(温暖的关怀和接纳)以及共情(敏感的理解)(Rogers,1986)。

真实与坦诚

在以儿童为中心的游戏治疗关系中,治疗师不会把自己假定为某个角色,也不会尝试按照某种既定的方法来行事。那样做是不够坦诚和真实的。态度是一种生活方式,而不是那种在需要时可以使用的技术。对于治疗师来说,"真诚"是最基础和根本的态度,**它是一种存在的方式,而不是一种做事情的方法**。在治疗关系中,真实不是治疗师可以拿来"套在身上"的东西,而是他要让自己沉浸于其中的一种状态。做到了真诚或真实,那就意味着治疗师的自我觉知和自我接纳都达到了很高的程度,而且表明他自己本身与他在关系中所获得的体验是一致的。这并不是说治疗师已经完全达到了自我实现,而是在强调治疗师进行自我洞察以及保持与治疗关系一致的重要性和必要性。

治疗师需要能充分地觉知和洞悉自己的个人情感,例如在游戏室里,治疗师有可能对孩子的行为产生排斥的情绪,这是他必须马上察觉到的。自我觉知对于游戏治疗新手来说非常重要,他们的固有经验和价值体系有可能会使他们对那些不讲卫生、操控欲望强烈或者是对治疗师出言不逊的孩子产生排斥甚至是厌恶的

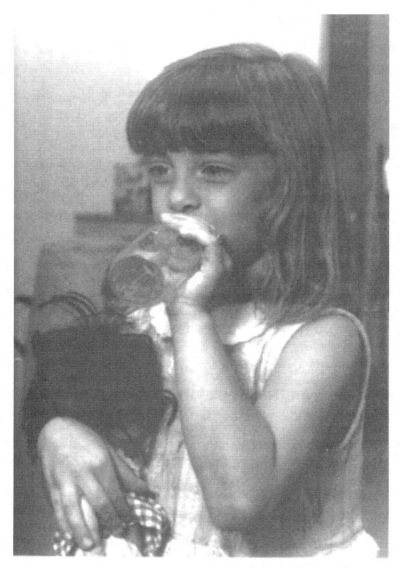

温暖的关怀和接纳赋予了孩子自由与宽容,使她能在游戏治疗关系所营造的氛围中完整地表现出最真实的自己。治疗师真的很关心孩子,所以在与孩子接触时他不会带有任何的评判。

感觉。一个对于自己内在感受不太了解的治疗师会把内心的排斥以不恰当方式投射出来。所以,这样的治疗师在进行游戏治疗之前首先要接受督导培训或心理咨询,以找出自己对某些行为或情况不适应的原因,然后把症结解除掉。

所谓真实,就是要时刻意识并接纳自己的感受和反应,并对伴随着这些感受和反应的内在动机进行体会和觉察,然后欣然地表现出真实的自己,并在机会合适的时候把自己的感受和反应坦诚地表达出来。只有在真诚的时候,治疗师才是把真实自己展现了出来,而孩子也才会把治疗师当做是一个普通的人,而不是一个专家。如果孩子让治疗师做的某些事情让他感到不舒服时,他就应该把自己不舒服的感受表达出来,只有这样,他才是真实的。孩子们对于治疗师的状态非常敏感,他们能很敏锐地意识到自己做错了事情或治疗师发生了改变。与一位对待孩子总是很真诚的大人在一起会让孩子获得很多收获。一位孩子正是在感受到了治疗师的真诚以后才说:"你看起来根本不像一个咨询师,你看起来就像真人一样。"

温暖的关怀和接纳

在开始探讨温暖的关怀和接纳之前,我们首先应该来关注一下游戏治疗师对自我的接纳的必要性。与孩子的关系不是那种包含着对孩子机械性接纳的呆板关系,而是一种对于自我接纳的延伸。我从自己与孩子们的交往中发现,他们喜欢和接纳我是因为我很真实,他们不需要分析我,揣测我。他们接受我的全部,其中包括我的优点,也包括我的缺点。在感受到了他们对我的接纳以后,我更加能够敞开心扉接纳我自己。如果一位游戏治疗师自己没有感受到真挚的温暖的话,他又如何把这份温暖传递给孩子?如果治疗师对自己本人都感到排斥和不接纳的话他又怎样去接纳孩子?如果我对自己都不尊重的话那我又怎么会尊重你?接纳,就像真诚一样,是一种态度,一种存在方式,一种治疗师对待自己态度的延伸。

诚挚的关怀与接纳的特点是要给予孩子积极的尊重,并把他们视为有价值的个体。治疗师表现出的关怀与接纳应该是无条件的。对他人的关怀是通过自己的经验总结出来的,它不像尊重和接纳那样是对他人价值与尊严的一种抽象态度,也不能通过阅读和上课来习得。如果治疗师真的很关心和珍视一个孩子的话,他就不会带着评判的眼光去看待这个孩子。关怀是在治疗关系的互动中产生的,治疗师要逐渐地去了解孩子才能真正地关怀孩子,他不可能刚见到孩子几分钟就对他展现出最深切的关怀。此外,正如罗杰斯(Rogers,1977)指出治疗师也不可能时时刻刻都保持着对孩子相同程度的无条件关怀。无条件的关怀和接纳并不具有"全或无"的特性,而是一种可以被分成不同程度的态度,这样的态度是建立在治疗师对孩子深入持久的信任和欣赏之上的。不管孩子是目中无人、喜怒无常、暴躁、不配合,还是合作、愉悦、乐于与治疗师接触,治疗师都要尊重并且珍视孩子。

温暖的关怀和接纳赋予了孩子自由与宽容,使他能在游戏治疗关系所营造的氛围中完整地表现出最真实的自己。治疗师不会要求孩子变成别的样子,他会一贯地表示出无条件的态度——"我接纳你的全部",而不是"如果你……的话,我就接纳你"。接纳并不意味着治疗师要对孩子所有的行为都表示赞同。就像我将会在11章所讨论的那样,孩子的很多行为在游戏室中都是不能被接受的。不过,我现在想要说的是,在孩子所有的行为当中,治疗师不应该因为孩子的某一个行为而觉得这个孩子更值得去接纳或者不值得接纳。这种不带有评价性的接纳才是建立良好治疗氛围所必需的,孩子们会在这样的氛围当中感到足够的安全,然后才会把内心中的想法和感受表达出来。

大部分的孩子都会有一种强烈的想要取悦大人的渴望,并且对治疗师任何细微的排斥都会很敏感,他们会很敏锐地感觉到治疗师的感受。所以,我不得不再次强调治疗师自我意识与自我觉知的重要性。孩子们会很关注他人指向自己的感受,他们会把治疗师对他们的排斥,例如厌烦、不耐烦、含蓄的批评,以及其他负性的行为全都内化为自己的一部分。这是因为孩子们已经习惯于依靠非语言的线索来解读成年人了,所以他们对治疗师的感受也会很敏感。

如果孩子把一整块黏土放到棕色蛋彩画颜料盘里不停地挤压,而治疗师在看到这番情景以后感到了些许的紧张的话,那孩子就不会再把自己的交流和探索进行下去了。有的孩子也许会静静地站在游戏室的中央,然后准备慢慢地开始游戏。这时如果治疗师感到不耐烦,可能就会用稍微有些不同的语调说道:"这里的玩具你一件都不想玩吗?"或者提出建议:"贝丝,也许你会想玩玩那边的娃娃。"Beth 会把这些话听成是对她的排斥,她会觉得自己惹得治疗师不高兴了。当一个10岁大的男孩把奶瓶里灌满水并抱着它不停吮吸时,治疗师对这一行为的反应可能会是"这是怎么了！他都这么大了，不应该会这样做了！也许他是在退行，我必须阻止他。"治疗师在内心产生这些想法时也许只是扬了一下眉毛，或者是翻了一下眼睛，亦或者只是咬了咬牙，这些细微的动作就马上被孩子感觉到了，这使得孩子感到自己没有被认可。那么接下来，这个孩子的反应可能就会是为做出了这些"婴儿行为"而感到羞愧。如果治疗师对于孩子的某些游戏行为给予了更加积极的回应，那么孩子就会认为那些没有获得足够回应的行为是不被认可的。

在游戏治疗的关系之中存在有一些非常细微但是却很重要的力量，它们会对孩子所体验到的接纳度产生很大的影响。温暖的关怀与接纳是治疗师在感受孩子的经验世界时必须要持有的基本态度，它也会使孩子意识到，治疗师是可以信赖的。

敏感的理解

在大多数成人-儿童互动模式中，成年人总是以一种典型的方法参与其中，即基于对孩子的了解，抱着对孩子评价的态度去和他们接触。很少有大人去尝试了解孩子的内心，了解他们的主观世界。孩子们不被允许去探索规则的边界，不能分享自己生活中可怕的事情，也不能变成自己喜欢的样子，直到他们体验到了一种新的关系。在这个关系中，他们的主观经验世界能被理解和接受。而对于治疗师来说，只有他抛开了自己的经验和期望，并且诚挚地欣赏孩子们的个性、行为、经验、感受和思想，他才能做到敏感地去理解孩子们。罗杰斯认为，共情（empathy）是通过揣测他人内心而看到其内在世界的一种能力："去感受来访者的私人世界，就好像是他的世界成为了你自己的世界一样，不过，永远也不要忘了只是'好像'——这就是共情，它对治疗非常重要。"（Rogers，1961:284）

尝试从孩子们的观点来敏锐地理解他们可能是最难领悟的要点之一，同时这也是治疗关系中潜在的关键因素，因为只要孩子们感到自己得到了治疗师的理解，他们就会受到鼓舞，并且会把更多真实的自己表露出来。这样的理解似乎对于孩子来说有很大的吸引力。当感到被理解时，他们会觉得自己处在一个很安全的环境中，于是就能继续向前进行勇敢的探索，然后他们对自己的经验世界的知觉就会随之不断发生改变。

不断前进，然后孩子们所熟悉的事物就会承载上新的含义。世界经典读物《小王子》（de Saint Exupery，1943）生动地描述了这个探索的过程。故事中的狐狸试图说服小王子驯服自己（让小王子与他建立关系）。他告诉小王子说，他的生活非常单调乏味，他捕捉鸡，而人又捕捉他。生活永远没有改变。他描述说，所有的鸡全都一样，所有的人也全都一样。接下来，狐狸说道：

但是，如果你要是驯服了我，我的生活就一定会是欢快的。我会辨认出一种与众不同的脚步声。其他的脚步声会使我躲到地下去，而你的脚步声就会像音乐一样让我从洞里走出来。再说，你看！你看到那边的麦田没有？我不吃面包，麦子对我来说，一点用也没有。我对麦田无动于衷。而这，真使人扫兴。但是，你有着金黄色的头发。那么，一旦你驯服了我，这就会十分美妙。麦子，是金黄色的，它就会使我想起你。而且，我甚至会喜欢那风吹麦浪的声音。（de Saint Exupery, 1943:83）

充满理解和接纳的游戏治疗关系对孩子的知觉所产生的显著影响与这段描述非常相似。

对孩子的共情经常会被人们看做是一个被动的过程：治疗师只需要坐在游戏室里的专用椅上，允许孩子们做他们能想到的任何事情，然后完全不给予或只需要给予很少的反馈。事实并非如此。只有保持与孩子高水平的情感互动，治疗师才能做到准确而敏感的理解孩子。治疗师需要把自己当做（好像）是正在接触的那个孩子来进行认同，而不能只是时不时地给那个孩子一些回应。要想与孩子进行心灵的交汇并且准确和敏锐地理解孩子，治疗师需要将自己的全身心都投注在与孩子的关系上。这样的投注会使治疗关系变得更加积极主动，从而促使孩子和治疗师用更多的情感和精力来巩固这段关系。这不是一种轻易就能参与其中的实实在在的身体上的活动。要想带着理解来感受和进入孩子的私人世界，治疗师需要在情感和精神上付出很大的努力。孩子们会知道治疗师何时触碰到了自己的内心。

敏感的理解意味着治疗师要充满感情地去接触那个孩子所知觉到的经验现实世界。对于孩子通过语言或行为表现出的关于其个人经验世界的感受或体会，治疗师不应予以质疑和评价。在那一刻，治疗师所要做的就是让自己的感受尽量与孩子正在体会和表达的感受相一致。治疗师没有必要提前思考孩子接下来可能会出现的感受,也没有必要分析孩子所表达内容的潜在含义。尽可能深地去感受孩子在那一刻的体会,尽可能完整地接纳孩子对于共情所做出的直觉性的回应,这是治疗师在共情过程中应当抱持的态度。因此,游戏治疗的关系就是包含着赞赏和共情的关系。治疗师需要始终珍视孩子所表现出来的独特性,并跟随孩子的步伐,通过共情来了解孩子每时每刻都身处其中的经验世界。

游戏治疗的关系就是包含着赞赏和共情的关系,治疗师需要始终珍视孩子所表现出来的独特性,并跟随孩子的步伐,通过共情来了解孩子每时每刻都身处其中的经验世界。

治疗师别想用安慰的话语去尝试消除孩子痛苦的感受。例如,在面对一名被惊吓到的孩子时,不要说:"一切都会好的";也不要用"但是你妈妈真的很爱你"去安抚一位心灵受到伤害的孩子。如果治疗师那么做的话,他就排斥了孩子在那一刻的感受,而类似于这些的反馈话语就好像是在向孩子传递一条信息,即体验到伤痛是不被允许的。不论孩子产生了什么样的感受,治疗师都应该认为这些感受是合理的。如果波比因为丢失了心爱的蜡笔而感到非常难过的话,治疗师也要体会到那种难过,虽然难过的程度不一定和波比所感受到的一样,但是治疗师至少要有那种"好像"丢失了重要物品的感觉,尽管治疗师可能永远也不会有被酗酒父亲虐待的经历,但是在面对有过如此经历的凯文时,治疗师也要依靠自己的直觉去体会凯文的感受,就"好像"自己也有过这样惨痛的遭遇一样,并像凯文一样产生出恐惧和愤怒。治疗师要切记,一定不要让自己的生活经验侵入和干扰到自己对孩子的感受的理解。

治疗关系

试着描述和孩子之间那种几乎感觉不到但又确实存在的关系,就像是把一颗小小的水银珠放在手指上一样——你无法用手指捏住它。要怎样才能准确地描述孩子们分享的那些经历,以及他们在一个安全的环境中所表达出来的情感?有什么词语可以描述这种时候的心情呢?我不知道,我觉得没有词语可以精确地描述出一个和孩子分享的时刻。也许,我们应该来看看那些参加游戏治疗的孩子是怎样描述这种关系的。5岁大的菲利普在游戏室中挥舞着双臂,就好像在飞翔,他兴奋地说道:"谁会想到世界上会有这么一个地方!"的确,这种关系对于大多数孩子来讲,是从来没有经历过的。在这里,成年人允许孩子们做回他们自己——是真实的自己!在那一刻,孩子们以"自己"的身份得到了认可。

这种关系是在进入一个孩子的内心世界,了解他的内心世界的真实经历以后逐渐建立起来的——而不是通过训练或者是塑造获得的。它是心灵碰撞的结果。在《绿野仙踪》中(Baum,1956:55-56),铁皮人与稻草人的谈话形象地描述了在与孩子关系中用心体会的重要性:

"我知道的东西太少了,"稻草人高兴地回答道。

"你知道我的脑子里全是稻草,这也就是我为什么要去奥兹国寻求头脑的原因。"

"哦,我知道了,"铁皮人说,"但是,头脑并不是世界上最好的东西。"

"那你有吗?"稻草人问道。

"没有,我的脑袋空空如也,"铁皮人回答道,"但我曾经有过,那时我还有一颗心;根据我对它俩的比较,我更希望获得一颗心。"

尊重一个孩子，了解一个孩子的内心世界，而不要仅仅停留在他的大脑的活动上。孩子们通常会察觉到治疗师的内在人格，并欣赏和珍视治疗师对自己的无条件接纳。这种关系将会和孩子一起存在于游戏室中，随后，它会变成相互接纳和欣赏的共享关系，这个关系中的每一个人都会被当成是独特的个体。

有时，我会有这样一种奇妙的感觉：在游戏治疗中和孩子关系的发展，就像是走进了一间黑漆漆的屋子，在这间屋子里有一个漂亮且贵重的花瓶。我知道花瓶就在房间的某个地方，于是很想找到它，这样就可以知道它的样子，并欣赏它的美丽。出于这个原因，我不会在黑房间里大步地走动，而是会小心地摸索，以求找到花瓶的位置。我也不会挥舞着手臂去接近它，以免意外地把它打碎，这样的行为实在是粗心大意。我会小心翼翼地进到那个屋子里，首先站稳脚跟适应周围的新环境，然后试着去估计这个屋子的大小，并集中精力感受周围物体的存在。适应了刚开始的黑暗以后，我就开始轻轻地检查屋子里可以被利用的地方。我缓慢地移动，开始和这个屋子里的事物变得熟悉起来，我的心和眼睛渐渐地"看清"我在这个屋子里的体验和感受。这时的我集中全部精力去感知和触摸花瓶的存在。即使一段时间之后依然没能找到花瓶，我也不会改变自己的方向和动作速率，更不会换个方式趴在地上胡乱摸索。我知道花瓶就在房间的某个地方，所以我还是要依靠极强的耐心和细微的感受来寻找它。我并不急于发现它，而是一直耐心地坚持，并且通过努力去得到它。最后在我一只手的轻轻移动下，我终于摸到了一些东西，我非常确定，花瓶就在这里。这时的我感到很放松、很愉快，充满了期待和好奇。之后，我的手轻轻地摸着花瓶，感觉它的形状和美丽，在我心中为它描绘一幅画卷。游戏疗法中与孩子相处的经历就像是寻找花瓶的经历。接近、分享、触碰孩子脆弱的情感世界的原理也如同寻找花瓶一般。

如果我能对某个孩子有所帮助，我必须保证在我们的分享时刻中，我要从各个层次去与孩子进行接触。我喜欢轻轻触碰孩子的情感世界，用心倾听他们所表达的想法和描述的事物。我愿意全心全意地回应孩子，用我的全部能力使孩子们的内在情感世界、想法、经历、感觉，以及全部的一切都在那个时刻绽放出来。孩子们渴望分享他们生命中所经历的可怕事件，虽然我很乐于倾听这些可怕的经历，但是这些事情却往往被其他人排斥。因此，如果孩子们敢于建立这种关系去诉说那些看起来分散且没有主题的想法——正如他内心经历的一样,那就说明他们有想要被倾听,而不想被评价和批评的愿望。很多情况下,孩子们的这种试探几乎让我们无法察觉,因为他们所表达的自我部分是模糊不清的,所传达出的信息也是有所遮掩的。

在很多这样的关系中,孩子只是模糊地知道一些更深层的有关自我或者他想要分享的经历,很可能这些都不存在于意识层面。也有一些时候,我们会很容易地察觉到,孩子们希望他们内心中受伤的部分被倾听和接受,就好像孩子在哭喊:"有人在听我说吗?"在我们关系发展的时候,我愿意用我的态度、语言、感情、语气、面部表情和肢体语言,全身心地去交流,表达出我正在倾听和试图理解的状态,并让孩子知道我会接受他们更深层次的信息,通过这种方式让孩子们感觉到安全、被接纳和被欣赏。

有些时候,我的回应就像是轻轻地打开一扇门,孩子就站在门外,等待着我们旅程的开始;通过这些,我想告诉孩子们:"我也不知道门的那一边是什么。但我明白,那里可能会有你们害怕的和不敢面对的东西。我不愿意领着你走过那扇门,也不想推着你或跟着你走过它,我要和你肩并肩一同走过,并一起揭开那里的神秘面纱。我相信你在这个过程中可以面对并解决好我们遇上的任何事情。"(Rogers,1952:70)对这种关系也进行了描述:"在与治疗师的安全关系中,来访者的自我得到了放松,所以先前被拒绝的经验能够被察觉并整合到改变的自我的过程中。"

当一位治疗师的热情、兴趣、关怀、理解、温柔和共情被孩子体验和察觉到时,孩子的自我就可能发生改变。在这种有利于促进的态度(Rogers,1980)之下,孩子开始利用自身巨大的能量来进行自我引导,并且改变自我概念和基本态度。也就是说,这种改变的能量来源于孩子自身,而不是治疗师的指导和建议。正如罗杰斯(Rogers,1961:33)所说的:"假如我可以提供这样一种让孩子信赖的关系,他们会在那种关系中成长和改变,人格的发展也就此产生。"于是,这种关系可以被描述成治疗性的关系,是以儿童为中心的游戏治疗师的基本态度发挥作用以后的产物,在这种关系形成的过程中,治疗师愿意去了解孩子,也愿意被孩子了解。

以儿童为中心的游戏疗法对孩子来讲是一段直接且即时的体验,是从共享关系的发展中形成的一个治疗过程。其中,共享关系发展的基础在于治疗师始终如一地接纳孩子,帮助他们提高对自身能力的自信,并发现他们的长处。经历过对自我的接纳,孩子们开始衡量自己的价值,开始察觉和接受自己是一个与众不同的个体。当孩子们渐渐接纳自己以后,他们就能带着创造力和责任感去发挥自己的独特个性。促成这个过程转变的是孩子,而不是治疗师。治疗师要在不表露自身信念的前提下试着去发现孩子的心理变化,并理解它对于孩子的意义。这条基本原则不会随着具体情况以及文化背景的改变而发生变化。就像格洛弗所说的,"正是这种尊重和接纳的关系,使得以儿童为中心的游戏治疗成为了一种理想的跨文化的干预方法。"(Glover,2001:32)

由于学习和改变的动机是从儿童的内在自我实现中产生的,我没有必要去驱使儿童,也没必要去给他们提供能量或引导他们达到目标。**我相信儿童会把他同我一起所获得经验带到他需要施展的地方,而对于他在我们的关系中究竟能走多远以及他应该做什么,以我的智慧还不足以解答这样的问题。**举例来说,或许只有孩子和罪犯知道那次性虐待的内幕,而家长和老师只能注意到诸如梦中惊醒或攻击的行为,却并不清楚其背后真正的原因。

在以儿童为中心的疗法中,儿童自己选择游戏的主题、内容、过程以及玩具。治疗师不会做任何决定,哪怕这个决定看起来很有意义。这样做能让孩子们受到鼓舞,并逐渐承担起自己成长的责任,发现自己的优点。

克斯莱恩(Axline,1969)在《8 条基本原则》(eight basic principles)中,概括了在以儿童为中心的治疗方法下治疗师和孩子间互动的本质,这些内容经常被用作治疗的指导性条款。这些原则如下:

1. 治疗师要由衷地对孩子感兴趣,并且建立充满温暖和关怀的关系;

2. 治疗师要做到对孩子的绝对接纳,而不要希望孩子会在某些方面表现出不同;

3. 治疗师在治疗关系中要创造一种安全、接纳的氛围,这样孩子才可以自由地探索和表达;

4. 治疗师要时常保持对孩子情感的敏感性,适当的情感反映将会增进孩子的自我了解;

5. 治疗师应该相信孩子有能力为自己的行为承担责任,并尊重他们解决个人问题的能力；

6. 治疗师要相信孩子的内部自我引导，允许孩子在各个方面引领关系的发展，同时抑制自己想要指导孩子游戏和谈话的欲望；

7. 治疗师要珍视这种自然、缓慢的治疗过程，不要试图去加快节奏；

8. 治疗师只在必要的时候设定一些限制条件以使治疗过程不脱离于现实，这能让孩子接受属于他们自己的以及存在于关系之中的责任。

从这个意义上来说，关注点在于孩子，而非问题。我们总会顾此失彼，**当我们把注意力集中在问题上时，就会忽略了孩子**。诊断是没有必要的，它并不是一个既定的程序，治疗师的方法也不会随着来访者的需求而发生改变。在治疗中，是治疗关系和孩子们自身所释放出来的创造性驱力使得孩子发生改变并且逐渐成长。这些改变并非得益于前期的人为准备，不管孩子们身上发生了什么，它们之前就都存在于孩子体内。治疗师没有创造任何东西，只是帮助孩子把已有的资源进行了释放。在这个过程中，孩子对自己负责，并且会通过自我引导的方式去锻炼这种能力，进而带来更多的积极行为。

在以儿童为中心的游戏疗法中，治疗关系才是成长的关键，而不是人们所想象的对玩具的使用或是对行为的解释。所以，治疗关系总是聚焦于孩子当前、现实的经历。

我们关注的是：

孩子本人，而非问题；

现在，而非过去；

感觉，而非想法和行为；

理解，而非解释；

接受，而非改正；

孩子的自我引导，而非治疗师的建议；

孩子的才智，而非治疗师的知识。

治疗关系为孩子提供了从始至终的接纳环境，这对孩子们内在自由感和安全感的发展是很有必要的,孩子们可以在这样的环境下表达出自我,并在很多方面获得提升。**治疗关系中的一些关键因素促进了孩子的成长**,它们可以总结为以下几条:

相信孩子;

尊重孩子;

接纳孩子;

倾听孩子的内心;

接纳孩子的意愿;

关注孩子的需要;

给孩子自由,让他们按照所想的去做;

给孩子选择的机会;

尊重孩子所设的界限;

对过程保持耐心。

目　标

当谈到以儿童为中心的游戏疗法的目标时,我们所确定的只是广义上的治疗目标,而不是为每个孩子量身定做的具体目标。当孩子有明确的目标时,治疗师几乎就会不由自主地跌入到一个陷阱当中,开始不知不觉地以解决问题为导向进行活动,这会剥夺孩子引导自我的机会。那么治疗师是否可以完全不理会家长和老师提出的"问题"?答案自然是否定的,有关孩子的信息可以被当做孩子生活中的部分写照,它可以(但不一定)帮助治疗师理解与孩子在游戏室里交流的内容。值得注意的是,在治疗前,对这些信息的获取会使治疗师对孩子产生偏见而导致治疗师"看不到"孩子的其他部分。虽然这是一个很现实的顾虑,但是治疗师还是不可避免地要从孩子的家长和老师那里了解这些"问题",并受到这些观点的影响。假如治疗师拥有很高的自我认知水平,可以意识到自己的偏见,并且允许孩子在自己面前展露无疑的话,那这个问题就能得以解决。

以儿童为中心的游戏疗法的总体目标是与孩子朝向自我实现的内在和自我

引导相一致的。在治疗过程中，最重要前提是在大人的理解和支持中，给孩子提供一个积极的成长经历，以便让孩子发现自身存在内在优点。因为游戏疗法关注的是儿童本身，所以治疗师应该做的就是促使孩子变成一个在各方面都能胜任的人，并能通过努力应对当前和将来可能遇到的问题。以儿童为中心的游戏疗法的目标是帮助孩子做到以下几件事：

1. 发展出更加积极的自我概念；

2. 承担更多的自我责任；

3. 具备更强的自我引导能力；

4. 更好地接纳自我；

5. 自力更生；

6. 自己做决定；

7. 体验到控制的感觉；

8. 对问题的处理变得敏感；

9. 发展内在的价值体系；

10. 更加信赖自己。

这些目标为我们了解孩子的特点和治疗途径提供了一个基本的框架。因为没有设定明确的目标，所以治疗师可以依据这些总体目标再为不同孩子制定详细的治疗计划。这并不妨碍孩子表达自己的具体问题，反而是促进了他们的自由表达。在以儿童为中心的关系中，治疗师要相信孩子有能力树立自己的目标。但是在游戏治疗中，孩子们很少为自己设立明确的目标，至少在语言上，或是在意识层面上不常设立。一个 4 岁大的孩子不会主动说出"我应该停止打我 1 岁的弟弟了，"而一个 5 岁的孩子也不会发表"我的目标就是更喜欢我自己"的宣言。同样，一个 6 岁的孩子不会说："我来这里就是要处理对爸爸的愤怒情绪，他曾对我实施性侵犯。"虽然这些问题没被孩子当做目标表达出来，但是它们会在孩子的游戏中得以反映。在治疗的过程中，孩子们会用自己的方式解决这些问题。

从这点来看，治疗师不要试图去控制一个孩子，也不要给孩子指定道路，或者强迫他们实现自己认为重要的目标，这些都很重要。治疗师不是权威，不能决定什么对孩子是最好的,什么是孩子应该思考的,以及什么是孩子应该感觉到的。否则,孩子就被剥夺了发现自己优点的机会。从这个意义上讲,孩子没必要知道自己是因为存在问题才求助于游戏疗法,这样对孩子会更好。

在游戏治疗中孩子们学到了什么

大多数来参加游戏治疗的孩子都有过上学的经历,所以我们就来说说学习。大部分老师都会花费巨大的精力让孩子们学习,他们自然想知道,孩子们在游戏治疗中能学到什么,尤其是当孩子不得不占用上课时间来参加游戏治疗的时候。事实上,这种促进成长的游戏治疗对孩子来说是一种特殊的经历,从发展的角度来看它也和学校的教育一脉相承——同样是为了帮助孩子们了解自我、了解世界。游戏疗法通过帮助孩子们了解并且接纳自己来达到自我的发展,同时它也可以帮助孩子们做好汲取知识的准备,从而达到学校所提出的了解世界的目标。那些容易紧张焦虑、父母离异或者是与同龄人相处困难的孩子们总是难以很好地完成学业,即使是最有经验的老师对他们也束手无策。因此,游戏治疗作为学习的好帮手,可以让孩子更好地把握住课堂学习的机会。

类似于承担风险、自我探索和自我发现这样的行为,在经历恐惧或缺乏安全感的时候是不太可能被表现出来的。孩子在游戏治疗中所展现的学习潜力与治疗师创造的氛围直接相关,只有在接纳和安全的环境中,孩子们才有可能将自己内心最深处的情绪表达出来。这并不是孩子有意识的决定,而是受到了环境的影响——在这个环境中,没有批评、建议、表扬和赞赏,治疗师也不会想要去改变孩子,孩子们在真实的面貌下获得接纳,而无需取悦他人。就像一个孩子所说的那样:"在这里做你自己就好了。"因为这里没有任何威胁,自我探索和自我发现就会很自然地发生。不过过于肆意的表达也是不行的,这种表达常出现在治疗的初级阶段。由于游戏室里的包容气氛、容许自我表露的安全感以及谨慎设定的治疗限制(这部分内容将在后面介绍)的存在,孩子们渐渐学会了自我控制,并且可以负责任地自由表达。

孩子们在治疗关系中获得的最多的东西,不是认知上的学习,而是发展性的经历,是在治疗过程中发现自我的直观学习。在治疗中,不管孩子们表现出的是被动还是暴力,是牢骚满腹还是过分依赖,治疗师都要始终保持一贯的交流风格和尊重态度,而不会对他们的行为做出任何评价。孩子们可以体会到来自治疗师的尊重,在不存在评价的气氛中感受到持续的接纳,于是他们会把这种尊重内化,从而学会尊重自己。当一个孩子尊重自己的时候,他就学会了尊重别人。

治疗师是能够理解和接纳孩子所有感受的成人。在这个成人面前,孩子们通过游戏将自己的真实情感演绎出来,了解到自己的感受原来是可以被他人接受的。正因为如此,他们学会了敞开心扉,一旦感受可以很自然地表达并被接受,孩子们就不再处于紧张的状态。而只要孩子学会了对感受的把握,他们就不会在负性的体验前陷入被动。这对孩子来说是一个释放的过程,在此过程中他们自然而然地从感受中解脱了出来。

在孩子的自然发展过程中,他们努力追求独立和自立。而父母出于善意的帮助却总是画蛇添足,剥夺了孩子成长和学习自我负责的机会。但是,在游戏治疗中,治疗师相信孩子有充分的能力,因此不会做出任何干涉或剥夺孩子发现自己、认识自己的机会。由于治疗师允许孩子自己解决问题,孩子们就在这个过程中学会了为自己负责,感受到了责任的意义。

当孩子有权利自己做决定、自己解决问题和独自完成任务时,他们创造力的源泉就得到了释放和发展。随着自主行为次数的增加,孩子们渐渐能处理自己的问题,并通过自力更生来获得满足感。经过这个过程,孩子们学会了面对看似恐怖的问题,并带着自己的想法和创意把问题解决掉。一开始,孩子很可能会拒绝自己解决问题,但在治疗师的耐心鼓励下,孩子的创造力就慢慢体现出来了。

如果没有机会去体会控制的感觉,孩子是不可能学会自我控制和自我引导的。尽管这个原理看起来浅显易懂,但当我们仔细观察孩子与身边重要的大人之间的互动时,就会发现孩子在生活中其实很缺乏这样的机会。与大多数家长不同,游戏治疗师不替孩子做决定,也不通过直接或者间接的方式控制孩子。即使是在游戏室中设置限制条件,治疗师也会以这样的方式来表达:"孩子们是可以控制自己的行为的。"控制不是外在强加的,既然孩子有权利自己做决定,他们就能学会自我控制和引导。

当孩子意识到治疗师对自己的接纳是无条件的,不带有任何附加的期望时,他们就会逐渐地,而且往往是不知不觉地开始接受自己,并承认自己的价值。这是一个自我交流和了解的过程,它的产生既包含了直接性,又带有一定间接性。

治疗师不会明确地告诉孩子他们是被接纳的,因为这不会给治疗关系以及孩子的自我感受带来任何积极的影响。接纳的表达完全是通过治疗师与孩子的互动来实现的。孩子只有感受到了接纳,才会认为自己受到了接纳。当他们以真实面貌亮相,治疗师不去评判他们、改变他们,并且完全地接纳他们时,他们也就会逐渐在情感的层面了解并接纳自己。不断建立的自我接纳对于积极自我概念的发展来说,是不可或缺的重要因素。

从某个角度来看,生活就是由一连串永无止境的选择组成的。如果孩子们因为犹豫不决、内心纠结、不敢面对、缺乏自信、焦虑不安,或者担心遭到他人拒绝而不能亲自体验决策过程的话,他们又如何能了解做决定时的感受呢?所以哪怕是再小的决定,治疗师也要让孩子自己去完成,就算这个决定只是关于绘画颜色的选择,它的意义也同样是非凡的。对选择过程的体会可以使孩子学会自己做选择,并且为自己的选择负责。

以儿童为中心的游戏治疗的多元文化方法

以儿童为中心的游戏治疗是一种在文化层面上很敏感的方法,因为儿童的社会经济阶层或种族背景等事实不会改变治疗师针对这个儿童的信念、理念、理论或方法。同等地,治疗师表现出的共情、认可、理解和真诚也会传递给儿童,并且无关于他们的肤色、地位、环境、焦虑或抱怨。儿童可以通过舒适及典型的儿童游戏方式进行自由沟通,包括游戏和表述的文化适应性。(Sweeney & Landreth, 2009:135)

敏锐地与儿童保持协调,对儿童的情感做出反应,超越了文化的范畴,也是一种多元文化的语言(图5.3)。正如本章中先前指出的那样,以儿童为中心的游戏治疗师试图看到并感受儿童的控制点,理解对儿童而言,不强加信念或解决方法于儿童的意义。治疗师的这个基本意图不随儿童的假病症或文化背景的变化而变化。根据格洛弗(Glover,2001),"这确实是可接受的,并令人尊敬的关系,使以儿童为中心的游戏治疗成为针对那些与治疗师属于不同文化的儿童的一项理想介入手段"(第32页)。当儿童通过游戏表现出他的情况,治疗师做出共情、真诚的温暖及认可等回应时,这个孩子就开始建立起自己与他人的共情和认可,以及对自己文化的认可,因为他的文化游戏被认可了。

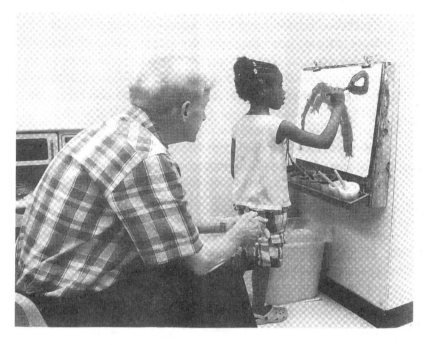

以儿童为中心的游戏治疗是一种文化敏感干预,因为儿童自我导向的游戏
呈现出他们的文化情况,超越了语言障碍。

　　虽然某些游戏治疗师依赖于口头方式,同时却鼓励儿童用文字表达他们的感
情来作为解决问题的必要部分。以儿童为中心的游戏治疗师却尊重差异,并不鼓
励或坚持直接的口头情感表达,允许儿童选择自己觉得最舒适的沟通方式。因为
游戏是儿童的天然表达语言,所以儿童会通过游戏而不是讲述,直接或更象征性
地来呈现他们的感受和感情,使自己远离在探索现实事件和经历时的痛苦与压
力。因此,处于不鼓励直接情感表达的文化群体中的儿童能够在以儿童为中心的
游戏治疗中表达并摸索出关于自身游戏安全的强烈情绪反应。格洛弗(Glover,
2001)提出以儿童为中心的游戏治疗使儿童能自由地做他本身,从而为文化敏感
关系提供了基础。

　　在某些游戏治疗方法中,治疗师希望儿童能够自愿提供相关信息,尤其是关
于各种问题和生活经历的信息,这样可构建游戏治疗单元,来针对治疗过程中的
争论点。此方法与许多文化群体的社会价值背道而驰,这些文化群体认为不应该
把问题泄露给陌生人,应在家庭内部解决。以儿童为中心的游戏治疗师不会就儿

童的各种问题向他们提问,因为以儿童为中心的方法不是一种约定俗成的方法,对治疗师要做什么或在游戏室中,治疗师在与儿童的关系中怎样做他自己以及背景信息并不能提供指导。

林(Lin,2011)在他对以儿童为中心的游戏治疗的整合分析研究中发现非白人孩子较白人孩子在游戏治疗后基本上得到了较大改善。林假设一种可能的解释在于以儿童为中心的游戏治疗方法使非白人孩子利用自我导向游戏超越了语言障碍,使他们获得一种非口头方式来表达他们的内在感情、思想,以及在英语世界中不能完全表达出的感受。林总结了他的各项发现,认为从业者完全能够自信地将以儿童为中心的游戏治疗作为一种文化敏感的干预。

加尔萨(Garza,2010)研究了以儿童为中心的游戏治疗对拉美裔儿童的治疗效果,研究结果表明以儿童为中心的游戏治疗对拉美裔儿童而言,是一种可行的物理治疗方式,该项研究将以儿童为中心的游戏治疗比作一种研究支持的干预,因此其结果值得注意。特别需要指出,接受以儿童为中心的游戏治疗的儿童的行为结果是与拉美裔父母关注行为举止的价值观(服从)的联系在一起的。(第188页)

研究表明,以儿童为中心的游戏治疗和亲子关系治疗(基于以儿童为中心的游戏治疗的理念、理论及技巧的亲子治疗)对以下不同文化的儿童均有效:非洲裔美国儿童、中国儿童、德国儿童、拉美裔儿童、伊朗儿童、以色列儿童、日本儿童、韩国儿童、美国原住民儿童、波多黎各儿童。

参考文献

Axline, V. (1969). Play therapy. New York: Ballantine.

Baum, K. (1956). The wizard of oz. New York: Rand McNally.

de Saint Exupery, A. (1943). The little prince. New York: Harcourt, Brace.

Garza, Y. (2010). School-based child-centered play therapy with Hispanic children. In J. Baggerly, D. Ray, & S. Bratton (Eds.), Child-centered play therapy research: The evidence base for effective practice (pp. 177-191). Hoboken, NJ: Wiley.

Garza, Y., & Bratton, S. C. (2005). School-based child-centered play therapy with

Hispanic children: Outcomes and cultural considerations. International Journal of Play Therapy, 14(1), 51-79.

Glover, G. (2001). Cultural considerations in play therapy. In G. Landreth (Ed.), Innovations in play therapy: Issues, process, and special populations(pp. 31-41). Philadelphia: Brunner-Routledge.

Lin, Y. (2011). Contemporary Research of Child-Centered Play Therapy (CCPT) modalities: A Meta Analytic Review of Controlled Outcome Studies. (Unpublished doctoral dissertation, University of North Texas, Denton.)

Moustakas, C. (1981). Rhythms, rituals and relationships. Detroit, MI: Harlow Press.

Patterson, C. (1974). Relationship counseling and psychotherapy. New York: Harper & Row.

Rogers, C. (1951). Client-centered therapy: Its current practice, implications, and theory. Boston: Houghton Mifflin.

Rogers, C. (1952). Client-centered psychotherapy. Scientific American, 187, 70.

Rogers, C. (1961). On becoming a person. Boston: Houghton Mifflin.

Rogers, C. (1977). Carl Rogers on personal power: Inner strength and its revolutionary impact. New York: Delacorte.

Rogers, C. (1980). A way of being. Boston: Houghton Mifflin.

Rogers, C. (1986). Client-centered therapy. In J. L. Kutash & A. Wolf (Eds.), Psychotherapist's casebook (pp. 197-208). San Francisco: Jossey-Bass.

Sweeney, D., & Landreth, G. (2009). Child-centered play therapy. In K. O'Connor & L. Braverman (Ed.), Play therapy theory andpractice: Comparing theories and techniques (2nd ed., pp. 123-162). Hoboken, NJ: Wiley.

 **游戏治疗师**

只有会做游戏的人才是完整的人。

——F. Schiller

　　游戏治疗师是孩子们生活中一个独特的成人。他之所以独特,是因为当孩子们需要有人指导和教育自己该如何控制愿望和想法时,他会挺身而出,但又不会把成人所坚持的为人处事的方法强加在孩子们身上,而是最大限度地去释放孩子们的天性,使他们用自己的意愿引导自己的行为。通过阅读以下这个对游戏治疗过程的摘录,我们可以看出孩子们有可能从治疗师的回应中意识到他的独特所在。

克里斯:我应该给这只青蛙涂什么颜色呢?

治疗师:在这里你可以自己决定青蛙的颜色。

克里斯:我不知道。黑色行吗? 有黑色的青蛙吗? 老师说青蛙是绿色的。

治疗师:你想把青蛙涂成黑色,可是你不知道这样做好不好。

克里斯:嗯,你应该告诉我用什么颜色。

治疗师:你是想让我替你做决定吗?

克里斯:对,别人都这样做。

治疗师:其他人会替你做决定,所以你认为我也会这样。但是在这里,你可以自己
　　　　决定给青蛙涂什么颜色。

克里斯：那我就把它涂成蓝色，它是世界上第一只蓝色的青蛙。你真有趣！

治疗师：对你来说我似乎很不一样，因为我不告诉你要怎么做。

克里斯：是的。就像蓝色的青蛙一样与众不同。

创造不同点

克里斯说的没错，使用游戏疗法的治疗师们都是"有趣"的人。这群治疗师之所以被孩子们看做是"有趣的"，并不是因为他们说话幽默，而是因为他们创造出了一种全新的成人-儿童关系模式。游戏材料的使用为治疗师与孩子之间的交流提供了便利，同时也造就了这种不同于以往的关系模式。如果治疗师只是用语言去与孩子沟通的话，那么这种创造新模式的机会就不可能出现。没有必要把游戏室设计得很特别，因为放在它里面的游戏材料都是我们平时能见到的东西，也是大多数孩子都玩过的东西。然而，坐在游戏室里的治疗师必须能创造出一些不同之处，这样才能使自己能被孩子们看做是"有趣的"。

游戏治疗师需要具备其他成人所不具备的特点。对孩子所作选择的接纳、对他们个性的尊重以及对他们感受的密切关注都促使游戏治疗师成为了一个独特的成人。治疗师会把孩子看做是一个值得尊重的，有思想、有感情、有信仰、有希望、有幻想也有主张的个体，而其他很多大人却不这样看，他们总是因为太忙而不能关注到孩子。家长们有太多"重要的"事必须马上去做，毕竟，迅速把事情做好很重要。结果，孩子们就被忽略了，大人们仅仅是模糊地注意到了孩子的存在。对于大多数来游戏室的孩子来说，接受游戏治疗师45分钟完整而集中的关注确实是一种特别的体验。治疗师会注意到孩子们所做的每一件事，并且真心地对孩子们的感受和游戏活动感兴趣。与大多数成人不同，治疗师会把一段时间专门用在孩子们身上。

游戏治疗师会有意营造出这样一种氛围，他必须能意识到自己在做什么以及为什么这样做。这样做会使得他很特别，因为在与小孩的关系中他不是漫不经心的，而是对孩子的一言一行都十分在意。治疗师所致力于营造的是一种有利于与孩子建立关系的氛围，这种氛围存在一些特别之处。一方面，在与孩子一起的时间里，治疗师是"以儿童为中心"的；另一方面，治疗师又允许孩子离开自己身边自由活动。孩子被看成了一个有能力且区别于他人的独立个体。由于治疗师对孩子是十分尊重的,所以孩子就看到了不同点。

全身心投入

当孩子第一次看到游戏治疗师的时候,他们会发现治疗师看起来与其他大人没什么区别。治疗师有可能在个头上比别的大人高一些或矮一些,也有可能会长有一张更容易被记住的脸,但是光看身体孩子们不可能认识到这个人将会是特别的。因此,游戏治疗师与其他人的区别就只是存在于:他能够全身心地投入到与孩子的交往中,并把注意力始终放在孩子身上。

一名好的游戏治疗师身上会存在很多特别的地方,这些特质使得他在孩子们眼中成为了与众不同的大人。其中最值得注意的特质就是"全身心投入",它意味着治疗师要一直通过观察、倾听以及表达认同来与孩子交流。在孩子与成人的交往中,只有很少的成年人能做到心无旁骛。家长们经常一边观看电视节目一边抽空用目光扫视一下孩子在做什么,或者一边阅读晚报一边听孩子表达自己的想法。多数情况下只有在孩子做错事时才会引起家长的注意。

但是,游戏治疗师却能做到一心一意地观察,感情相融地倾听,而且无论是对于孩子所玩游戏的内容还是孩子所流露出的愿望、需要和感受都能投以赞许性的认同。他知道所谓"全身心投入"并不仅仅是指身体上的到位,"心"的投入比身体的投入还要重要。"全身心投入"就像是一门艺术一样使游戏治疗过程在孩子心中变得那么与众不同。

无论是孩子用语言表达的内容,还是通过孩子们的活动所传达出的信息,治疗师都会积极地"倾听"。游戏治疗师知道,孩子们对游戏材料的挑选以及他们玩玩具的方法都可以被看做是他们"所说话语的一部分",这些"话语"都具有特殊的含义。在这样的"倾听"之下,孩子接收到了来自治疗师的所有关注。他们发现,与那些过于忙碌、过分热衷于自我满足的家长不同,治疗师并不匆忙,他只是真诚地去理解孩子的需求,并且真心实意地想倾听孩子的心声。事实上,在与孩子们相处的过程中,倾听和理解正是治疗师最主要的目标。

性格要素

接下来所描述的好像是一个不可能做到的完美的人,不过,这并不是为了描绘一个人的性格特点,而是指出了一位治疗师应有的性格要素,这些因素将有利于帮助孩子们自己更好地成长和发展。但是,光是获得这些要素还不行,治疗师必须要用持续、自发以及永不停息的努力去把这些所获得的因素融入到自己的生命中,并把它们带进与孩子的关系之中。毕竟,治疗师的最终目的并不是提升自己的人格魅力,而是要让整个治疗过程达到最佳的效果。这个终极目标始终会影响着治疗师的态度和动机,并决定了哪些行为应该出现在治疗师身上。

游戏治疗师是一个客观的人,他会把孩子当成是一个独立的个人,并且会以欣然接受新事物的心态来接纳和适应各种意想不到的情况。之所以要有这样的心理准备,是因为孩子们的行为总是难以预料的,治疗师不能强迫孩子们以统一的模式去行动。治疗师会用心地欣赏孩子们的世界,并且试着透过孩子们的表现来理解他们神秘的小天地。这种欣赏包含着治疗师对孩子们的好奇、理解、关怀和喜爱。

经验之谈

治疗师对孩子的感觉比他对孩子的了解更重要。

治疗师不会对孩子及其行为做出评价和判断。这是因为治疗师深知,只有当一个人知道自己在某个过程中不会被别人挑毛病时,他才能真正地去享受这个过程。不论孩子选择是否去玩或者是否说话,治疗师都会接受孩子自己所做的决定。孩子不需要通过改变自己或者按照规定的方式行事来博取治疗师的肯定。治疗师则要努力地去适应孩子目前的状态,并且和他一起成长。

治疗师应该要做到思维开阔。具备对孩子世界的敏感性和开放性,是成为一名游戏治疗师的先决条件。治疗师应当首先看到孩子们的优点,然后在此基础上再与他们相处。他需要看清眼前的孩子们是什么样的,而不是他们曾经被描述为什么样的。他没有必要把孩子们不真实的表现当回事,因为他不像那些表现失常的孩子一样正受到威胁和焦虑的困扰,所以他能够敞开心扉地去接受,既接受孩子们现在的样子,也接受他们将来可能会变成的样子。治疗师能够脱离自己所感受到的现实,而去体验孩子们的世界。这种开放性的思维使得他们能够同时接收到孩子们通过语言、非语言以及游戏的方式所表达出的准确信息。

　　治疗师不会总是站在成人的角度上，这让他能够以跟随者的姿态走进并感受孩子们的世界。他会让孩子们自己来引导活动，自己决定所要谈论的话题，然后加以鼓励。自始至终治疗师都要为孩子的成长担负起责任。由于孩子们一直处在变化的过程中，游戏治疗师在与他们相处时始终要表现出一种"超前意识"，以此来保证自己对他们的印象不会只停留在过去，从而避免自己表现出不恰当的态度，或做出不合适的回应。治疗师总是努力地在跟随孩子们成长的步伐，这就意味着他没有必要去了解昨天、上周、上个月，甚至是去年发生在孩子身上的事情，除非是孩子希望他这样做。治疗师不会去查阅孩子们以前在治疗中的表现，因为他们已经不再是那个样子了。假设孩子一星期接受 1 次治疗，从他这次治疗结束到他下次治疗开始之前的短短一星期里，他所经历的成长和改变也会是巨大的。因而，治疗师需要了解的是孩子这星期的情况。所谓的"超前意识"，它并不是对孩子未来形象的映射，而是一种态度，一种对"孩子会不断变化"这个事实始终保持接受的态度。

　　好的游戏治疗师会承认自己所犯下的错误，也会偶尔表现出脆弱，甚至还会承认自己对他人的理解存在一定的不准确性。他们之所以能做到这些，是因为在他们身后有一股巨大的"自我勇气"在支撑着他们。当治疗师需要凭直觉对孩子创造性的自我表达做出回应时，这种个人勇气就会发挥作用。因为在受到了孩子的经历和情感的影响之下，治疗师会变得非常脆弱，这时候只有巨大的勇气才能让他面对困难，以一种毫无防御的方式来分享自己的感受。而自我勇气又是建立在治疗师自身的内在自信心之上的。当孩子挑战他与治疗师关系的极限时，例如威胁说要把一块积木扔向治疗师，或者用镖枪射击治疗师时，治疗师就需要依靠他的内在自信心来化解这场危机了。对危险行为有着较低容忍度的治疗师在这种情况下可能会采取严厉或者威胁的手段来阻止孩子。在这种情况下通常还需要治疗师具备另外一种要素——耐心。在本章后面的内容里会对这种性格因素进行介绍。

　　因为在前面的章节中我们已经谈论过真诚、热情、关怀、接纳以及理解的重要性，所以在这里就不再对它们进行详述，此刻再次提及仅仅是为了让读者知道我把它们也当做是治疗过程中意义非凡的性格要素。这些要素可以被总结和引申为"爱与同情之心"。

海伦·凯勒在她的自传中描述了一个充满爱心和同情心的人是如何帮助她改变人生的道路的。

> 曾经,我身陷绝望的深渊,心中的一切都笼罩在黑暗的痛苦之中。然后,爱出现了,它释放了我的灵魂;曾经,我感到极度烦躁,想用身体去撞开困住我的墙壁。我的生活无所谓过去或将来,死亡是我衷心希望获得的归宿。然而,当另一个人的只言片语从她的指尖滑落到我空无一物的手掌上时,我的心开始随着这个欢喜的生命一起跳动。我不懂黑暗的含义,但是我却学会了如何战胜黑暗。(Helen Keller,1954:57)

优秀的游戏治疗师拥有自我保护意识,他们会承认自己的能力是有限的,因而他们不会因为害怕别人说自己不合格,就去挑战超越自己能力范围的难度。有些游戏治疗师觉得自己必须帮助所有的孩子。出于一种对不胜任感的恐惧,即便是当孩子的问题已经远远超出了治疗师能够解决的范畴,或者是当孩子的情绪障碍已经达到了用游戏治疗无法控制的地步时,他们依然费尽心思地坚持用自己的方法去试图改变孩子。合格的游戏治疗师知道什么样的孩子需要被转介到别的诊所或精神科。

孩子们是高兴的。他们享受着玩耍和探索的乐趣。当有趣的事发生时,他们就会放声大笑。游戏治疗师要有幽默感,并且也要学会欣赏孩子们在体会幽默的过程中所表现出的孩子的幽默。不过,治疗师决不能嘲笑孩子。

治疗师的自我觉知

专家们一致认同,不管面对几岁的孩子,治疗师首先要做的都是对自己进行觉察,先要洞悉自己的动机、需求、盲点、偏见、内心冲突、情感上的软肋以及自己强势的地方。治疗师们不应该想当然地认为他们能从与孩子的关系中划分出哪些需求和价值观是原本属于自己的。治疗师是一个人,而不是机器。因为个人的需求和价值观是作为人的一部分而存在的,所以它们必然会被带到与孩子的关系中。之后,来自治疗师和孩子的需求和价值观就会掺杂在一起。这时候,问题就不再是治疗师是否会把自己的人格特征放入到与孩子的关系之中了，而是他能否在这种关系中依然保持自己独立的人格。因此，治疗师的一项职责就是不断地进行自我探索以增进他们对自己的了解，并减少由自己的潜在动机和需求所带来的影响。接受心理治疗是了解自己的一个便捷途径，无论是针对个人的还是团体的治疗都能帮助治疗师认识自己。另一个进行自我探索的方式是接受督导的帮助，这能让治疗师更直接地去发现自己的动机和需求。由于自我觉知是一个过程而不是结果，所以让这样一个过程贯穿于治疗师的职业生涯，对他们来说是很有好处的。思考以下几个问题可能会加速自我了解的过程：

在游戏治疗中，我的什么需求得到了满足？

我想要满足的需求有多强烈？

我喜欢这个小孩吗？

我想和这个小孩相处吗？

我的态度和感情对这个小孩造成了什么影响？

这个小孩对我的感觉是怎样的？

如果一个治疗师不了解自己的个人偏见、价值观、情感需求、恐惧、压力、焦虑以及对自己和他人的期望的话，那么他对孩子身上的这些方面也就难以察觉。当治疗师还没有放下自己的个人需求就和孩子进入到游戏室时，这些需求就会变成他与孩子关系中的一部分，也会成为治疗过程中的一部分。如果他完全没有意识到这些内在的影响因素，如对被拒绝的害怕，对规定限制设置的内疚感，或者是对被尊重和成功的渴望等，它们就会对孩子产生极其微妙的影响，控制和约束孩子的探索和表达。

游戏治疗中的关系不仅仅是一种我们可以看见的，建立在各种条条框框之上的关系。治疗师所持有的态度、动机、期望、需求以及对孩子的信任都会对治疗关系的发展和结果产生难以预料的影响。所有治疗的关系中都存在这种"无形的影响"，区别只在于它们受到影响的程度不同。治疗师的自我觉知程度决定了治疗关系受影响的程度。不管是否符合治疗师的期望，他身上的主观因素都会被孩子察觉到，而孩子的行为也会因此在不知不觉中被重新塑造。在游戏治疗关系中治疗师必须要注意以下"无形的影响"：

你的目的是改变这个小孩吗？ 如果治疗师的目的是改变这个小孩,那孩子是否乐意接受改变？

你所希望的是让小孩去做游戏？ 如果治疗师想要孩子做游戏,那孩子在游戏室中是否真的获得了决定自己可以做什么的自由？

你会更愿意接受某一类行为吗？ 如果游戏治疗师只赞同某些特定的行为,那孩子还会感到被喜欢和欣赏吗？

你是否很难忍受一团糟的情境？ 如果游戏治疗师对凌乱难以忍受的话,那孩子是否还能自由地表达她想把东西弄得凌乱的需求？

你是否有想让孩子摆脱痛苦和困难侵扰的需求？ 如果治疗师不能让孩子去经受考验的话,孩子能够发现他内在的力量和才智吗？

你是否有被孩子喜欢的需求？ 如果游戏治疗师不能意识到自己受到了这种需要的影响,那他还能去设置治疗关系中的限制条件吗？

你和孩子相处时是否感到安全？ 如果游戏治疗师在与孩子相处时没有安全感的话,那孩子在与治疗师的关系中能感到安全吗？

你信任孩子吗？ 如果连游戏治疗师都不信任孩子的话,那孩子还能够相信自己吗？

你是否希望孩子去做一些特定的事情？ 如果游戏治疗师希望孩子去做特定的事情,那孩子还有真正的自由去探索他们自己内心的想法和兴趣吗？

现实中存在着数不清的无形变量会在你不知道的地方影响着游戏治疗的效果。游戏治疗师的自我觉知能够减小这些变量对治疗关系的影响。

虽然来自于治疗师自我的一些主观因素会影响到治疗的关系,但是,治疗师所能带给游戏治疗关系中最重要的资源也是自我。技巧和方法都是有用的工具,但是治疗师对自己人格特点的利用才是他们最宝贵的财富。在成为一名游戏治疗师的过程中,对技能的培训固然重要,但是光有技能也是不够的。一个人要想成为一名治疗师,他必须做到:能欣赏孩子们眼中的世界;和孩子在一起时能感到快乐;能体会到孩子世界中的兴奋。治疗师本人比他所知道的任何方法和技能都要重要。治疗师必须是一个能让孩子感到安全的人,只有孩子感到足够的安全,他才肯去探索,才肯去小心翼翼地表现出自己真实的样貌;治疗师还必须是一个能让孩子感觉到自己得到了信任和关怀的人。与这样的一个人在一起,孩子终究能找到自我成长中所需要的足够的支持。

治疗师的自我接纳

以儿童为中心的游戏疗法所体现出的是一种治疗师对待自己和孩子的态度。这种态度的特点就是治疗师要对自己和孩子都保持接纳,并始终秉持"在锻炼自我引导能力的过程中,孩子有能力对自己的行为和选择负责"的信念。这会鼓励孩子表现出更多的积极行为。游戏疗法所体现的态度强调治疗师要尊重孩子做决定的权利,并且要认可孩子具有能够做出既满足于自身需要又能被社会接受的选择的能力。**因而,治疗师所肩负的一项重要任务就是为孩子创造一个足够安全的环境和氛围,使得他们能够安心地选择是要接受改变,还是保持不变。这是因为,只有当孩子感到自己掌握有不改变的自由时,真正的改变才有可能出现。**在治疗师所营造的环境中,孩子们能够获得充分的自由去分享他们对自己以及对治疗师的认识,而治疗师则需要给予孩子充分、完整而持续的关注。

在治疗过程中,治疗师一方面要对孩子所表达的情绪和体会做出敏感性的回应,另一方面又要小心地把属于自己的经历和感受分离出来。他们会非常谨慎,以避免把自己情感上的需求投射到孩子身上。因此,游戏治疗师必须不断地让自己处于自我觉知和自我接纳的过程中。就像在孩子们身上那样,自我探索的过程对治疗师来说也同样有益,要想实现完全的自我接纳,自我探索过程是必不可少的。通常,一旦治疗师在一些培训课程中体验到了接纳的感觉,他们就会开始自我接纳的过程。自我接纳对于个体的影响可以从一位研究生的自我评价中看出。

游戏治疗师这个职业对我来说很有意义,因为我是在帮助孩子接受他们自己。游戏治疗中最能锻炼人的一点就是不能让自己的需要影响到孩子。我相信当一个人能够控制住自己的需要时,他就不仅是认识到了自己的感受,而且还接纳了这些感受。因此他也接纳了自己。在这个课上我开始了接纳自我的过程。我能紧握责任感去行事,并且把我的需求隔离在游戏治疗之外。当然,接纳自我的过程是持续一生的。但是,只要开了这个头,我就会努力进行下去!现在,我想把这种对自我的信任推广到我生命中的其他领域中去。谢谢你们接纳我。

另一个学生写道:"我的督导老师允许我去更大限度地做回我自己,他让我跟着自己的直觉前进。这个指导很重要,我需要它。当我更加放松时,我真的进入到了那种体验中,我非常享受这个过程!"

游戏治疗师认为孩子的天性中有积极向上的成分。他相信急于展现自我是孩子身上的一种普遍特性,他会尊重每个孩子所展现出的独特性。这种急于展现的内在动力可能一直在受到压抑或者阻挠,但是它们在特定的条件下也能够为人们所见。治疗师对于孩子会不断成长和改变的信念并不是来自于一个静态的、知识性的决定,而是更多地来自于他自己的经验。因为在经验中,治疗师发现自己的生活与人际关系也是在经历一个不断发展和显现的过程。自我觉知以及随之而来的自我接纳过程使得治疗师能够满怀期待地去等待孩子内心中真实"自我"的出现。对于孩子目前所表现出来的"自我",治疗师也不会感到任何不耐烦,因为他们乐意接受个人的不完美,也能原谅自己不能做到完美。所以,没有必要要求孩子做到完美。

经验之谈

只有接受了自己的缺点,才能接受别人的缺点。

一位刚开始从事治疗工作的游戏治疗师是这样描述他在自我觉知和自我接纳中的感受的:

我越是了解自己,而且越是接受自己的不完美,我就越能放下自我意识和想要成为符合期望的治疗师的需要。那种预想的治疗师形象剥夺了我的自由和创造性。在游戏室中我不再感到自己是在扮演一位充满压力的杂务工,而是在设计一场与迈克尔心灵的相会。我发现当自己太过拘谨时,接近他人就会变得很困难;而当我开始放松时,我就能从行为中看清我自己,并发现自己无意间表现出的多余的想法和动作。

　　游戏治疗师的态度首先会设定治疗过程的基调,而后这种态度会很快地渗入到治疗过程中的各个角落。游戏治疗师不是一个角色,而是一种存在的方式。如果有治疗师想尝试使用一种可以生搬硬套的现成"方法"来完成治疗的话,这只会使治疗的过程变得生硬和虚假,最终招致失败。在游戏治疗中,当治疗师放弃以权威或领导者的姿态出现在孩子面前时,孩子会更有可能展现出他们的内在自我。治疗师的目标就是尽可能完全地把真实的自己表现出来,在这样的影响之下,孩子们也会更容易地表现出他们最真实的一面。孩子们对治疗师身上所透露出的细微差别非常敏感,因而他们更多地会受到治疗师本人的影响,而不是受到技术和方法的影响。优秀的游戏治疗师会欣赏自己性格中的独特之处,因此他们也能够接受别人与众不同的地方。

游戏治疗师的角色

　　治疗师没有必要引导孩子去谈论某个特定的话题,也没有必要带孩子做特定的活动。他们会让孩子自己做决定,然后很欣然地服从孩子的决定。相比起来,我们更看重的是孩子的智慧,而不是治疗师的智慧;强调的是孩子的自我引导能力,而不是来自治疗师的指导;关注的是孩子的创造性,而不是治疗师提供的解决办法。因而,为了释放孩子的独特个性,治疗师会接受孩子的全部。

　　游戏治疗师不是一个监督者,也不是老师、孩子的同龄人、保姆或者父母的替代者。迪比斯用这样一句话来概括他对治疗师的看法,他说:"你不是一位母亲,不是一名老师,也不是孩子妈妈的好朋友。那你到底是什么呢? 这其实并不重要。你就只是那间神奇的游戏室里的一名女士。"(Axline,1964:204)治疗师不用为孩子解决问题,也不用向他们说明动机或者询问意图,这些都只会剥夺孩子发现自我的机会。这是否意味着治疗师只需要被动地去接受? 当然不是! 治疗师担任的是一个积极的角色。那么,治疗师一定得帮孩子或者对孩子做一些事情,然后才会被认为是积极的吗? 积极就是需要治疗师展现出很多肢体上的动作吗? 好吧,事实上,积极并不一定非得是一种能够观察得到的表现,治疗师在情感上就可以是积极的。这里的积极是指一种敏感性,是一种对于孩子所说话语和所做活动的欣赏,是一种带有赞同性的接纳态度。这种积极的情感具有互动式的特点,它能同时被儿童和治疗师双方都觉察到。治疗师在游戏治疗过程中会始终扮演着积极的角色,这并不意味着他需要去主导或控制孩子的体验,他只要完全地投入到孩子所有的感受、行动和决定之中就行。

治疗师能教会孩子们认识自己吗?治疗师能把自己从学习、阅读和实践中总结得出的丰富经验传授给来访的儿童吗?经佰伦在他的书《先知》中谈到了这个问题,他说:"没有人能够把所有的事情都教给你,除了那些已经潜藏在你大脑中的知识……因为即便是一个充满智慧的人也不能把他的大脑借给别人。"(Gibran,1923:32)游戏治疗师并不是努力使事情发生的人。如果现实中根本不存在某件事物,那不管治疗师多么努力也不会使那件事物凭空产生。为他人"创造"内在智慧是不可能的。在孩子的成长过程中,所有对成长重要或必需的东西都已经存在于孩子的身体里了。所谓治疗师的角色或者说责任,不是去重新塑造孩子们的生命,也不是让他们按照预先设计好的方式去改变,而是以一种能够使孩子们更容易释放出他们本身就具备的潜力的方法来对待他们。生命从不是静止不变的,它是一个不断学习和更新的过程。帕斯捷尔纳克(Pasternak)对这个过程做出了如下评论:

"当我听到人们谈论重塑生命的时候,我简直不能控制自己的情绪,失望的心情难以言表。重塑生命!说这种话的人从没对生命有过真正的了解——不管他们见过多少世面、干过多少大事,他们也从没有感受过生命的呼吸和心跳。他们把生命看成了一块需要他们加工,而且被他们触碰以后就会变得高贵的原材料。但是,生命不是一块原料,不是需要被塑造的物质……生命会自己不断地更新、重制、变化,而且会越变越美。"(Salisbury,1958:22)

在游戏治疗中,孩子们的改变不是来源于治疗师的创造,而是受到了治疗关系的影响。一方面,治疗关系是由孩子与治疗师共同搭建的;另一方面,治疗关系在促进孩子进行积极地自我探索和成长的同时,也会让治疗师获得很多新的感悟,并促使他完善自己的人格。以儿童为中心的游戏治疗关系会使孩子与治疗师双方产生心灵的碰撞,同时对他们都产生积极的效果。这在接下来所要描述的我对瑞安的游戏治疗片段中可以看到。

瑞安——一名接受游戏治疗的即将死亡的孩子

两兄弟在摔跤,哥哥 7 岁,弟弟 5 岁。7 岁的哥哥摔断了腿。去到医院以后,医院给出了一个惊人而又令人痛苦的发现。癌症已经使他的骨头变得脆弱,他急需要做一个彻底的外科手术:从臀部截去他的大腿。诊断结果显示:瑞安只剩下几个月的生命。

游戏治疗

我第一次与瑞安接触是因为我对他 5 岁的弟弟进行过游戏治疗。他的父母意识到这个 5 岁的孩子有潜在的心灵创伤,而且可能还怀有强烈的愧疚感,因此向我求助。在这个 5 岁孩子参加第 8 次治疗之前,他的妈妈打电话过来说,他想邀请瑞安和他一起来这个特殊的游戏室。我把这件事看做是这个 5 岁孩子成长过程中的一次重要发展,因为他乐意去分享在游戏室中获得的体验。也许他在某种程度上意识到这里的一些东西可能会对瑞安有所帮助。并且在我们的关系中,他感到把瑞安带过来是绝对安全的。

这个 5 岁的孩子领着他妈妈和瑞安进入了游戏室。妈妈抱着瑞安,把他放在了游戏室的中间,然后离开了。这是我第一次看到瑞安,当我看到这个看起来发育还不完全的小男孩努力让自己坐得离玩具架更近一点时,我实在无法克制住自己喷涌而出的悲伤和痛苦。由于力量不足,他失败了。瑞安的情况完全吸引了我的注意力,而且我也还沉浸在自己的情感世界里,当 5 岁的孩子帮他递过去一个玩具时我才意识到另一个小孩的存在——此刻他也像瑞安一样需要我。

瑞安拿了个 10 英寸高的恐龙,然后把一个玩具士兵塞向它张大的嘴里。他用手指一点一点地把士兵往嘴里推,直到那个玩具士兵进入了恐龙的喉咙,最后掉进了它空空的肚子里。随后,他把恐龙立在地板上,并且把 30 个玩具士兵排成 3 排,让它们都面向恐龙。瑞安非常小心地把所有士兵的武器都对准了恐龙,然后,他靠向后面的墙壁,凝视着这个场景有好几分钟。没有一个士兵开火——这是对士兵战略上的布置,他们只是站在那里,面对着那个庞然大物而束手无策。不,现在感觉更清晰了。它并不是一个怪兽,它是瑞安心里的敌人,一个不能被阻挡的敌人。士兵们都毫无招架之力,他们的武器起不到丝毫作用。那个怪兽太强大了,没人能阻挡它!在整个过程中瑞安没有说一个字,也没有发出任何声音,他不需要这样做。我在和他接触,他也在和我交流。

这是我在游戏室中少有的治疗关系体验,虽然那一刻十分短暂。当时,除了正飞快流转的感受以外,一切时间和现实都被隔离在了他和我的意识之外。我感觉到了瑞安内心的感受,我为面前那让人畏惧的场景着迷。一阵痛苦的呻吟慢慢穿过我的灵魂——"他知道,他知道。"然后,那个瞬间消失了,被瑞安的询问声给打破了。瑞安正向他弟弟要一个罐子来装玩具士兵。这次体验揭开了我简短而特别的对生活的学习之旅,因为有瑞安跟我分享生活。

在瑞安生命中的最后两个月里,我对他实施了游戏治疗。后来的几个星期,瑞安的情况急剧恶化,有几次都被送进了医院,而每一次,诊断结果都报告说:"他只有几个小时的生命了。"每当这种时候,孩子那善良而又敏感的妈妈就会托朋友打电话通知我。在挂断电话后,我都会为我再也看不到亲爱的小朋友而哭泣。但是之后,我又总会被告知瑞安又恢复了过来。几天后他会回自己家,然后就要求要来见我。

在瑞安生命的最后一个月,他已经虚弱得不能下床了,因此,我会带着我的便携游戏治疗装备去他家。我渴望与瑞安相处。但是每次我都会把车停在他家前面,然后在车里呆坐几分钟,充分感受着悲伤迸发而出。我的喉咙很堵,有个声音劝我不要进去他家,因为如此多的事物都在提醒着我他即将死亡——他脸上由化疗造成的紫色斑点,脑袋边上突起的脓包,肿胀的腹部以及整个瘦小的身体。我把每次治疗都当做是最后一次。长叹一口气,我总是屈服于想见瑞安最后一面的想法,于是只能调整一下情绪,然后去见瑞安,让他知道我对他所经历的世界的感受,并分享他想要分享的东西。

虽然他消瘦而虚弱,但在和我相处时瑞安依然很高兴。在我带着白纸的时候,他会画很多图画,例如拥有长着 40 个手指的巨大双手,手指向外张开的米老鼠、豪猪以及秃鹰。这些图像好像都在向我诉说他与癌症所做的斗争。瑞安是无拘无束的,这种状态令我很欣慰。我从来没有想过我需要在游戏治疗过程中帮一个小孩拿着尿壶。因而当他提出要上厕所的时候我给人的第一印象就是笨手笨脚的,我说:"我去叫护士。"瑞安回答说:"我们不需要她。"我们的确不需要这样做。瑞安相信我,并且也能容忍我的笨拙。

接下来的一个星期,瑞安又被送去了医院,之后是又一次神奇的恢复。他提出要在下周见我。在这次的治疗过程中,瑞安又画了米老鼠的图画,但是把米老鼠的身体和手都画小了。他把米老鼠涂了深紫色,米老鼠的脸颊看起来是凹陷的,眼睛非常黑。它确实看起来就像死了一样。接着,瑞安从装备箱中选择了一张鸡蛋的卡通图片,把鸡蛋的每块空白处都涂上了鲜艳的颜色,然后他把鸡蛋的图片对折起来,把露在外面的一面都涂成了黑色。是啊,鲜亮的色彩和美丽希望都在图片里面了。接下来,瑞安画了3间房屋:1间茅草屋,1间木屋和1间砖砌的房子。他说茅草屋和木屋都被风吹倒了,3只小猪躲在砖砌的房子里很安全。在这些房屋中有一个很有趣的特征,砖砌的房子的门是最大的。我相信瑞安通过直觉感觉到了死亡的逼近,他将会去一个安全的地方。后来,瑞安说他累了,我也就离开了。

这是我最后一次见到瑞安。在这段我们一起度过的时间里,瑞安把治疗的关注点引到了那些对他来说很重要的领域。他在自己选择的路上行走,他用自己想玩的方式去玩耍。在我和他交往的过程中,我发现即使是处在巨大的个人压力之下,孩子们依然能体验到游戏的乐趣,哪怕是在环境好像就要失控的时候,他们依然会感到一切都在控制之中。

我对自身的了解

我对一个孩子如何面对死亡知之甚少。

因此,我会用心学习瑞安教给我的东西。

当想到一个孩子正在步入死亡时,我会感到悲伤。

因而,我需要让孩子们不受到我感情的影响。

我对生命的了解是如此之少。

因而,我要以开放的心去迎接生命中不断发生的奇迹,就像孩子们所做的那样。

我有时候太专注于问题——专注于那些不能被解决的问题。

因而,我要超然地看待孩子们所感受到的世界。

我不知道对别人来说什么东西是重要的。

因而,我要从我和孩子们的关系中进行挖掘,以发现孩子们的需求。

当别人"看清"我的世界时,我也会很高兴。

因而,我会努力使自己对孩子的世界保持敏感。

当感到安全时,我会觉得很自在。

因而,当孩子和我在一起的时候,我会尽我所能地使他感到安全。

我对瑞安的了解

我不愿去面对他正经受的痛苦,

　　但他却想和我待在一起。

我不能解决他的问题,

　　但他也并不期望我能解决问题。

我担忧死亡在向他临近,

　　但他却专注于生活。

在每次治疗前我都感到深切的悲痛,

　　但他却兴奋而且充满渴望。

我看到的是一个憔悴消瘦的身躯,

　　但他看到的却是一个朋友。

我想要保护他,

　　但他想做的却只是和我分享一段友情。

瑞安依然活着

社会媒体会报道瑞安的死讯,但是他为活下去而做出的努力却永远会记录在我的心中:他的氧气罩、他选择的鲜艳颜色、他忍受的痛苦、他那沉重疲劳而又带着欢愉的细弱声音以及他画画时的热情和活力。因此,他依然活着,不是其他人看到的那一部分,而是我所看到的东西! 这个正走向死亡的小孩教给了我生命的意义。

我记得瑞安曾说过:"加里,这是我们的特殊时间,只是为你和我而准备的,没人会知道它。这个时间专属于我们。"我现在很想知道瑞安记住的是我身上的什么。

我和瑞安的关系

在小孩生命中最重要的时刻,我和这位特殊的小孩建立了一份特殊的关系。当我允许孩子自己把治疗关系引入到对他来说重要的地方,而不是我认为可能重要的地方时,我获得了不一般的感受。我感到了自己内心对这个特殊小孩的珍视,还有对他能把渴望表达出来的赞赏。他的渴望只有在身体过度疲累时才会暂时变得暗淡。如果把他的生活比作一块沙漠,那我们在一起的时间就像是沙漠中的一块绿洲。虽然事实告诉我们,他已经不能控制自己的身体去感受了,但在这段时间里,他却能够自由地决定自己要去感受什么。在我们最后一次游戏治疗结束后3天,瑞安去世了。

在这段我们一起相处的日子里,瑞安更关注的是生存而不是死亡;更关注的是欢乐而不是悲伤;更关注的是去创造性地表现自己而不是保持冷漠;更关注的是对我们关系的珍视而不是寻找关系中的缺憾。我怀着惊叹和敬畏的心情去感受这个濒死的孩子与我所分享的欢乐、释放和兴奋。游戏对瑞安来说显得很特别,他也很看重我们之间的治疗关系。后来,我认识到了什么是治疗的成功。知道自己该做什么,或者对一个问题进行了更正,这些可能都算不上真正的成功。真正的成功是治疗师能为孩子提供一段体验,在这段体验中,孩子能感受到一种充满关怀与安全感的关系,而且能自由自在地做自己想做的事情。瑞安,一个走到了生命尽头的孩子,他告诉了我该如何生活下去。[①]

有督导的训练能够促进自我洞察

在成为游戏治疗师之前,作为一名学生,课堂作业、讨论、阅读、工作室、角色扮演以及对有经验的游戏治疗师的观察都是必须要完成的功课。不过,最重要的那些知识却来源于自己的体验,通过有督导的游戏疗法训练,治疗师可以获得有关自己、孩子和游戏治疗的更为完整的认识。只有与孩子们一起体会,治疗师才能理解孩子;只有努力地去与孩子们相处,治疗师才能明白什么是游戏治疗关系;只有真正与孩子们在一起了,治疗师才能放下之前的种种担忧;只有尝试去接受培训,治疗师才会为高级的治疗技巧而惊叹。

所有游戏治疗师都应该让自己处在一个永不停息的自我批判过程中。观看自己的治疗录像可能是目前最好的自我监督和专家督导的方式。观看录像中的

---

① 本案例摘自 Landreth 的《对 Ryan 的案例研究———一名濒死的小孩》(1988)。获得美国咨询与发展协会(American Association for Counseling and Development)授权后再版。

自己对于自我成长来说是必需的,而且也被认为是接受督导的一种必要手段。如果治疗师没有看过自己进行游戏治疗时的录像,那么他就不可能真正地了解自己是一名怎样的游戏治疗师。目前录像设备的价格已经能被很多人接受,如果此时有游戏治疗师仍然不愿用录像的方式来记录自己的治疗过程的话,那只能说明在他内心中存在着某种防御和不安全感。不管有多少年的治疗经验,任何游戏治疗师都应该树立要不断认识自己的态度。

以下是一些正在接受培训的游戏治疗师对自己所做的评价,我们可以从这些文字中看到一些有督导的游戏治疗课程对治疗师所产生的影响。

游戏治疗师:玛格丽特

通过在游戏治疗中与孩子的接触,我开始了解治疗关系的本质了。当我遇到杰弗里以后我更加能明白和感受到那种鲜活的体验,我在他身上发现了在教科书里永远找不到的东西——一个在与孩子交流时不断变化的自我。我需要超越自己对孩子的理性描述和分类,超越自己抽象的想要帮助孩子的想法,最终找到我自己内心的真实感受。不过我知道,如果与孩子关系紧张的话,这是很难实现的。

游戏治疗师:基斯

这个重要的发现是我在游戏治疗中获得的:我太没有耐心了。我不但没学会等待,还因此产生了很大的压力。也许这就是为什么我很难从别人的角度去看问题。我现在明白了,我只要对孩子做出回应就行,而不一定非得做出我自己认为好的回应。当贾斯汀后来玩得不愿离开游戏室时,我终于能一边耐心地站在门边等待一边细细体味接纳与宽容的重要性了。只过了几分钟,贾斯汀就带着灿烂的笑容走出了游戏室。

游戏治疗师:道格拉斯

第二次治疗真是糟糕极了,那个孩子不断地问我问题。从 Eric 所提的问题中我可以很明显地看出他是一个缺乏自信的孩子。他好像很难相信自己的判断,也不知道怎样利用在游戏室里的时间。而我也很难简单地回答他的问题,更不要说给他引导。他在每一次新活动前都要征求我的同意,我的有些回应能对他有所帮助,但有些却不能。我发现问题会源源不断地出现,这反而增加了我的焦虑并使我出现不恰当的回应。我想,相信这个孩子能从我的话中学到东西是很重要的。

我要让孩子知道,我相信他自己的判断,这样才能让他学会自己做决定。是需要改变还是不想改变,孩子自己说了算。这能给孩子自信、自尊和自我评价的提高带来多么大的促进啊。

游戏治疗师:琴

在我进行游戏治疗时,我发现孩子们一开始都会觉得我很陌生,一方面是因为我的国籍和语言模式与他们不同,另一方面则是因为我太安静了,不能给予他们足够的回应。我与他们的不同使得我给他们提供的舞台看起来很陌生;而我的安静又给这个舞台增添了更多的陌生。后来我发现自己必须要提高回应的频率,这样才能让孩子感觉到放松。

初试游戏疗法的内心疑惑

一位先前尝试过使用游戏疗法,但又没有接受过任何培训的咨询师在我课堂上所发的问卷中写道,他并不能理解游戏治疗的过程,而他在使用游戏疗法以后所获得的结果也令他失望,他内心迫切地想知道游戏疗法到底是什么。

游戏疗法是什么? 真的吗?

作为一名没有受过训练的游戏治疗师,我的内心时常充满疑惑,我想知道我在孩子们身上所花费的时间的意义。尽管我已经阅读了很多相关书籍,但我依然不太明白自己该做什么。可是我还是一直在坚持,我会轮流使用提供指导的方法和不提供指导的方法来与孩子接触。然而,好像哪种方法对孩子都不管用。实在是难以置信,只有少部分的孩子在进步,绝大部分孩子都没有任何改变。不过还好,基本没有孩子会变得更糟。

我的所有任务好像就是把我对他们游戏的理解告诉给他们,这个任务可不简单。除了用表情和词语去跟孩子交流以外,我更倾向于做出更多的动作,比如跨越他游戏的表面去"阅读"更深层次的含义。我不耐烦了,也不想再去接纳孩子那过于单纯的表现。我不能理解孩子所表现出来的行为,也不愿接受这些行为。

到底什么才是游戏疗法? 它不应该是我所想象的那样,孩子们也不应该是我所看到的那样。儿童和大人都同样需要获得他人的共情、尊重和真诚,在这方面,游戏疗法与通过谈话来进行的疗法都是能满足他们需求的。想要去帮助孩子就意味着想要接受孩子。孩子们从来都不会发现治疗师正在费尽心思去理解他们，不管这种理解有多准确，它都会对孩子有所帮助。对孩子们情感的接纳总是会产生一定的治疗效果。但是要把自己对孩子的接纳传达给孩子却不是一件容易办到的事情。如果不能把这种接纳传达出去，那治疗师所掌握的情况和知识就不可能对孩子产生作用了。

游戏治疗就是让孩子用他自己的语言去与治疗师交谈，一个成年人为孩子提供一个让他自由表达自我的机会，表达的同时，成年人会接纳所有孩子表达出来的愿望和情感。现在，我从那些曾经看似无聊的儿童活动中找到了兴趣。我学会了保持耐心，不会再期望孩子立刻把自己完全展现出来，也不再期望我立刻就能找到灵感。期望的消除增进了我对孩子的接纳，我发现孩子们的变化给我带来了满足感。这种满足是孩子自身带给我的，有时它会完全超乎我的想象。

在设想治疗师所应担负的责任时，我首先会想到孩子自己的责任。通常人们会认为只要孩子与治疗师保持良好的关系，他就能逐渐获取对自我的接纳。如果孩子真的只是保持关系，然后什么都不做的话，游戏治疗就真的变成了玩耍，孩子也不能从中获得新的体验。只有当一个孩子能对自己的成长尽到责任，并且因此不断进行自我探索的时候，我才相信他能获得比以前更多的内在控制感和发展潜力。所以，这才是游戏疗法，真的！

推荐的训练项目

为了实现满足孩子需求的承诺，治疗师必须竭其所能来确保孩子们能从自己身上获得他们想要得到的帮助。目前游戏治疗领域正在经历一个快速的发展时期，越来越多的人开始对游戏疗法产生兴趣，并把它看做是一种能够满足孩子需要的治疗方法。但是，由于孩子们很难把自己的需求表达清楚，所以游戏治疗专家们就必须要保证那些正在学习使用游戏疗法的人们要具备充足的专业知识和技能，以便让他们能够高质量地完成对孩子的游戏治疗。带着对孩子的承诺，我在接下来会提出一些要求，并把这些要求当做是游戏治疗师在接受培训时必须要遵守的准则。不过在此之前，我要先介绍一下游戏治疗领域的从业标准，它们不会比成人心理咨询业从业者所要达到的标准低。

1. 具有教育咨询、心理学、社会工作以及其他相关助人专业的硕士及以上学历；
2. 所研究范围集中在儿童发展、心理咨询与治疗理论、临床咨询技术和团体心理咨询；
3. 接受过不少于90课时的游戏疗法培训；
4. 参加过个人辅导、团体心理咨询、个别心理咨询或者其他相关咨询并在其间进行过较长时间的自我分析；
5. 对正常儿童和适应不良儿童都进行过观察和案例分析；
6. 有观看经验丰富的游戏治疗师讨论和评价治疗过程的经历；
7. 有接受经验丰富的游戏治疗专家所提供的督导课程的经历。

我所教授的《游戏疗法》课程是一门排满整个学期的,每次课3小时的研究生学分课程。选修这门课的学生除了要上课听讲、参加课堂讨论、进行课外阅读、完成课程论文以外,还要参加以下这些与游戏疗法有关的实践活动：

1. 在本校的游戏治疗中心观看硕士和博士生的游戏疗法实习课程；
2. 观看我进行游戏治疗时的录像,并进行评论；
3. 至少观看一次我对游戏疗法的实际操作过程或者观看我在课堂上所做的特别演示；
4. 进行角色扮演,由我来扮演小孩(为了提升学生的回应技术并使他们适应在游戏室中面对孩子可能做出的各种意想不到的事情)；
5. 在游戏室中分组进行角色扮演,两个人轮流扮演小孩(使扮演小孩的学生能够体会真实儿童对于自己以及整个治疗过程的感受)；
6. 任意选择幼儿园、日托中心、教堂主日学校、孩子家里的一间不会受到打扰的房间,对适应良好的儿童志愿者进行一次游戏治疗(学生会带上一箱合适的玩具去到志愿者所在地开展治疗,并对治疗过程录音,过后还要把对孩子、游戏疗法以及自己的感受写下来。他们也会在游戏治疗中心参加由适应不良儿童志愿者参与的督导治疗。治疗过程会受到博士生和私人诊所的游戏治疗师的监督,学生在完成后要写下对此过程的评论)。

除了这门介绍性的课程以外,硕士研究生还被要求选修《高级游戏疗法》《团体游戏疗法》和《亲子游戏疗法》中的任意一门课程。学生要在游戏治疗中心接受一整学期的在校督导实习,成功完成后就会被安置到小学、儿童机构或者是诊所,进行正式的实习。在那里他们可以继续自己有监督的游戏疗法学习过程。

现在越来越多的大学在开展游戏疗法培训项目,也正因为如此,上面提到的培训准则才可以涵盖那些内容。要知道,在多年以前,上面的有些要求只有通过非常规的方法才能得到满足,比如说高强度培训工作室。这种工作室的培训单位时间为45小时,成员在进行45小时的训练后可以在短时间内进行休息,然后继续接受下一个45小时的培训。那种为期1~2天的概述性工作室是不足以培训出合格的游戏治疗师的。治疗培训中最重要的因素还是督导课程。虽然这是无法替代的,但是游戏治疗师也可以不经过大学的督导实习而通过其他方法来解决这个问题。治疗师可以与具备资质的游戏治疗师签约,让其成为自己的私人督导师;身处心理咨询机构的治疗师可以与多个同事一起,定期进行互相督导;或者治疗师也可以委托大学的咨询中心提供一次浓缩的、短期的、总共45小时的游戏疗法督导实习。我在每年暑期举办的"个体、团体游戏疗法实习培训"中会开设一个督导班,这个班由12名游戏治疗师组成,他们都来自私人诊所和专业咨询机构。每次督导课程会持续3天,每天8小时,我的4名博士生会全程协助我。这种督导模式在 Bratton,Landreth 和 Homeyer 的论文(1990)中有过详细的论述。

本章所提到的游戏治疗师培训准则适用于简化的培训程序,而不可被用于标准游戏治疗师培训。

参考文献

Axline,V. (1964). Dibs:in search of self. New York :Ballantine.

Bratton, S. ,Landreth, G. , & Homeyer, L. (1990). An intensive three day therapy supervision/training model. International Journal of play therapy,2(2),61-78.

Gibran,K. (1923). The prophet. New York:Alfred knopf.

Keller, H. (1954). The story of my life . New York: Grossett &Dunlap.

Landreth ,G. L. (1988). Lessons for living from a dying child. Journal of counseling and Development ,67(2) ,100.

Salisbury, F. (1958). Human development and learning . New York :McGraw.

7 游戏室与游戏材料

　　游戏室(playroom)的氛围很重要,因为它会最先影响到孩子。游戏室具有自己独特的氛围,这个氛围必须能清晰地传达出一条温馨的信息:"这里是孩子的天地。"如果想要为孩子创造出一个友好的环境,治疗师就需要花心思、下功夫,而且最重要的是要能够敏感地意识到孩子对自己的设计会有什么样的感受。在一个开放的环境中,孩子会觉得更加舒适。这种开放就好像是在对孩子说:"你可以使用这里的一切,做最真实的自己,去探索吧。"置身于游戏室里的感觉就应该像是套上了一件已经穿旧了的温暖的毛衣一样,而玩具和游戏材料的外观也应该看起来像是在说"快来玩吧,我是可以使用的"。这种感觉很难在一间摆满新玩具的新屋子里找到。新屋子总是给人一种冰冷的感觉。要想把一间崭新的屋子转变成一个能让孩子交流和互动的场所,这需要治疗师具有很强的创造力并付出很多的努力。在北德克萨斯大学的游戏治疗中心里,8间游戏治疗室中的1间是新的,尽管经过了1年的使用,但我们还是很难在这间屋子里找到那种"进来试试吧,让我们在这里共度时光"的感觉。反而是一间略显陈旧的屋子更受大家欢迎。

游戏室的选址

　　由于孩子们有时会吵闹,所以如果要在咨询治疗机构、学校或办公楼里安放一间游戏室的话,那就应该把安放的地点选在最不会打扰到别的来访者和工作人员的区域。如果家长或其他孩子能听到游戏室里在干什么,那孩子很可能会觉得自己的隐私受到了侵犯,这会让关系变糟;同样,当家长因为担心声音传到了屋外而询问孩子听到了什么时,这也会吓到孩子。虽然一些作者推荐将游戏室设计成隔音房间,但这似乎不太现实,也很难做到。当孩子们叫喊、扔东西或敲击木棒时,他们所发出的声音就会传到外边去。在天花板上安装吸音砖可以在很大程度上吸收室内的声音。但是,不要把吸音砖装在墙上,因为孩子很喜欢抠、戳或撕扯这种质地的东西。此外,如果孩子把颜料涂在吸音砖上的话,那也会很难清洗。

把游戏室建在一个完全与世隔绝的地方是一个不切实际的目标。我曾经在一家私人心理咨询机构工作过几年。该机构位于某大楼背后的一座小房子里。后来我们对房间进行改造,把它变成了拥有两间游戏治疗室的"孩子房"。这个地方就很好,孩子们很快就把这里当成了"儿童之家"。

游戏室的规模

一间长大约 15 英尺①,宽大约 12 英尺的房间是最符合游戏治疗要求的房间。我曾经在一间大概只有 150～200 平方英尺的游戏室里工作过,在那里进行游戏治疗的感觉非常好,因为孩子永远都不会离我太远。形状狭长和面积太大的房间都不能达到最好的效果。在大房间里,治疗师会因为要保持与孩子的距离而追着他们到处跑,这就使得孩子不能自己主动地去接近治疗师了。

在推荐尺寸的房间里,治疗师可以对 2～3 名儿童进行团体游戏治疗。通常,在这样的房间里参加团体治疗的儿童不能超过 3 名,这是因为孩子好动的特性容易制造冲突,而过多的人数会使一些孩子的活动难以进行下去:有的孩子的行为可能会干扰到其他孩子的游戏活动;想自己单独玩几分钟的孩子有可能会受到其他孩子的影响;想坐在地上安静一会儿的孩子也有可能会被其他孩子打扰。总之,如果不想让孩子们不停发生碰撞,或者不想看到游戏过程断断续续,治疗师还是应该保证给每个孩子都提供充足的活动空间。的确,孩子们需要学会在一起做游戏,但一些孩子有时也会需要独处,他们需要停止动作,然后重新整合自己的思维,调整自己的情绪。他们不会要求治疗师为自己提供独处的空间,而周围其他正处在好动期的孩子也不会理解这些想要独处的孩子的需求。当空间不足和人员过多两个不利因素结合的时候,治疗就有可能朝着不好的方向发展,这对孩子

---

① 1 英尺 = 30.48 厘米。——编者注

来说是有害的。如果治疗师要对 3~5 名儿童进行团体游戏治疗的话,那他需要一间 300 平方英尺左右的游戏室。

游戏室的特点

在设计游戏室时,不要把窗子安装在靠走道一侧的墙上或者是门上,这样能保证房间外的人不会看见房间里边的情况。把窗子安装在靠室外一侧的墙上是没有问题的,但是还得记得装上窗帘或是百叶窗。当然,没有窗户可能会是最佳的选择。

把塑胶地砖铺在地板上会带来很大的便利,因为这种地砖具有耐久性强和易清洗的优点,即便是受到了损坏,要把它们更换掉也会是很方便和很便宜的。与此相比,实心地板的性价比就不是很高了。不要使用地毯,因为很难保持清洁。要想把掉落在地毯上的沙子清除掉,或者是想把涂撒在地毯上的颜料清洗掉会是很困难的。在游戏室里不得不放上地毯的区域,比如说画架的下方,治疗师可以在那里放上一大块塑胶片。不过,这样做有可能会让孩子们觉得治疗师是在提醒他们要小心谨慎和保持干净。地毯也会给孩子们同样的感觉。

可以在游戏室的墙面上涂上便于清洗的瓷釉漆。同房间里其他地方一样,是否方便清理是治疗师所要考虑的首要问题。颜色阴暗、忧郁或是过于鲜明的墙面漆都是应当避免使用的。米黄色漆是较佳的选择,因为它有助于营造明快、愉悦的氛围。

如果资金宽裕的话,治疗师还可以在游戏室里配置一些特殊的物件,比如说单面镜和声音传输系统,这些装备将为督导观察和自我提升提供便利。透过单面镜,治疗师可以对游戏治疗过程进行摄像,这样可以避免现场录像的摄像机分散孩子的注意力。把摄像机放在游戏室里往往会让孩子们"夸大表演",治疗师也会因为要保护昂贵的摄像机而变得更加焦虑。

治疗师应当不允许家长观看游戏治疗的过程。但是在亲子治疗的家长训练中,让家长观看治疗师对自己孩子所进行的演示治疗却是很有必要的。在家长训练中,单面镜是最好的工具。借助单面镜的帮助,家长可以看到治疗师是如何把他在家长训练中所提到的技巧运用出来的,然后家长就可以在接下来与孩子一起进行的治疗环节中进行模仿使用。这种观看治疗过程的机会对于家长来说是非

当感到渺小和害怕受到伤害时,坚固的物品架会成为孩子们的藏身之所。

常难得的。

推荐治疗师安装一个接有凉自来水管的洗手盆。由于热水存在潜在的危险性,而且在游戏过程中也使用不到,所以治疗师可以断开或关闭水盆下方的热水管。将冷水管阀门关闭一半,这样在孩子用力打开水龙头的时候才不至于把水溅得到处都是,也不至于让自来水溢出水盆。提前做好这一类的设计能让治疗师省很多心,免得在以后的治疗中对孩子进行过多的限制。

治疗师可以把一块底部带有托盘的黑板装在墙上。黑板距地面的高度可以在21英寸①左右,这样可以使不同身高的孩子都能够得着在黑板上写字、画画。治疗师还应该准备好黑板擦以及白色和彩色的粉笔。把新粉笔折成几段,这就不会让孩子觉得必须很小心地使用粉笔了。

在典型的游戏室中我们能看到室内的两面墙上都会装有物品架,这些架子能提供充足的摆放空间。利用这些物品架,治疗师可以把各种玩具和游戏材料摊开来摆放,而不需要让它们挤得满满的或堆叠在一起。治疗师最好选用那种被隔板

---

① 1 英寸 = 2.54 厘米。——编者注

分成很多方格的架子。在把这些架子固定到墙面上时,必须得保证它们能经得起孩子攀爬。物品架的最高层不应高于38英寸,这样能保证个子矮的孩子在不需要别人帮助以及不用爬上物品架的情况下也能拿到放在最高层的玩具。

如果你有机会去为一栋新建筑或是重新改建的建筑设计一间游戏室的话,你可以在游戏室里设计一个门向外开,大小刚好能容得下一个坐便器的小型卫生间。这个卫生间能解决孩子必须得离开游戏室才能上厕所的问题。有了它,治疗师就再也不必为孩子不停往返于卫生间与游戏室而烦恼了,也不必在孩子每次想去卫生间时都得猜测他是否真有如厕的需求。孩子也可以把卫生间当做是游戏室的延伸,在里面演绎一些卫生间里的场景,或是把这里当成是躲避治疗师的避风港。孩子完全可以把大人都关在门外,然后忽视他们。

游戏室所选用的家具应该具备以下特点:坚固,木质或硬面,大小适合孩子使用。治疗师需要在游戏室里放入1张桌子和3把椅子,其中一把是成年人座椅。此外,强烈推荐治疗师添加一个带有写字台面的储藏柜,孩子们可以在写字台上画画、玩黏土、画手指颜料画,或者做其他他们喜欢做的事情。这个储物柜可以放在洗手盆附近。

其他环境中的游戏治疗

虽然已经布置得很好了,但并不是说只有治疗师拥有一间配备齐全的游戏室,他才能让孩子进行自我表达。孩子们需要的只是能够获得机会去选择对自己来说最自然的交流模式。对于一些孩子来说,这种自然的模式也许就是两种表达方式的结合,即游戏与语言表达的结合。为孩子们提供一个场所,让他们既可以选择说话,又可以选择游戏,这就能对治疗的效果产生很大的推动作用,并能促使孩子们为自己的发展负起责任,为自己设定好方向。

西德克萨斯有一位富有创意的小学心理咨询师,她同时为5所小学提供咨询服务。她将一辆学校大巴的后半截改装成了一间游戏治疗室,并用一面隔墙把游戏区与车的前半部分分隔开来。在1周的5天里,她每天都会驾驶着自己的移动游戏室去到不同的学校。只要把车停放好,她就可以对小学生进行游戏治疗了。

当地方足够大时,许多在私人诊所和机构工作的治疗师都会利用办公室的一片区域来开展游戏治疗。在小学里,咨询师通常都会就职于多所学校,所以他们在每所学校里只有很小的一块地方能被用来办公,或是需要和其他同事共用一间办公室。在这样的环境下,这些咨询师就可以利用一些比较灵活的区域来进行游戏治疗,例如没课的教室的一角、工作间、保健室或是在厨师下班后食堂里的某一个区域。一位想法比较新颖独特的小学咨询师把学校的书库变成了一间游戏治疗室。在开学初老师们把所有教材都搬出书库以后,咨询师就把玩具和游戏材料都摆在了空书架上,孩子们也就能在地板上和书架上玩游戏了。另一位咨询师得到了学校旁一所教堂的许可,从而使用了教堂主日学校里的一间教室。其他一些利用礼堂的舞台或是食堂来开展游戏治疗的咨询师也对自己治疗的效果表示满意。只要拉上幕布,舞台和后台还能变成很私密的场所。

在食堂或教室一类的环境中,治疗师可以用椅子和桌子来大概地围出游戏区域的边界。不能允许孩子在整个厅室里跑来跑去,否则治疗关系将很难得到发展。处在这样的环境中,治疗师必须做好准备制定出更多严格的限制条件。无论游戏治疗是在什么地方进行,治疗师都必须努力确保整个治疗过程的保密性。当保密性实在无法得到保障时,治疗师就应该告诉孩子们他们的行为有可能会被别人看到或听到。

在这些改造而成的游戏环境中,治疗师可以在活动开始之前选择是把玩具和游戏材料放在盒子里还是桌子下面的袋子里,是放在角落里还是壁橱里。游戏材料也可以放在桌角上、椅子上或者是地板上。挂有帘子的书架或有门的橱柜都可以成为游戏材料绝佳的收藏所。在每次治疗开始之前打开帘子或柜门,把所有的玩具和游戏材料都展示出来,这会让孩子们感到更加舒服,感觉自己受到了邀请。治疗师可以通过这么做来传达出一种许可,就好像是在说"这些就是为你而准备的"一样。

选择玩具和游戏材料的理论和依据

写这一章的目的是为了让治疗师知道如何选择更合适的玩具和游戏材料,因为玩具和材料非常重要,它们是孩子们用来表达情感、发展关系和探索自我的媒介。

在选择玩具时首先应该考虑的就是玩具的耐用性。此外,好的玩具应该能传达出这样的信息:"尽情玩耍吧",而不是"玩起来小心一点"。当孩子想要选择一种媒介来进行表达时,各种玩具和材料应该为孩子提供多样的选择。玩具不必太精致。请记住,人类在游戏中用到的最早的玩具是木棍和石头。玩具也不要太复杂,应当适合孩子的年龄,而且简单易掌握,这样孩子才不会在表达自己时受到挫折。治疗师不应当挑选需要在自己的帮助下孩子才能操作的玩具。很多接受游戏治疗的孩子倾向于依赖别人,这种行为不应当在游戏中受到强化。孩子应该能自己玩玩具。但是很多游戏并不符合这个要求,它们从本质上需要治疗师直接参与到游戏之中,并扮演一名竞争者的角色。这种情况会使治疗师处于一种两难境地,要么击败孩子;要么不诚实,让孩子赢。通常,孩子对治疗师的后一种选择会感到很敏感,并且会从中体验到一种不满足。在孩子的成长过程中,满足感的获得对于孩子的积极自我评价的发展是非常重要的。不包含竞争的棋盘游戏对于年纪稍大一些的孩子会有很大的促进。

对于玩具和游戏材料的选择应当深思熟虑,而且在选择之前应该把握一定的依据。治疗师在一开始对孩子使用游戏疗法时就应该具备对孩子发展水平的认识,这种水平的高低能从孩子们的游戏和活动中观察出来。正如我曾经提到的,玩具是孩子的词汇,游戏是他们的语言。因此,应当为孩子们提供各种各样的游戏活动(语言),让他们用精心挑选玩具(词汇),来实现表达自我的目的。由于孩子们通过游戏可以更为完全地表达他们的感受和反应,为游戏治疗而准备的玩具和游戏材料就成为了很重要的治疗变量。下列问题可被当做挑选玩具和材料时的评判标准:

1. 这些玩具和材料是否有利于表现孩子的各种创造性?

2. 它们是否有利于情感表达?

3. 它们是否能引起孩子们的兴趣?

4. 它们是否有利于开展表达性和探索性的游戏?

5. 它们是否能让孩子不说话就可以进行表达和探索?

6. 它们是否支持非结构性的游戏?

7. 它们是否能被用于无明确意义的游戏?

8. 它们对于孩子来说是否足够结实?

因为玩具和游戏材料是孩子交流过程中不可分割的一部分,所以他们在选择物件时会非常小心。他们会一件一件地挑选玩具而不会一下拿一堆。把玩具和材料随意地堆放会让游戏区和游戏室看起来很像是废物储藏室,这必将导致游戏治疗的失败。

经验之谈

对玩具和材料应当挑选,而不是收集。

在决定是否选用某个玩具或游戏材料时需要考虑:它对于实现治疗目标所能给予的贡献有多大;它与游戏疗法基本理论的相符程度有多大。所有的游戏材料都不能自动地鼓励孩子们去表达出自己的需求、感触和体会。机械的和电子的玩具都不适合游戏疗法。合适的玩具只会按照孩子指定的方式去运动或发挥作用。玩具和材料是被孩子用在表现个人内在世界的游戏行为当中的,因此,它们应该能被用来促进游戏治疗中的 7 个要点:与孩子积极关系的建立,各类感受的表达,对真实生活体验的探索,对限制条件的实际测试,积极自我印象的发展,自我认识的发展和提升自我控制的机会。

与孩子积极关系的建立

治疗师与孩子之间的关系会受到治疗师对孩子游戏的理解能力以及治疗师所创造的环境的影响。对玩具的选择能表现出孩子想表达的游戏主题,不论是反映真实生活、暴力,还是创造性的主题,治疗师也都能通过孩子的选择来理解他所想要表达的内容。所以对玩具的选择能够建立起治疗师与孩子之间清晰的交流与互动。因此,治疗师可以准备一套"玩偶娃娃家族",孩子可以用不同的娃娃来代表家庭里的每个成员,这能使孩子创造出更容易被治疗师理解的家庭场景。而如果孩子用含义不明确的物体来表现相同的场景的话,治疗师在解读时就会遇到困难。

吉诺特在他的成功案例中强调,理解孩子所表达的内容对治疗关系的发展起着很重要的作用。他还指出,选择恰当的玩具能使治疗师更容易地理解孩子所做游戏的含义。

因为布偶角色的性格和特点能反映出孩子的感受,所以布偶可以被当做是一种既不会使孩子们受到惊吓又可以让孩子们进行表达的安全的玩具。

孩子们经常玩家庭主题的游戏,他们会用玩偶娃娃来代表母亲、父亲和兄弟姐妹。当没有这样的玩偶娃娃时,孩子就会象征性地用大大小小的积木来代表家人,但是这种时候治疗师就很难抓住其中的确切含义。拿两块积木互相敲击也许是代表了打屁股或者是交流,也可能仅仅是为了考验治疗师对噪音的忍耐力;把铅笔插进转笔刀或许是在表示性交,但也可能只是想把铅笔削尖一点。然而,当孩子把"爸爸娃娃"放在"妈妈娃娃"的上面时,治疗师就不太会误解了。对孩子来说,铅笔和娃娃也许代表了相同的意思,但对于治疗师来说却不是这样。"玩偶娃娃家族"的存在能够促进治疗师对孩子的理解。(Ginott,1994:54)

各类感受的表达

当有像布偶这样的玩具存在时,孩子就能利用这些玩具来表达自己各种各样的感受了。如果孩子需要表达的话,他可以挑选这些便于表达的玩具,这样能帮助他把内心世界展现出来。然而,当孩子有表达的需求但是又缺乏能表达出确切感受的方法时,他的自我表露就会受到阻碍。布偶可以被当做是一种既不会使孩子们受到惊吓又可以让孩子们进行表达的安全的玩具,因为布偶角色的性格和特点能反映出孩子的感受。棋盘游戏并不符合"促进各类感受的表达""促进对真实生活体验的探索"和"促进对限制条件的测试"等标准。对一个孩子来说,什么样的棋盘游戏才能替她表现出受到性侵犯的场景以及随之而来的恐惧呢?

对真实生活体验的探索

无论是针对儿童还是成年人,对真实生活体验的表达都是必不可少的治疗环节,这在任何一种疗法中都是一样的。因为正是现实生活的经历导致了人们需要接受治疗。挑选像医药箱这样的玩具能够促进儿童的心理平衡,它们能帮助儿童发展出对某些生活场景的控制感。当一个孩子能够在游戏中表达出他的现实生活经历,并能让治疗师理解和接纳他的体验时,那么这个孩子就已经把这段体验整理到自己可以控制的范围内了。

对限制条件的实际测试

儿童会表现出攻击性,所以像镖枪这样的玩具就能被孩子用来测试什么是可以做的,什么是不能做的。伴随着游戏治疗进程的发展,孩子终归能学会如何使自己的行为处于"允许"和"不允许"两端的中间。对限制条件的测试能够让孩子找到与治疗师关系的边界;这种测试也可以让孩子尝试去做一些在别的地方只能幻想的事情,它为孩子增加了新的现实体验。孩子可以通过对限制条件的验证,使自己被压抑的情感以强大的活力迸发出来。

积极自我印象的发展

许多接受游戏治疗的孩子对自己都没有很好的印象,所以这些孩子可以玩橡皮泥、蜡笔和积木这一类能被轻易掌握和操作的玩具以及游戏材料,并能很快树立起"在这里我能自己做事情,我会成功"的信念。获得这样的感觉是很重要的,这种感觉将延伸至孩子生活中的其他领域。复杂的和机械的玩具很难被熟练掌握,这些玩具会强化孩子已有的不良的自我概念。

自我认识的发展

如果孩子在与治疗师的互动中能获得安全感的话,他就会觉得这种互动是安全的,所以表达感受也是安全的。然后他会开始对自己进行探索,并加深对自己的认识。在孩子对自己的认识当中,很多感受都是消极的。当孩子表达这些感受,同时去体会治疗师对自己感受的接纳和回应时,他首先会把治疗师的接纳融入到自己的认识中,然后就能更好地了解自己了。很多种类的玩具和游戏材料都能促进孩子对各种感受的表达,它们也因此可以被用来促进孩子自我认识的发展。充气不倒翁和玩具娃娃都属于这类玩具。

提升自我控制的机会

孩子的自我控制主要表现为两个方面:一方面是孩子在不需要大人干预和指导的情况下自己所进行的选择和决定,这可以被看做是孩子对自身成长的责任感;另一方面是孩子对不被接受的行为所进行的转变,这些行为能被转变成孩子可以控制的和他人能够接受的行为。孩子的责任感与他们对行为的转变相互产生作用,最终促进了孩子自我控制能力的发展。沙子是可以用来表达情感的很好的手段。此外,治疗师也可以在孩子玩沙子的过程中设置很多的限制条件,以此来帮助孩子提升自我控制的能力。

沙子没有固定的形态,孩子们想把它们当成什么都可以:月球表面、流沙或是沙滩。它们的可塑性是无限的。

玩具的种类

虽然本章使用了大量的篇幅来对挑选玩具和游戏材料进行说明,但这并不意味着玩具与材料是关系建立中最重要的东西。情绪氛围的作用无可替代,这种氛围既包含了治疗师的态度和他对自己个性要素的运用,又包含了治疗师与孩子之间那种自发的相互作用。不过,玩具和材料也会对治疗过程产生很大的影响,它们能在儿童与治疗师的交流中决定孩子所要表达的程度和所表达内容的种类。因此,对它们的选择还是要多加小心。一些在构造和设计上比较独特的玩具和材料能够更容易地引发孩子的某些行为,并且在某种程度上塑造孩子的行为。充气不倒翁就是一个很好的例子,当被放到房间中央时它看起来就好像是在说:"快来打我吧",于是孩子们就更倾向于去猛推或击打它,而不是假装把它当成生病的朋友去照顾它。这种由玩具特性决定孩子初始行为的现象更有可能出现在治疗的早期阶段,那时孩子还没有获得创新所需要的足够的安全感。

为了促进孩子们的自我探索和表达,治疗师需要选购各式各样的结构性和非结构性的玩具。我在这里提出几条建议,可以供治疗师们在选购时作为参考。总的来说,游戏疗法所使用的玩具和材料可以分成 3 大类。

现实生活类玩具

像玩偶娃娃家族、玩具屋、布偶这样的玩具都可以被用来代表孩子生活中的家庭成员,因此孩子也可以通过它们来直接表达自己的情感。当孩子用玩偶代表家庭人物时,愤怒、恐惧、同胞竞争、危机以及家庭冲突都会在他们所演绎的生活场景中表现出来。怀有抵触情绪,或者是焦虑、害羞和内向的孩子会更喜欢选用小汽车、卡车、小船以及收银机这样的玩具,因为利用这些玩具所进行的游戏意义不明确,其中也不会暴露出孩子的真情实感。当孩子有所准备以后,他们会开始选择一些便于表达的游戏媒介来帮助自己更加全面和开放地表露出内心的感受。与此相比,不管治疗师是否做好了准备以及治疗师是否想让孩子进行某种表达,这些都是不重要的。治疗师不能强迫孩子去讨论特定的话题或者是表达情感。当孩子感觉到安全以及自己的体验得到了接纳,并且认识到治疗师是值得信赖的人时,他的情感就会自然而然地流露出来了。

要是孩子能熟练地使用钥匙并且识数的话,收银机可以迅速地让他们找到控制感。小汽车和卡车的四处移动则可以被当做借口,使孩子能有机会不停地走动,并探索房间中的"秘密"。孩子也可以用这样的借口去从身体上靠近治疗师,并"搞明白治疗师到底想要做什么"。这是一种接近治疗师的安全的方法。孩子在游戏室里所做的很多事情都是有原因的,治疗师应该对孩子的潜在动机保持敏感。学校教室的规定是"不准在黑板上乱写乱画",所以当那些上学的孩子来接受治疗时,游戏室里的黑板就向他们传达了自由与包容的信息。如果治疗师想要与孩子内在的真实自我接触的话,宽松自由的氛围是必不可少的。

释放攻击类玩具

在游戏治疗中,有些孩子由于无法用语言来描述和表达,所以他们有很多强烈的情绪都受到了压抑。一些结构性的玩具,例如充气不倒翁、玩具士兵、鳄鱼布偶、枪(绝对不要用仿真枪)以及橡胶刀等,可以被孩子用来释放愤怒、敌对和沮丧的情绪。每一次游戏治疗中都应该有一些可以让孩子破坏的东西。鸡蛋的硬纸包装盒就可以很好地满足这个需求。孩子们可以任意践踏、切割、撕扯和涂抹这些包装盒。此外,他们也可以通过折断雪糕棍或是把它戳进橡皮泥里来获得释放。在游戏室包容的环境中,具有攻击性的儿童在治疗师的许可之下把攻击性的情绪释放了出来,这能让他们获得满足,之后他们就能把精力转到对积极感受的提升上了。对玩具的射击、掩埋、敲打和刺戳都是可以接受的行为,因为这些行为能够展现出象征性的意义。

孩子所表现出来的强烈愤怒和攻击情绪有时会让游戏治疗新手感到不安。遇到这种情况时,治疗师必须抛开自己尴尬和不安的感受并意识到,是一种个人自我保护的需求造成了自己的不安。然后,必须抑制住自己想要快速上前打断孩子表达的念头。但是有时候限制孩子的一些行为也是必要的——比如当孩子把沙子撒得满屋都是时。"敲桩游戏"玩具可以被用来宣泄情绪,同时它还能促进儿童注意力的集中,提高专注力。

另外,游戏室里还应该有可以代表野生动物的动物玩具,因为在游戏治疗早期,一些孩子即便只是面对人形玩偶也很难表现出攻击性。举例来说,这样的孩子不会去射击一个"爸爸娃娃",但却会射击狮子。一些孩子会把鳄鱼布偶套在手上,并模仿它们啃咬和咀嚼的动作,以此来表现他们的敌意。黏土是一种既可以被用于创造性游戏又能被用于攻击性游戏的材料。作为发泄愤怒和沮丧的一种

在画架上画画赋予了孩子很多新奇的体验,他们可以展现自己的创造力,可以把画架弄得乱七八糟,可以描绘浴室的情景,可以随意涂鸦,当然也可以表达自己的感受。

方式,孩子们会用力捶打和捣烂它,也会碾平它,有时还会把它拧成很多段。而当孩子为游戏创造人物时,黏土又是其中的主要材料。

创造性表达和情绪发泄类玩具

作为非结构性的游戏材料,沙子和水可能是孩子最喜欢使用的介质,但却也是游戏治疗环境中最不容易被发现的材料,哪怕水是所有游戏室材料中最有效的治疗工具之一。在游戏治疗环境中之所以缺少沙子和水,很可能是因为治疗师无法忍受肮脏混乱的场面。这可能源于治疗师内心的一种想要保持事物整洁干净的需要。当然,对于清理工作的担心也会促使治疗师把水和沙子排除在游戏室之外。但是,这些理由都不够充分,因为只要适当地加入一些限制条件,孩子们就可能不会把水和沙子弄得到处都是了。即使不是在游戏室里开展活动,即使空间过于狭小,治疗师只需要在盆里放上一些沙子,在桶里盛一些水,这样同样能满足孩子的需求。沙子和水没有固定的形状,孩子们想把它们当成什么都可以:月球表面、流沙或是沙滩,它们的可塑性是无限的。对沙子和水的玩法不存在正确与错误,因此这能保证孩子总能取得成功。对于害羞或孤僻的孩子来说,成功的感觉对他们非常有帮助。

积木可以被用来搭建房子,也可以被用来投掷、堆积和踢踹,它们可以让孩子体会到建设与破坏的感觉。与水和沙子一样,孩子也可以从玩积木中得到满足,因为积木没有所谓正确的玩法。在画架上画画赋予了孩子很多新奇的体验。在画架旁,他们可以展现自己的创造力,可以把画架弄得乱七八糟,可以描绘浴室的情景,可以随意涂鸦,当然也可以表达自己的感受。

手提袋里的游戏室

在孩子们的语言表达能力发展到能够完整地描述自己以及自己的内在情感世界之前,治疗师始终都要考虑对于玩具和游戏材料的挑选问题,因为恰当的玩具和材料能够促使孩子尽早地进入到用语言进行自我表达的阶段。我的经验是,孩子们能用有限数量的玩具和材料传达出丰富的信息和感受。接下来治疗师需要考虑的是,如果是为一个改造而成的游戏环境挑选玩具的话,那么这些玩具和材料的大小以及可携带性就会成为很重要的因素。以下是我所认为的开展一次游戏治疗所需要的最基本的玩具和材料。之所以推荐它们,是因为它们能够充分地激发孩子们表达的兴趣和愿望,而且对它们的运输和保管也会非常方便。治疗师只需要把它们装入手提袋中,然后放到角落或者是橱柜里就可以了。

蜡笔(8 支装)	雪糕棍
报纸	烟斗通条
钝口剪刀	棉绳
奶瓶(塑料制品)	电话
橡皮刀	攻击性布偶(鳄鱼、狼或巨龙)
娃娃	玩偶娃娃家族
黏土或橡皮泥	玩具屋家具(至少包括卧室、厨房和浴室)
镖枪	标记了房间位置的硬纸盒房子(在一侧剪出
手铐	门,另一侧剪出窗户;同时可当做摆放其他
玩具兵(20 个足够了)	玩具的容器)

两个玩具盘子和茶杯(塑料或锡制品)　　透明胶

勺子(不要带叉子,因为有尖角)　　玩具珠宝

小飞机　　医药箱

小汽车　　急救绷带

独行侠样式的面具

波波枪的子弹(弹力很大的橡胶球)

人形玩偶(不需要有过多的外在特征,像人即可)

如果还有空间的话,可以带上充气不倒翁,它是个很有用的玩具。在一个较为固定的环境中,治疗师还可以准备一个塑料盆,在里面装上沙子。如果担心清洁问题的话,也可以用大米来代替沙子。一只盛有水的桶也会对治疗有很大帮助。

游戏室中推荐摆放的玩具和游戏材料

在北德克萨斯大学的游戏治疗中心里存放有很多种类的玩具和游戏材料。其中,我们发现以下这些物品在促进儿童情感的表达方面有着较好的疗效。这张清单是 25 年实验的结晶,在不断对物品进行删减与添加之后,目前这张清单上所保留的物品是绝大多数孩子都经常使用的物品。孩子们时常会以不同的方式来使用它们,最终实现自我表达的目的。

玩偶家具(结实的木制品)　　镖枪

玩偶娃娃家族　　能发出声音的玩具枪

人形玩偶(不具有过多的外在特征)　　球(大的和小的都要)

娃娃　　玩具电话(两台)

玩偶的床,衣服等　　钝口剪刀

橡皮奶嘴　　图画用纸(多种颜色)

奶瓶(塑料制品)　　沙盘,大勺,漏斗,漏勺,桶

钱包和珠宝玩具　　动物园动物,农场动物

黑板,粉笔　　橡皮蛇,橡皮鳄鱼

115

彩色粉笔,黑板擦	充气不倒翁
冰箱玩具(木制品)	橡皮刀
透明胶,糨糊	手铐
玩具手表	套在手上的布偶(包括医生、护士、
积木(不同形状和大小)	警员妈妈、爸爸、姐妹、兄弟、婴
	儿、鳄鱼、狼)
颜料,画架,报纸,刷子	万能工匠拼装玩具
橡皮泥或黏土	木琴
独行侠样式的面具	钹
烟斗通条	鼓
压舌板,雪糕棍	玩具士兵和军队装备
	消防员的帽子,其他帽子
炉灶玩具(木制品)	平底锅,银器
盘子(塑料或锡制品)	水罐
盆	急救绷带
玩具食物(塑料制品)	玩具钞票和收银机
沙滩车(可驾驶的多轮车)	碎布或旧毛巾
玩具卡车、汽车、飞机、拖拉机、小船	鸡蛋硬纸包装盒
学校巴士玩具	扫帚,簸箕
敲桩游戏玩具	海绵,纸巾
绳子	肥皂,刷子,梳子
棉纸	空的水果蔬菜罐头
医药箱	蜡笔,铅笔,纸

很多这样的玩具和材料都可以在旧货市场以很便宜的价格买到,或者治疗师也能从那些已经长大的孩子的家长手中获得这些物品。社区咨询机构的治疗师可以向民间团体展示自己的游戏治疗项目,然后描述自己所需要的材料并向他们寻求资金支持。小学咨询师也可以向家长教师协会(PTA)提出同样的申请,让该协会定期帮助学校筹集所需的材料和物品。可以把以上这些物品的清单张贴在

咨询治疗机构和教员室里比较显眼的地方,已经长大的孩子的家长在看到清单后有可能会对物品进行捐助。不过,这些只有等咨询师在学校教师会议上对游戏疗法进行了详细的解释之后才能开始实施。切忌毫无计划地收集玩具,因为许多得到的"收藏品"并不适合在游戏疗法中使用。

需要考虑的特殊因素

虽然完成拼图游戏能提高孩子对挫折的抵抗力,也能使他们从游戏中寻找到一种能力感,但是在游戏治疗中最好不要使用这种道具,因为只要不小心弄丢一块拼图就会让原本已经很沮丧的孩子遭受到更大的打击。孩子在游戏室里所得到的不应该是伴随一生的遗憾。那些自认为能力不足或经常失败的孩子也应该通过玩玩具来体会到成功所带来的满足。

拿走破损的玩具。游戏室里所有的东西都应该是完整无缺并且功能正常的。很多被推荐来接受游戏治疗的孩子都来自于混乱不堪的生活环境。不要让游戏室里玩具的不完整在孩子脆弱的心灵里增添更多的混乱和沮丧。

蛋彩画的颜料应该随时保持新鲜。当孩子想画蛋彩画却发现颜料全都干涸并且结块了时,没有什么事情会比这个更能让孩子感到压抑和郁闷。如果不定期更换颜料的话,它们也会变质并且会发出很难闻的气味。在调色时,治疗师可以在调色盘的每个格子里都滴一些洗涤液,这样能有助于抑制产生气味的细菌的生长。虽然这种蛋彩画的颜料本身就不太难清洗,但如果添加了洗涤液的话,滴落在衣服上的颜料将更容易被去除。用一次性的小纸杯来盛放颜料同样可以使颜料的清洗和更换工作变得很轻松。每次只需在杯子里放入最多1英寸高的颜料,这既可以防止颜料溢出,又可以让打扫变得更容易。儿童不需要整杯的颜料。放太多的颜料简直就是在自找麻烦。

把一个结实、小巧的塑料整理箱当做沙盘来使用是非常合适的。为了不让沙子扬起来,应该定期对沙子洒水。

当孩子想要回避治疗师时,他们需要一个能够躲藏的空间。在布置游戏室时,治疗师可以把一个大型的炉灶玩具放进房间里,这样在孩子觉得需要的时候,他们就可以跑到炉灶后面治疗师看不到的地方去玩。这种对治疗师的分离与排斥对孩子自由感的提升十分重要。

游戏室不应该被当成是托儿所。那些不与孩子打交道的咨询师总是倾向于认为游戏室是在家长接受心理咨询时暂时安放孩子的场所。正在对孩子使用游戏疗法的治疗师也应该注意这条原则。游戏治疗关系是一种发生在特定游戏场所的特殊情感关系。治疗师不去关注孩子而只注意家长,这必将影响到这种关系的发展。

每次治疗结束以后,应该把游戏室打扫干净,并把玩具放回它们该放的地方。玩具是孩子们的词汇,需要表达的孩子不能找不着玩具。游戏室所呈现出的应该是一番有序而稳定的景象。这是有一定治疗意义的。所谓稳定就是指,每一个玩具都总会待在原先为它指定好的位置。婴儿奶瓶不应该有时出现在游戏室的这一侧,而有时又在另一侧。物品架的每一层应该摆放什么,这是需要固定的。这并不意味着游戏室里必须一尘不染,只是强调要把物品进行有序地摆放。当孩子们知道想用的玩具在什么地方时,他们就会觉得很安全。这有助于使整个房间以及治疗关系都处于孩子们的掌控之中。如果很多治疗师共用一间游戏室的话,我建议这些治疗师可以制定一个清洁值班表,以保证常规的清洁和整理工作可以定期地进行。如果做不到这一点,房间就会变得一团糟。一间看上去像个废品站的游戏室是不利于治疗的。

对于游戏疗法名称更改的建议

考虑到一些老师、校长和家长对于"疗法"这一术语可能存在一些先入为主的看法,小学咨询师可能会需要给这种活动另外取一个名字。"使用玩具的心理咨询""借助玩具的情感成长""玩具引导的个性发展",或者是与此相似的名称都是可以使用的。只有小学咨询师自己才清楚,用什么样的名字来代替"游戏疗法"会得到同事们的接受。如此重要的治疗项目不应该只是因为其名字不被某人喜欢而搁浅。我鼓励各位咨询师充分地利用自己的创造性,选择一个最贴切的名称来描述这种让孩子通过所提供的玩具与咨询师产生自发交流的过程。在使用游戏疗法时,咨询师也要不断地向周围人介绍,告诉他们自己正在使用的是一种能够帮助孩子获得成长和进步的方法。在学校里开展游戏治疗的最终目的就是帮助孩子们做好准备,让他们能更好地从老师所提供的知识中汲取营养。

学校游戏治疗的开展

严谨的计划对于游戏治疗在学校的启动和发展是非常关键的。不要期望咨询室主管、校长或老师们能明白什么是游戏疗法,以及你想要达到什么样的效果。小学咨询师的任务就是做好这个项目的推销员。在我给管理层和教师讲授游戏疗法的本质时,我发现如此向他们解释会更为有效:"孩子们沟通的天然媒介是游戏,就好像成年人沟通的天然媒介是言语表达一样。在游戏治疗中,玩具是孩子们的词汇,游戏是他们的语言。孩子们是用游戏来演绎自己的体验、感受和需要,就像成年人是用语言来表述这些相同的东西一样。因此,游戏治疗对于孩子来说就像心理咨询对于成年人一样重要。"这样的解释似乎可以帮助管理者和教师迅速地领会游戏疗法的概念。

小学咨询师应当查阅有关游戏疗法的相关文献,为利用玩具进行咨询寻找理论依据。然后他们需要把这个治疗项目的框架进行细化:包括治疗项目如何执行、最终取得怎样的效果、对材料有哪些要求以及会用到学校的哪些地方。对于那些所需材料物品的获取需要单独做一份计划。接下来,咨询师需要首先面见咨询室主管,在获得主管的支持以后再将计划呈交给校长;向校长争取在在职教师大会上介绍游戏疗法的机会,使所有老师都能了解这个在学校开展游戏治疗的计划;随后,在下一次在职教师大会上,向所有老师发放有关这个项目的书面材料。

参考文献

Ginott, H. (1994). Group psychotherapy with children: The theory and practice of play therapy. Northvale, NJ: Aronson.

8 在治疗过程中的父母

在做儿童咨询的时候,治疗师需要注意把握与儿童关系的尺度,这与我们在成年人咨询中所遇到的情况完全不一样。儿童一般会遵循对他比较有影响力的人的安排,在通常情况下,他们会根据父母的安排来进入到游戏治疗当中。因此,与家长关系的亲疏程度是治疗师开始治疗时最先需要考虑的问题。在治疗中需要让家长也参与进来吗?需要告知家长孩子可能出现的行为吗?保持对家长不断变化的态度的敏感性是我们所要经受的一个主要挑战,我们要关注家长的处境,他们会受到很多因素的影响,比如逐年增高的离婚率、逐渐增多的单亲家庭、家长不断变化的家庭角色、家庭压力的增加以及更为严重的个人孤独感。这些因素将严重影响到家长的参与程度。尽管现在的家长都越来越熟悉心理咨询,但治疗师并不能确保他们都知道游戏疗法。因此,治疗师需要告诉家长什么是游戏疗法,并让他们明白如何在第一次治疗中配合治疗师完成与孩子的分离过程。

背景信息

和家长以及老师的面谈能给治疗师提供更多的有关孩子在治疗室以外经历的信息,这些信息为解读孩子的行为提供了线索,这能提高治疗师对孩子行为的敏锐性,同时也使得治疗师与孩子的关系更容易建立。有时一些外在的表现会"蒙蔽"治疗师的双眼,使得他不得不靠定势思维去理解孩子的行为。让我们先来看一下一个4岁的小女孩保拉,从治疗师那里知道她的母亲怀孕四周后,在游戏室里发生的事情。

在连续两次治疗中,保拉都把所有的椅子叠放在一起,并把纸张盖在她的整个"建筑物"之上。她为自己留了个开口,钻进钻出的,虽然她时常发出咯咯的笑声,但能看出她有些许的紧张。治疗师根据自己对妊娠期的了解,认为这种行为是对于怀孕和生育的一种标志性的表达。在观察过保拉看似意义明显的行为之后,治疗师认为对她的行为最好的解释就是治疗师自己已经想到的女孩行为背后的象征性意义。于是,在第二次治疗即将结束的时候,治疗师决定在下一次治疗时把自己的想法说出来。在第三次治疗之前,治疗师与保拉的父母进行了常规性的调查谈话。他被告知,在3个星期以前保拉全家出去野营过,他们很开心在这次野营中保拉没有像以前那样害怕进入帐篷了,而这是她在几个月之前完全做不到的。他们发现小保拉在与父母和哥哥睡在帐篷里时虽然还是有一点点紧张,但是已经能很快地平静下来了。(Cooper & Wanerman, 1977:185)

显然,保拉在游戏室里所表现出来的行为和野营的经历有关,如果治疗师只知道母亲怀孕的事而不知道野营的事,那么咨询师如何才能避免把孩子在游戏室里的紧张理解为是对母亲怀孕的不安呢?

对于一个以儿童为中心的游戏治疗师来说,他所获取的信息并不会导致他更改自己的治疗方法。他所使用的治疗方法并不是只针对某一个问题的,它并没有一个固定的套路,而是能达到"以不变应万变"的效果。治疗师只要坚定地忽视具体问题就可以了。所以,治疗师总是经历不同的治疗过程,与不同的儿童打交道,在所有这些过程中,治疗师只需要一直与孩子互动,而不是去关注一个具体问题。因此,孩子的背景信息对一名以儿童为中心的治疗师来说并非必不可少,但是当要具体阐述儿童的整个治疗过程或者给家长提供建议时,背景信息还是能作为一份依据,所以可以把它放在次要的位置上。

最理想的办法就是让另一位治疗师出面与家长会谈,这样就能保证在游戏室里的治疗师不会被家长所提供的信息所限制,而始终保持自己对孩子畅通的感受性;此外,这样做也可以让孩子知道治疗师并没有跟家长谈论自己,从而缓解家长对儿童——治疗师关系的干扰。然而,由于大部分治疗师都没有这个"治疗师助手",所以如果必须要和家长沟通的话,他们只能把治疗的时间拆分开来,把与父母的交谈放到一个孩子不在场的时间段里。但是家长又有工作在身,这就不允许他们经常往治疗室跑。当真的遇到这种情况时,如果以前是每周 1 次的治疗就可以改成隔周 1 次,而把与家长的单独会谈穿插进去。在这种情况下,治疗师应该注意儿童与家长参与治疗的顺序。治疗师应当先和家长交谈,这样会减小孩子认为治疗师在向家长"告状"的可能性,因而他们也不会对这样的感到奇怪。年长一点的孩子可以自己选择是在家长会谈之前还是之后与治疗师见面。

家长也必须参与到治疗中吗

毫无疑问,家长在孩子的生活中扮演了至关重要的角色,所以如果可能的话,他们也应该参与到治疗过程中来。那么,家长是否需要理论指导或者是接受培训呢? 这个可以由游戏治疗师自己决定。在大多数情况下,一个合理的治疗过程包含了向家长提供技术培训介绍关于孩子情况的环节,当然,前提是治疗师认为必须要和家长合作。在治疗过程中,家长们能够重新洞察自己的内心,使自我概念得以提升,并减轻焦虑,但是在回到家后却仍然不能有效地教育孩子。其实很多家长只是不知道怎样做才能帮助孩子调节好情绪,当然我们也不可能要求他们知道,毕竟他们在自己的一生中从未接受过正规的培训。不过,当家长能够减轻焦虑、调整情绪、自我感觉更加良好以后,他们就更可能会以积极的方式来回应自己的孩子了。在这里需要注意的是,如果有家长培训自然很好,要是没有也没有关系。

经常会有这样的疑问,"如果家长自己不愿接受治疗,那游戏疗法还会有效吗?"我想说,尽管如果条件允许,家长的参与能使孩子在更短的时间里取得更加积极的效果,但其实,就算父母不参与其中,儿童也还是会朝着积极的方向产生重大的变化,而且这种变化是一定会出现的。儿童并不是只有完全处在环境的"怜悯"之下才能健康成长的。如果说是环境造就了人的话,那么那些从小生长于恶劣环境之中,但最终适应了这些不利条件并取得了成功的人又是依靠什么成长起来的呢? 虽然这不是一个典型事件,但它却点出了人是有能力去战胜困难,取得成功的。一句话,即使家长没有参与其中或是没有接受培训,游戏疗法对孩子也仍然有效。

在小学咨询中,你可以看到更多的证据。许多小学生家长因为工作的原因白天不能参加到咨询活动中来。要想让小学咨询师和每一个孩子的家长都见面交流是不可能的。不过就算咨询师只可见到极少数的家长,但在很多小学里,咨询师们还是经常都在报告着孩子们的进步。

那么那些住校生呢?游戏疗法又对他们有效吗?会因为家长不在身边而导致疗效减弱吗?或者说是否得等到他们身边新加入了重要的成年人,并且要在治疗师与这个成人接触后游戏疗法的效果才会在孩子的身上显现出来?

答案是显而易见的,住校生自己的表现可以解释一切问题。即使他们的家长没有参与到咨询中,他们还是学会了处理问题、调整状态和改变方法,并顺利地成长。大量研究的结果都表明,很多针对儿童的疗法所产生的效果与儿童的家长无关。

如果非要坚持先与家长沟通才让儿童参加治疗的话,那就否认了儿童自我成长的潜力和他们处理问题的能力,同时也否认了家长在面对孩子的进步时随机应变的能力。当孩子的行为因为接受游戏治疗而有所改变时,家长也会无意识地觉察到这种变化(哪怕是变化十分的微小),然后他们在回应孩子的时候就会有细微的改变,而这也就是鼓舞了孩子。换句话说就是,当孩子回家时有点不一样,家长的回应也就不一样。但是,偶尔也会出现一些例外,比如当孩子的家长有严重的情绪障碍时;或者家长长期对药物有依赖。不过总的来说,这个逻辑还是可靠的。

那么,在下面这个案例中,让我们一起来看看情况是怎么发生变化的。萨拉的父亲这样来描述自己3岁的女儿:"我们不敢让她单独一个人在家待上哪怕一分钟,否则家里肯定就有什么东西要被毁了。她总能把一切都弄得乱七八糟,把墙涂得五颜六色。我们实在是信不过她。"在游戏治疗中,当治疗师始终对她保持接纳,一再地满足她的需求,包容她孩子气的行为(吮吸奶瓶等),并在她把自己弄得邋里邋遢的时候不强加干预时,她的各种需求就减少了,而且人也变得更好相处了。她的一些邋遢行为被列入了治疗的限制设置中,以此来让她学会控制自己的不良行为。当萨拉学会了更好地自我控制时,她的父亲开始更加接纳她。有时一起放松,有时一起玩耍,他们玩得很开心,而萨拉也感到自己被接受了。

萨拉不再去掐她那只5个月大的小弟弟了,她现在更多的是自己玩耍。用她妈妈的话来说,"她不再整天跟在我屁股后面发牢骚了。"母亲会和萨拉一起玩,而且更信任她,也更加乐意去抚养她,同时还表示:"我那个惹人爱的小女孩又回来了。"在对萨拉的治疗中,治疗师并没有与家长沟通过,甚至也没有告诉他们任何萨拉在游戏室里的表现。正如这个案例所展示的,儿童在没有父母的陪伴之下也可以改变,也可以做得很好。

家长参与游戏治疗过程

第一次游戏治疗阶段前,游戏治疗师单独与家长见面。把孩子排除在外是为了保护孩子,防止他听到家长对自己及自己行为的一连串负面描述和抱怨,这对孩子是一种伤害。许多家长考虑对孩子进行游戏治疗,是因为他们对孩子很失望,智穷技尽,生孩子的气,感到无望,穷途末路,并且可以倾泻聚焦在孩子身上的郁结感情。孩子不应经历这些家长发泄出的正面冲击,因此,孩子几乎不参与到对家长的咨询中。

治疗师在这个单元中的首要任务就是与家长建立关系,聚焦家长的需要和关注点,向他们传递出他们在孩子治疗中的重要性。家长在首次见面中要提出他们对孩子的关注程度,以及伴随的情绪反应。有些家长不知所措,敏感的治疗师会对这些感情做出回应,并伴有在游戏室与儿童关系中出现的相同的共情作用。与家长的情感联系有助于家长相信治疗师,如果家长坚持带孩子来做游戏治疗,那么这绝对是一个基本要素。家长需要了解他们已经听到和掌握的东西。在首次对家长的咨询中,敏感的治疗师会就家长对孩子问题的关注以及更深层次的家长情绪反应做出同等的回应,并在见面过程中,在这两方面来回移动。这次见面不是教育和指示,对家长而言,不能很快成为压倒性和判断性的见面。

初次的家长咨询为游戏治疗师提供了机会,使他们能够告知家长:什么是游戏治疗;为什么将此方法用于儿童(游戏就是儿童的语言等);游戏治疗怎样发挥作用(该治疗怎样帮助儿童);在此过程中,所希望达到的结果是什么。同时,此次咨询还会向家长展示游戏室,使家长知道他们不在时,孩子会在什么地方渡过。站在游戏室中,通常会让家长放松下来。

治疗师还希望在休息室中的家长对一些意料之外的事情有所准备,如孩子抗拒与家长隔开时,应该怎样回应;以及孩子单元结束重返休息室时,应该怎样回应。(第一次在休息室中对发生事件的回应在下面章节中进行解释。)我发现最好就是预先考虑要发生的事件,并指导家长应该怎样回应。在北德克萨斯州大学游戏治疗中心,我们为家长们提供了一些小册子,就我们所希望的在休息室中家长对预期事件的回应,以及怎么告诉孩子到游戏室去,给出了一些示例。同时,在此次家长咨询中,还会询问也许会影响治疗过程的一些对孩子的特殊考虑:药物、孩子的恐惧、沙盘尘埃的过敏反应、针对幼童的如厕训练等。

还需讨论的是保密的重要性和特点。虽然在大多数国家,儿童并不享有保密的法定权利,但游戏治疗师仍需强调儿童需要对游戏室中的具体行为和言语保密。在游戏治疗单元中,家长不得察看孩子的游戏治疗过程,使孩子能够完全自由地表达思想、感情和反应。在第一次咨询中,治疗师会审查参与的重要性,指出偶然参与游戏治疗会妨碍治疗进程。游戏治疗师强调了最后单元的必要性,即使家长决定在不成熟的情况下结束治疗。

认为至少每月一次的与家长的定期见面是必要的,因为这有助于使家长坚持参与到治疗过程中,是家长反馈进展程度以及情绪/行为改变的机会,也是持续与家长建立关系的过程。与家长见面的次数根据需要决定。如果孩子已经精神受创,或经历了危机情境,则需要更频繁地见面,为家长提供必要的支持。这些持续的咨询则是对家长技巧的简短培训机会,帮助他们以更积极的方式回应孩子。这些技巧在家长讨论孩子行为的部分介绍。对典型的家长,教授基本的亲子关系治疗(CPRT)技巧,如满意和感情的体现,选择礼物,建立自尊,责任归还,及限制设置等(Bratton,landreth, kellam, & Blackavd, 2006;landreth & Bratton, 2006)。

与家长的会谈

对于大多数的家长而言,承认自己和孩子需要帮助是一件很敏感也很困难的事情。他们会尽可能地向后推延求助的时间,并希望看到在求助之前事情会有所改观。在很多案例中,当家长最终和治疗师联系时,他们的担心已经困扰自己很长时间了,有的甚至已经发展到了强烈的恐惧或绝望。治疗师需要对这类家长的痛苦挣扎保持敏感,他们不到万不得已的情况下是不会来求助的,因此治疗师可以关注一下使他们徘徊于求助与不求助之间的原因,而不要直接把目光投到他们的现实问题上。家长们可能会感到内疚、沮丧、不称职或是恼怒,这些感受才是首先需要被关注的。

也许是家长自身情绪调节的能力和对沮丧的容忍程度决定了他们是否会为自己的孩子寻求治疗。谢泼德、奥本海姆和米切尔((Shepherd, Oppenheim &

Mitchell,1966)进行了一项研究,他们将实验组的 50 名儿童送进了儿童指导中心接受了心理治疗,然后又找来了另外 50 名在年龄与症状上都与实验组儿童相匹配的儿童作为对照组,对照组的儿童不接受心理治疗。结果发现,那些接受了治疗的孩子的母亲更加沮丧、悲观和焦虑,并为孩子身上的问题所困扰,担心应该做些什么。而在对照组中的孩子的母亲则更多地认为自己孩子的行为是偶然的、短暂的,只要耐心地等待就会消除。她们显得更有自信。

从这些研究中我们可以得到启示,对于家长们各种反应下所潜藏的情绪变化,治疗师必须要敏锐地进行捕捉,并及时给予回应。在初始访谈中,如果家长配合的话,有经验的治疗师会与家长进行一次深入的交流。治疗师会紧跟着家长思维的动向,在一来一回的互动中发现存在的问题以及家长内心的真实感受。如果要仔细分析的话,初始访谈可以分成 3 部分,有一部分就像平时的治疗一样,在另一部分里治疗师需要建立关系并打开突破口,在最后一部分里治疗师要给家长提出建议。举个例子来说,在一个案例中有个小孩总是很晚不睡觉,在得知家长从来不讲故事以后,我就建议他们在睡前可以给孩子讲个小故事。在提出建议之前,治疗师必须要详细地了解父母、孩子及他们之间的关系。

在对一个孩子进行初步诊断之前,我先和孩子的父母进行了一次初始的访谈。在访谈中,我对家长所关心的不同层面的问题都给予了回应。访谈记录如下:

家　长:我就带他一个小孩,但我感觉好像自己带的是 5 个。

治疗师:他一定很调皮吧。

家　长:是的,我一边在外面做全职工作,一边还要做家务和照顾他。如果给他吃药的话,在学校里他也能做得很好,但一旦停药,后果不堪设想。

治疗师:他在吃什么药?

家　长:利他林(Ritalin)。

治疗师:今早你让他吃药了吗?

家　长:啊哈,他中午上学前吃了 2 粒,放学后又吃了 1 粒。但是等晚上药效过了以后他好像就有用不完的能量。这孩子太能折腾了。

治疗师:看来你确实很忙,当他能量用不完的时候你真是太辛苦了。

家　长:是啊,正在我十分疲倦想休息的时候他就开始闹腾了。又要工作,又要做家务,还要面对充满活力的他,这个实在太难了。他从一出生就那么好动。

治疗师:一边工作一边照顾安东尼就已经让你够受的了,况且他从那么小就开始活泼好动。

家　长:是啊,但是没人站在我这边。我跟大家说过他确实太多动了,他的能量永远用不完,大家一开始就是不相信。我在家带了他2年,等我们把他送进日托幼儿园后,麻烦就开始了,也正是那个时候大家才相信我,并对我说:"这个孩子一定是有什么问题。"他很有艺术天分,当他乖的时候他可以很乖,但是大部分时间里他都不乖。

治疗师:但是你知道只要他想,他就能控制自己的行为,你是这个意思吗?

家　长:他有时候是吧。

治疗师:你不确定他到底能不能,是吗?

家　长:不太确定,你就得不停地去督促他,我的意思是得很严厉地催促他。

治疗师:你是说你必须对他很严厉吗?

家　长:你必须一直跟着他,如影随形,因为你让他做什么,他就是不做。

治疗师:你必须得跟着他,然后看他把这件事给做了。

家　长:差不多吧,有时他也因为不听话而挨打,不过他的嘴巴从不认输。

治疗师:他和你唱反调。

家　长:是的。

治疗师:你多久会打安东尼一次呢?

家　长:这个很难说,因为我总是尽量避免它,就像我说的,只有当他做错事时才会。

治疗师:作为最后一招。

家　长:是的,这不会是每天都发生的事,我也尽量避免它吧,直到我再也无法忍受。

治疗师:哦。

家　长:你知道的,我甚至不用,有时我就是吓吓他说我要打他。

治疗师:然后他就不再那么干吗?

127

家　　长:然后他就开始做他被要求做的事了。

治疗师:听起来他能控制自己的行为,但有时会因为太活跃而不去考虑控制自己
　　　　的行为。

家　　长:是的,就是那样。他的能量太多了,如果我们能把他多余的能量消耗掉,
　　　　我想那一切就会好了(笑)。但是除了药,好像什么都不能让他缓下来。

治疗师:他吃这药多长时间了?

家　　长:现在差不多2年了。

治疗师:儿科医生最近一次调整药的剂量是什么时候?

家　　长:大约1个月以前吧。我们根据他的表现来调整剂量。医生也或多或少地
　　　　参考了我的感觉和意见,如果我看他做得好就减少剂量,一旦他开始上
　　　　课,又开始兴奋,我们就加大剂量。

治疗师:1分钟前,你说药效到晚上睡觉的时候似乎就没有了,那安东尼的就寝时
　　　　间是怎样的?

家　　长:太可怕了!

治疗师:什么意思,太可怕了?

家　　长:睡觉前没有那么差,他经常和我一起睡沙发。我坐在沙发上休息,他就在
　　　　沙发上睡着了,他经常10点前就睡着。接下来,他每天早上4~5点就会
　　　　把我叫醒,可我那时还睡意正浓呢(笑)。

治疗师:对你而言真的太早了,你一定没有休息好。

家　　长:真的太早了,他想和我一起躺在床上,但我却不能休息好。我想好好地休
　　　　息一下,但是又没有足够的空间,最后我只能把他放回到他自己的小床或
　　　　者是沙发上,他就再睡一小会儿。他有时会和我吵上两句,有时候又不
　　　　会。但他确实不需要睡很长时间。他还有尿床的毛病,我们拿他一点办
　　　　法都没有,现在真的越来越麻烦了。他已经6岁了,不应该再尿床了。他
　　　　的医生说可以靠吃药来治疗这个毛病,但是我不想再让他吃药了,他吃得
　　　　已经够多了。

治疗师:对于这件事你确实很沮丧,他不会一直都尿床吧?

家　　长:不会,这件事时断时续。几年前,他晚上会自己起床,自己去上厕所,然后
　　　　自己又回到床上继续睡觉,不会来打扰我。这样持续了一段时间。但他

好久没这样了,大概有半年到一年了。

治疗师:好像时间是挺长的了。

家　长:嗯,是挺长的了。

治疗师:那他现在每天晚上都会尿床吗?

家　长:差不多吧。

治疗师:那应该也会有不尿床的时候吧。

家　长:嗯,但大部分时间他都会尿床。我想大概是因为懒惰吧,他不想起床上厕所。

治疗师:所以你也认为他自己能改掉,只要他想的话。

家　长:是的,他睡着的时候稍稍注意一下就不会尿床。

治疗师:你是否尝试过半夜叫醒他,然后叫他去厕所。

家　长:没有(笑),他早上很早就会吵醒我,我压根就睡不够,所以没有。

治疗师:没有休息好真的很辛苦啊。那他爸爸呢,他被儿子吵醒过吗?

家　长:他父亲一上床,头刚沾到枕头就一觉睡到天亮。就算有炸弹在床下爆炸,他也不会有感觉。

治疗师:什么都叫不醒他,那就只能靠你了。

家　长:这还不是最坏的情况,只有当我和孩子其中一个生病了他的睡眠才会受到影响。安东尼早上4~5点的时间就会在床上蹦蹦跳跳,但他爸爸都没有感觉。至少从目前来看,他爸爸都不上什么忙。

治疗师:所以你认为他爸爸不能提供帮助。

家　长:是的,尤其是他睡得很晚。

治疗师:听起来,照看安东尼的事基本上都是你在做,你也一直在帮他改正他的行为。

家　长:是的,基本上都是。直到1个月前,安东尼他爸爸失业了,没钱雇佣保姆,他才和安东尼相处了两个月。在那两个月,确实由他爸来照顾安东尼,而且事情似乎变得很顺利,虽然他还是很"活跃",但是他们父子俩真的相处得很好。不论是在学校还是在其他方面都没有任何问题。现在,我们又开始雇佣保姆了。我无法让他待在幼儿园里,我尝试了4~5个日托幼儿园,没有一个能管住他的,他实在是太好动了。现在,他有一个一对一的保姆,看起来还不错。

治疗师:有人这么盯着他,那安东尼在学校和家里的表现都有所好转吧?

家　长:大多数的人都对我说,他需要一对一的关注。我曾"威胁"他说我要24小时都和他在一起,不管工作了。他不喜欢这个主意,他不想让我放弃工作。因为我不工作,他就没有玩具了,也就没有零花钱了。

治疗师:听起来你在不计代价的让他控制自己的行为。

家　长:是的,但很难让他完全地自控,他似乎听不懂,我也不知道他是不想还是不能。

治疗师:我听出了你的困惑。一方面,你认为如果他真的努力的话他就可以自控;但是另一方面你又在想,他有时是真的没办法自控。

家　长:我不知道。

治疗师:只是不确定罢了。

家　长:是的。我希望的和现实发生的是两回事,我已经忍受了很长时间。我现在主要担心的问题是他过了上幼儿园的年龄以后怎么办。我们现在更多的是使用药物来控制他的行为,但等他上了全日制的学校以后,那又怎么办? 另一个问题就是,我很担心,在同龄人中,他的个子那么高。

治疗师:所以你知道如果这个问题继续的话,他会碰到真正的问题。

家　长:我觉得我很快就会遇到问题了。

治疗师:你会和他一起面对这些问题,我听到了你的沮丧,对你而言,你经历了太多沮丧,有些不堪重负。

家　长:是的,但是周围的人却看不到我承受的压力。在过去的6个月里,我好几次都觉得自己神经衰弱了。在某种程度上,我觉得我已经是这样了。有些问题需要解决,如果不解决的话,它并不会成为安东尼的问题,而会成为母亲的问题。

治疗师:你身上的压力太大了,你一直尽力让所有事情都一起朝着好的方向发展,而你现在已经有点撑不住了。

家　长:是的,是得做些改变了,但似乎只有我一个人在努力争取,也似乎只有我一个人需要改变。有一次,我想让我丈夫和我一起做这件事,但这很困难。我丈夫已经58岁了,他安于自己的生活方式。而我所要与之奋斗的另一件事就是让他也改变。

治疗师：你让他参与很难，但是你又确实需要帮助，你想解决好所有的事情，但是
　　　　这种想法又会让你不知所措。

家　长：是的，最近他比之前好多了，那都是靠我的一番歇斯底里，一直付出却没
　　　　有回报，这是我不能忍受的。

治疗师：你最终还是把你需要帮助的信息传达给了你的丈夫，但即便如此，你还是
　　　　不得不在这件事情上继续努力。你觉得很绝望。

家　长：是的，确实是那样的，我真的得让别人帮帮我了。

在对游戏疗法进行了说明以及带这位母亲参观了一间游戏室以后，这次会谈彻底结束了。很显然，这位母亲自己也需要治疗，这样她才能更好地解决儿子的问题。

获得法律监护人的授权

在确定进行游戏治疗之前，必须先得到孩子的法律监护人同意。治疗师不应该先入为主地认为安排孩子接受治疗的人就拥有对孩子的监护权。在办公室里和你讨论孩子问题的人可能确实是孩子的母亲，但是她也许已经离婚了，而孩子的父亲才真正拥有对孩子的监护权。在涉及离异父母的情况下，我建议治疗师最好是取得由法院颁发的判决书复印件。只有得到了监护人的批准，并且核实了监护人的法律身份以后，治疗师才能让孩子参与到游戏治疗中。授权的表格需要分开填写，要想发布治疗中的信息或者想对治疗过程录音、录像，都需要单独获得授权。

在与孩子所在学校的员工谈论孩子的情况之前，治疗师也需要先得到家长的同意，这点再怎么强调也不过分。不要在未得到孩子的法律监护人允许的情况下就向孩子的老师或者是其他对孩子生活影响比较大的个人透露孩子信息以及与他们讨论孩子的情况。但是这条准则在很多小学并不适用，在那里咨询师被当做是教育队伍中的一员，他们是可以和老师讨论孩子情况的。

精神科转介

在遇到来访儿童有可能自杀一类的问题时，有必要让儿童接受精神科的鉴

定。如果儿童需要在精神科接受住院治疗的话,那么治疗师得有个心理准备,即很多精神科都没有专门为小孩定做的设备。治疗师可以挨个拜访一下周围的精神病院,并向医院的员工询问一下有关医院情况:他们在治疗小孩子方面有没有受过训练?医生们有没有什么相关的执照或者医学认证?对10岁以下的小孩采用怎样的治疗手段?他们是否能理解并照顾好小孩?医院员工是否和蔼可亲?医院里有游戏室吗?如果有,去看看。你不能期望任何地方都有一批高素质的员工,毕竟这里是精神病医院。为了能给家长推荐合适的地方,这些信息治疗师必须知道。

向家长解释游戏疗法

在大多数情况下,为了把孩子带入游戏治疗中,治疗师必须与家长合作。因此,帮助家长了解游戏疗法到底是什么就成为了治疗师工作的一个重点。当家长刚接触游戏疗法时有可能会认为它很滑稽,并对于为什么非得在游戏室里玩游戏而感到奇怪。如果家长不知道游戏疗法是怎么进行的,他们就不会相信这个治疗过程,也不会对治疗师抱有太大的信心。一旦他们产生了这种消极的态度,那么对孩子的治疗效果就可能受到影响。"我花了这么多的钱就是为了让你到这里玩,结果呢,你还是给我尿床?"这样的说法会让小孩产生负罪感,然后会破坏儿童与治疗师的关系。下面给出的关于游戏疗法的解释可以当做一个模版,治疗师根据自己的特点稍加修改之后,就可以直接拿来使用。

我知道你很担心丽莎,她似乎在家庭、学校、你们的离异和其他小孩交往的问题上有一些困难。在成长过程中,大多数的孩子会在某段时间内难以适应周围环境的变化。在某个特定问题上,有些小孩会比其他小孩更需要帮助,而在其他问题上却又不需要那么多的帮助。孩子们不喜欢坐在大椅子上,一本正经地谈论困扰他们的问题,他们不知道如何用语言来形容自己内心的感受,也不知道怎么说出自己的想法。但是,他们总可以通过某种形式来表达自己的感受。

在游戏疗法中,我们会提供给孩子各种各样的玩具,这个稍后我们可以看到,孩子们可以用这些玩具来说出那些他们很难用语言表达出来的东西。当孩子们可以用玩具把自己想要表达的东西演绎给某个能理解他们的人时,他们感觉就会好很多,因为他们的情绪得到了释放。你可能也经历过相同的事情,当你很担心一些事的时候,你会感到无措,但当你把自己的担心告诉给了真正关心和了解你的人的时候,你的感觉会好得多,同时你也能把问题解决得更好。对于孩子而言,游戏疗法就是这样的,他们可以用玩具娃娃、木偶、颜料或者是其他玩具来述说他们所想的和他们所感受到的东西。因此,孩子们游戏的方法以及他们在游戏室里的表现是非常重要的,就像你在这里和我的交谈一样。在游戏疗法中,孩子能学会怎样用建设性的方法来表达他们的想法和感受,怎样控制自己的行为,怎样决策以及怎样承担责任。

在经过一段时间的游戏治疗以后,如果你要问丽莎她到底做了些什么,她可能只会回答说:"玩"。就像如果别人问你,你今天干过什么,你可能也只会回答说:"我们只是谈话而已"。孩子有时候不会觉察到此刻已经发生的重要事情。有时与一个比家长或老师更加客观和包容的人在一起,可以让孩子更好地抒发自己的情感,尤其是当他们感觉到害怕或愤怒的时候。因此,你最好不要追问丽莎她做过什么,发生了什么,玩得开不开心。

孩子们在游戏室里的时间是一段私密的时间,不要让她觉得她必须得向谁汇报,就算是她的父母也一样。和成人的心理咨询相一致,与儿童进行的游戏治疗过程也是保密的。我会尊重丽莎,就像把你当做成人来尊重一样。因此我会很高兴与你一起分享我的感受,同时也乐于向你提供一些建议,但是我不会向你透露丽莎在游戏室里的种种情况。如果你到我这里来咨询,告诉我你所担心的事情,我当然也不会把你的秘密告诉给你的配偶或者上司。毕竟,我们在一起的时间是一段很私密的时间。当丽莎和我一起走出游戏室的时候,你最好别问"事情进展如何"或"你玩得开不开心",只要说"亲爱的,我们可以回家了"就行。

有时,丽莎会带一幅画作回家,如果你赞扬了这幅画,那么她也许会觉得应该为你也做一幅画。如果你能对画上的东西发表一番评论,那就最好了,比如说"你用了很多色彩呢,有蓝色、绿色,在画的下面还有好多的棕色呢。"颜料有时会弄脏衣服,而游戏室的地板上也可能沾了很多沙子,所以我建议你让丽莎穿上旧衣服,那样你就不用担心衣服会被弄脏。如果脏了,你也不要责怪她,那些污点是可以洗掉的,有些孩子就喜欢把自己弄得脏脏的。

我知道你在想该怎么劝说丽莎到我这里来,你可以告诉她:"你以后每周都会和兰德雷斯先生一起待在他那特别的游戏室里，那里有好多好多玩具可以玩。"如果丽莎想知道为什么她要去游戏室，你可以这样告诉她："你在家好像不太开心，有时只要你在特殊的时间里和特殊的人待在一起你就会高兴起来了。"

作为初始访谈的一部分，你可以邀请家长去看看你所说的游戏室，打开你办公室里陈列柜的门，让家长看看孩子在游戏室里将要玩的玩具，这些都会让家长更好地了解到游戏疗法。不要匆忙地完成这个环节，鼓励家长多问些问题，借助这个好机会你能更深入地与家长探讨游戏的目的和意义。

让家长们准备好分离

当孩子不想进入游戏室时，家长们时常会用一些让治疗师略感尴尬的方式来让孩子听话，有时甚至可能会用一些不恰当的言论来让自己的孩子与治疗师一起离开等候室。有家长会说："你再不和这个叔叔（阿姨）走的话，他（她）就会觉得你是个丑小孩。"这样的说法会让孩子不愿去与治疗师建立关系。一个受到强迫的孩子在那时只会用他知道的唯一方法来表达自己的意愿，那就是不合作。孩子会一边抗拒一边说："我不想进游戏室"，这并不表示这个孩子不乖或者具有其他不好的特征，只是说明了孩子不想离开父母，或者不想去游戏室，或者是其他一些大人当时不能理解的原因。当家长知道对孩子第一次进入游戏室应该抱有怎样的期望，而且家长本身也被告知了应该怎样回应时，分离的过程对于家长和孩子而言就都会变得简单一些了，这时咨询师也可以松口气了。在准备充分的情况下，家长能够更好地帮助孩子摆脱依赖性。治疗师也许会发现下面的解释对家长很有用。

当孩子们第一次到这里的时候，他们有时会不愿意跟随我进入游戏室，毕竟对他们而言这里是一个陌生的地方，而他们也从来没有见过我。不过，大多数的孩子还是盼望着能去看看游戏室。当我走进等候室并向罗伯特作自我介绍时，我会说："我们现在可以一起进入游戏室了。"你如果说"去吧，罗伯特，我会在这等你，玩完游戏之后到这里来找我"的话，那就很好了（家长不应该对孩子回答说"再见"，这样会让孩子以为自己会离开很长一段时间，甚至是永远都回不来了，这时候要考虑到孩子的想法）。如果罗伯特不愿意跟我走，那我可能会邀请你和我们一起走到游戏室附近，当我们走到游戏室的门口时，我会让你知道你是否应该和我们一起进入游戏室。如果我邀请你进来，那你就进来好了，可以坐下看着孩子们游戏。如果罗伯特想把玩具给你看或者想和你互动，我会告诉你该怎么做。

治疗师应该事先告诉家长，孩子们有可能会因为在游戏室里玩得不够开心而大喊大叫，甚至乱扔东西；或者他们会因为想要离开游戏室而哭泣；哭闹并不代表什么，这些都是正常的。

通常当治疗师一踏进等候室的大门，父母们就急着想告诉治疗师有关自己孩子的事情。此时，治疗师应该告诉家长们他需要自己好好地观察。因此，对于家长而言，最好的方法是先预定见面时间，然后到下次见面时再说孩子的问题。

如果对孩子的生理机能有所疑虑的话，我建议家长们可以去咨询一下儿科医生，例如当孩子出现尿床的表现时，去看儿科大夫会是一个不错的选择。

游戏治疗中的伦理与法律争论

由于游戏治疗师已经接受过法律顾问、心理或社会工作等心理健康领域内的具体培训，因此可假设他们已经接受了与其所在国家执业资格管理委员会及其所属专业机构指定研究领域有关的一般伦理及法律争论的全面培训，并拥有这方面的应用知识。不过，特别关注一下与儿童合作方面的伦理与法律争论似乎也很重要，因为儿童是被抚养人。本章旨在引起人们注意在游戏治疗中与儿童合作的独特设置的相关基本指导，带有提醒的意味，而并非要对伦理与法律问题进行详尽地审查。

建议游戏治疗师遵守专业机构的伦理指导和实务标准，机构要求治疗师们采取合适的预防措施，如获得知情同意，专业咨询及提供监督，保证客户受到保护，并且治疗师在其职业范围内执业。关于未成年人的治疗，国家法律各有不同，建议游戏治疗师熟悉其执业国家的相关法律。

法律与伦理的考虑要求家长应参与心理健康专业人员与儿童之间的合作。斯威尼（Sweeney，2001）表明：

与儿童合作时，要记住，虽然儿童才是治疗的重点，但从法律和伦理的角度，基本上法定监护人才是客户。这只是因为国家的事实推定,即未成年人在法律上无行为能力,意味着不认为儿童具有法定资格同意(或拒绝)服务,或有权获得、保留信息保密特权,而这些权力的持有人则是法定监护人,大多数情况下是父母。这偶尔会造成咨询儿童的法律和伦理面貌因所有相关人员而模糊不清。(第65页)

汤普森和鲁道夫(Thompson & Rudolph,2000)表明,服务于"指导角色"的未成年人权利和父母权利会造成权利的混合。虽然成年人一致同意儿童的价值和尊严,在法律上必须承认,未成年人的权利少于成年人,因为认定未成年人的经验和认知能力均不足以做出决策"(第52页)。必须告知家长游戏治疗的目的和过程,并保证适合的知情同意。获得知情同意对于游戏治疗师而言是一个复杂的问题。根据斯威尼(Sweeney,2001):

为满足知情同意这一基本法律与伦理原则,必须以自愿、拥有知识和行为能力的身份给予客户同意。而由于儿童未成年人的身份,并不认为他们是自愿、拥有知识和行为能力的客户。游戏治疗师选择使用游戏作为与儿童沟通的方式,是因为儿童缺乏与成年客户相同的发展能力来进行治疗。知情同意这一概念深奥而抽象,就其本身而言,与使用游戏治疗的基本原理是相反的。一般情况下,法律认为儿童不能同意游戏治疗,此决策必须由代理人做出,多数情况下,代理人是父母或法定监护人。(第68页)

在安排游戏治疗前,必须取得儿童法定监护人的允许。强烈建议治疗师不要假设为孩子安排游戏治疗的家长一定拥有这个孩子的监护权。在办公室里讨论孩子的大人也许确实是孩子的妈妈,但她也许已离婚,而父亲拥有全部监护权。在离婚父母的案例中,建议治疗师取得有关儿童问题的最新指定法院命令的复印件。取得离婚判决书也许不能得到最新信息。除取得文件复印件外,作为预防措施,游戏治疗师还应要求提供最新法院命令。治疗师必须向合法适当的监护人征得知情同意,允许孩子参与游戏治疗,并验证家长一家是法定监护人。需要一张单独的表格,允许披露信息,并制作各治疗单元的音像资料。

在与学校教职人员,某代理机构等探讨孩子病例前,必须取得家长同意。不过也不要过分强调这一点。在没有获得法定监护人的同意前,绝对不要披露信息或与老师等在孩子生命中除法定监护人外的其他重要个人讨论孩子。这条规则并不适用于许多小学生,此时,辅导老师被看作教育团队的一部分,并建议与老师进行探讨。

参考文献

Bratton, S. , Landreth, G. , Kellam, T, & Blackard, S. (2006). Child parent relationship therapy (CPRT) treatment manual:A lO - session filial therapy model for training parents (includes CD - ROM). New York:Routledge.

Cooper, S. , & Wanerman, L. (1977). Children in treatment:A primer for beginning psychotherapists. New York:Brunner/Mazel.

Landreth, G. , & Bratton, S. (2006). Child parent relationship therapy (CPRT):A 1 O - session filial therapy model. New York:Routledge.

Shepherd, M. , Oppenheim, A. , & Mitchell, S. (1966). Childhood behavior disorders and the child-guidance clinic. Journal of Child Psychology and Psychiatry, 7, 39-52.

Sweeney, D. (2001). Legal and ethical issues in play therapy. In G. Landreth (Ed.), Innovations in play therapy:Issues, process, and special populations(pp. 65 - 81). Philadelphia:Brunner-Routledge.

Thompson, C. , & Rudolph, L. (2000). Counseling children (Sth ed.). Pacific Grove, CA:Brooks/Cole.

关系的开始：儿童时刻

谁会想到世界上还会有这样好的地方？

——参与游戏治疗的儿童

儿童时刻？是的，就如它的字面意思一样，它是一个特有的时段，代表了一种特有的关系，其间儿童可以自己引导自己，自己决定时间怎么利用，没有人会去干预他们。在这个专属于儿童的特殊时间里，他们可以按照自己的愿望和选择行事。儿童遵循自己的节奏，慢慢活动，没有谁会让他们"快点"；他们可以不高兴，可以发脾气，没有人会强迫让他们"高兴起来"；孩子们可以什么都不做，什么都不完成，没有人会说"动起来，找点事情做做"；他们可以大声叫嚷、吵闹、互相乱扔东西，没有人会说"安静一点"；他们可以不停地发出咯咯的笑声，没有人会说"正经一点"；他们可以像婴儿一样吮吸着奶瓶，没有人会说"你已经长大了"；他们也可以用胶水、剪刀和糨糊来制造一艘太空船，没有人会说"你还小，做不了这个"……在这个特别的，少有的，以及不同寻常的时间、地点和关系里，孩子们可以被完全地接纳，他们可以完全地体验和表达自己。这就是儿童时刻。

治疗师认为，成长是一个缓慢的过程，人们无法试图去推动它、改变它。儿童时刻是孩子们可以放松的时间，是孩子们可以自由成长而不受强迫的地方，是属于孩子们的特别社会。站在游戏室的中央，5 岁的拉斐尔嗅到了这个时刻的特殊"味道"，他用这样一句话来总结他的感受："真希望我能住在这里"。他的话抓住了这个专为孩子们而存在的特殊时间、特殊地点和特殊关系的本质。

治疗关系的目标

以儿童为中心的治疗师,不会试图去让孩子们完成一系列任务,并把这个当做目标;他只会关心那些与促进孩子治疗关系发展密切相关的目标,就像以下几条一样(译者:以下几个要素在为孩子建立安全环境时非常重要):

1. **为孩子建立一个安全的环境。**游戏治疗师本人并不能给孩子提供安全感;孩子会在治疗关系的发展过程中找到安全感;儿童不能在一个没有任何限制的关系中感到安全;治疗师始终如一的"坚持",可以提高儿童的安全感。

2. **理解和接受孩子的世界。**可以用这样的方法来接受孩子的世界:热心和真诚地关注孩子,对他们在游戏室里所做的一切事情都充满兴趣;接受的同时,也要对孩子漫长的探索过程保持耐心;对孩子做到真正的理解,放弃作为成年人所感受到的现实,从孩子的角度看待问题。

3. **鼓励孩子表达他们的情感世界。**游戏虽然很重要,但是相对于通过游戏所表达出的情感来说,它就位居其次了;不过在游戏疗法中,对孩子情感的评估不是那么重要;无论孩子感觉怎么样,都可以被无条件地接受。

4. **建立自由随意的氛围。**这不是一种可以完全随心所欲的关系;然而,游戏疗法很重要的一点就是,在这个环境下孩子们会觉得可以获得自由;允许孩子们做选择,给他们一种自由随意的感觉。

5. **促使孩子自己做决定。**提出这个目标,主要是为了防止使治疗师变成孩子的"解答机";当遇到"选择什么玩具""怎样玩""用什么颜色""结果会怎样"等问题时,孩子们就获得了做决定的机会;这同时也能提升孩子们的自我责任感。

6. **给孩子提供承担责任和增强控制感的机会。**周围的现实环境不是人们总能控制的;但游戏中很重要的一点是,孩子们能感觉到获得了控制感;同时,孩子要为自己在活动室里所做的事情负责,如果游戏治疗师做了孩子自己可以做的事情,那么孩子就失去了体会什么是责任的机会;控制感是帮助孩子形成积极的自我评价的重要因素。一份对2 800名城区学校学生所做的调查表明,孩子学业成绩的好坏可以反映他们对周围环境的控制

感。（Segal & Yahraes，1979）

与孩子接触

一般情况下，家长都会在孩子还没有开始进行游戏治疗时，认为孩子需要改变。于是，第一次来到游戏治疗课程的孩子会有这样的预期，即治疗师也想要自己改变。最终，当人们从孩子的角度去看待这个问题时，就可以理解孩子最初可能出现的抵抗、生气、退缩是因为他们觉得要保护和捍卫自己。不论这种感觉是怎样的，它确实是孩子在那个时刻的真实感受，并且对于那种不和谐的关系，孩子以前也确实经历过。治疗师不应该认为这种最初的反应是不需要关注的，但也不要把它当做是"孩子来接受治疗的真正原因"，而忽视了真正的问题。这就是孩子，无论孩子的感受是怎么样的，治疗师都要把这看做是此时此地眼前这个小孩子的自我宣言，并接受它。

在与治疗师建立关系时，孩子们通常会以玩具为媒介。

当我与孩子一见面时我们的情感接触就开始了。此时我的心中也会充满疑问："我和这个孩子会在这里创造些什么？这是个什么样的小孩？他想要什么？

他现在有什么感觉？他对我是什么感觉？他需要从我这里得到什么？"总之，这时在我头脑里的想法就是："我不想以其他大人的方式来和这个孩子交流。"事实上，这不仅仅是个想法，而是我想要表现出的真诚愿望。我不想立马就站到孩子身前，不想太快地接近他，也不想离他太近，毕竟这个孩子以前从没见过我。"我想知道对这个孩子来说，我怎么样？他从我脸上看到了什么？他从我的声音里听到了什么？我对孩子的喜爱和温暖在我脸上显现出来了吗？我的声音听起来温和吗？此刻我想让自己变小，从而使自己能更多地进入这个孩子的世界。他会知道自己很重要吗？这从我的眼神里流露出来了吗？我对他内心感受的关注能被他感觉到吗？我的话语传达出了这种在意吗？"在大多数关系中，尤其是在那些新建立的关系中，孩子们总是暗自在想：

我是安全的吗？ 我不认识你，和你在一起我会安全吗？这是个安全的地方吗？我在这里会发生什么事？你们要对我做什么？

我能应付吗？ 要是我达不到你们的要求怎么办？如果我不知道你们所提问题的答案该怎么办？如果你不告诉我你想要什么，我该怎么做？要是我做出了错误的选择该怎么办？

我会被接受吗？ 你们会喜欢我吗？你们会喜欢我做的事情吗？怎样做才能保证你们喜欢我呢？

经验之谈

对孩子的世界保持敏感性。

治疗关系建立的好坏，一方面是由孩子在治疗师身上看到的和感觉到的东西决定，同时它也取决于治疗师在适当的时刻是否能对孩子的感受做出敏感性的回应。与孩子接触意味着治疗师要用温柔、和蔼和宽厚来回应孩子的自我表露。通过接受孩子的态度、感受和想法，治疗师才能进入到孩子的世界。一旦用这样的方式和孩子进行了接触，一种真诚的关系就开始发展了。按照姆斯塔卡的说法，要想与孩子建立良好的关系，在与孩子接触时，"你必须怀着火热与勇敢的心不断向深处挖掘，循着孩子的轨迹紧随其后，此外别无他法。"（Moustaks,1981:11）

要保持敏感性,这就意味着你要明白,只有当家长想要达到某些目的时才会把孩子带到一些特殊的地方,在那里总是有些人会对孩子做些什么,比如看大夫,看牙医,参加入学测验,等等。孩子们预测游戏治疗师也同样会对他们做些什么,这自然是可以理解的。"孩子对这里的环境有什么样的感觉?这里看起来跟医院一样吗?走廊会显得很单调吗?墙上的画是孩子喜欢的类型吗?孩子们能看见那些画吗?能看出来等候室的样子是为孩子们设计的吗?"治疗师们要从孩子的角度看待自己和周围的环境。

等候室里的初次见面

当治疗师与孩子在等候室里第一次交流时,治疗关系的开展阶段就正式启动了。治疗师满怀热切之心来到等候室,期待着这段新关系的开始。但是通常在这个时候,他首先会被一名焦急的孩子家长拦住。家长正准备告诉治疗师她对孩子行为的担忧。父母认为自己掌握着关于孩子的重要信息,治疗师应该知道他们的想法,他们会尽可能详尽地把问题一一道来,以便能让治疗师更清楚地了解问题的实质。治疗师好不容易才让家长停下来并和她打了个招呼,但紧接着她又开始滔滔不绝起来。对治疗师来说,这不是一个积极聆听、耐心等待父母倾诉的合适时机。当治疗师站在那里不停和父母说话时,他所传达的信息就是他把父母看得比孩子更重要。这会影响与孩子关系的建立。孩子很可能已经感觉到了自己的无意义和被无视,因为他已经历过很多这样的情景——父母在和第三方谈论自己,而自己就好像根本不在场一样。

或许治疗师应该想想作为一个"附属品"的感受,仅仅是附着在别的东西上,没有其他实际作用,只是一会儿被大人拉到这里,一会儿又被带到那里。这一定是孩子们对自己的感受:不重要和不被注意——当然,除非他们给大人带来一些麻烦,这样他们就得到了更多的关注。是啊,不好的关注总比没有关注要强。当然,治疗师不能让孩子保持这样的观念。因此,治疗师要礼貌地告诉家长,这个时间不适合谈论那些问题,因为那些问题很重要,所以以后会专门安排时间来讨论它们。接下来,治疗师应该马上蹲下来和孩子问候。进入等候室,先给家长一个简短而和善的问候,然后马上蹲下来,看着孩子的眼睛,给他一个温暖的微笑,介绍一下自己,不给家长开始谈话的机会,治疗师会发现这一套很有用。在这个时刻,孩子是整个房间里最重要的人,治疗师要在这个地方与这个重要的"小不点"建立良好的关系,并且让他知道自己很重要。所以,治疗师是不会在孩子面前评论他们的。

经过简短的介绍之后,治疗师可以这样说:"我们现在可以去游戏室了,你妈妈会在这里等你,所以,待会儿我们从游戏室里出来的时候,你会在这里看到她。"然后治疗师应该站起来,用眼神传达出与所说内容一致的信息。治疗师不应该说"你想去游戏室吗?"因为对于那些有所疑虑和顾忌的孩子来说,这无非是自找麻烦。如果孩子确实不希望去游戏室,那也最好能先把他带进游戏室再和他好好商量,因为这里正是孩子阐述自己想法的地方,利用精挑细选的游戏材料,孩子可以自由地表达自己的愿望。而如果在游戏室外,家长和其他观察者在场会干扰孩子的反应。记得告诉孩子,他的父母会待在等候室里,一直等到他从游戏室里出来,以此消除他的疑虑。这是因为,他此刻所跟随的是一个完全陌生的人,要去一个从没去过的地方,在他看来,这一去有可能就不复返了。

对于不愿意去游戏室的孩子,治疗师应该这样回应:"你需要更多的时间才能决定让自己走到游戏室。我先回我的办公室了。在你去游戏室之前你可以自己选择,是再等 1 分钟就过去还是等上 3 分钟再过去,你选哪一个?"选择促进了合作,因为孩子感觉到了自己手握控制权。

如果过了选择时间孩子还不愿意过去,治疗师就可以对孩子家长说:"罗伯特妈妈,你可以先跟我们一起穿过大厅,走到游戏室门口,这样罗伯特就能确信你知道游戏室在哪里了。"然后罗伯特可以自己决定,是挨着妈妈身边走过去,还是牵着她的手走过去。这通常就能让孩子走向游戏室了,因为他不希望自己的妈妈去到了游戏室,而自己还一个人留在等候室里。在多数情况下,孩子们不需要家长陪伴,自己就能进入游戏室。如果孩子不愿意,那治疗师也可以让家长和他一起进去。告诉家长,一旦进入了游戏室,她只能坐在旁边观看。为了使治疗能够深入,同时也为了让孩子感到轻松,治疗师可以在适当的时机暗示家长离开游戏室,而此时家长就应该悄悄地离开了。

治疗师可以自己斟酌决定是否让家长进入游戏室。需要考虑的是,一旦家长与孩子一起进入了游戏室,要想将孩子和家长分开就会更难,因为孩子已经明白,只要不合作就可以让父母留在自己身边。通常,家长在游戏室里待的时间越长,不管是对孩子还是家长来说,分开就越困难。治疗师需要认识到,分离过程对于家长来说更为困难,当孩子觉察到家长不愿意分离的想法时,这种情感就会迅速感染孩子,使得他们也不愿分开。如果是这样,那最好还是在游戏室的门口就让家长与孩子分开。另一个需要考虑的因素是治疗师自己的感受。让家长陪同进入游戏室会省去治疗师很多劝说孩子的力气。但是,只要家长在游戏室里,孩子就感受不到绝对的安全,他们也就不能放开手脚去进行探索。

经验之谈

让孩子在能力范围内对自己负起责任。

让一个4岁的孩子自己决定是否要参加治疗,这显然是不太现实,这如同家长不会让一个扁桃体严重肿胀的孩子自己决定是否需要吃药一样。一个4岁大的孩子还不够成熟,他还不能承担这样的责任,这也如同任何一个家长也不会把责任下放给一个断了腿的8岁孩子,让他自己选择要不要被送去医院。家长也不允许一个10岁大的想要自杀的孩子自己决定是否接受游戏治疗。但是,只要是在游戏室里,孩子们就可以自由地决定"是否要加入到这种新鲜的体验中来","是否要利用这个机会改变自己"。治疗师为孩子们提供改变的机会,但不会强迫他们改变,这里的一切全由孩子自己决定。孩子应该自己选择,自己决定,他们可以对自己负起责任,但是这个责任必须得和他们的能力相对应。

孩子可以选择哪一天来,是去游戏室还是办公室,但是最终必须得有一个确定的选择。孩子良好的情绪与身体健康和受到良好的教育一样重要。这需要极大的耐心。做决定是家长的事情,同时也是孩子的事情。家长常常把治疗室当做最后的求助地,所以当孩子不愿意进入游戏室的时候,他们很可能会强行将孩子拖进去。因此家长会向治疗师建议,在不得已的时候可以将那些不配合的孩子拖进游戏室。对于这种行为我感到非常不舒服,治疗师还是应当避免和孩子身体上的冲突。虽然我从来没有使用过那些极端的手段,但是我也还是让孩子们都高高兴兴地自己进入了游戏室,哪怕在这之前要花费了二三十分钟时间来劝说他们。

构建游戏室里的治疗关系

在孩子与治疗师都进入游戏室以后,治疗师开始向孩子介绍游戏室,此时,关系的构建就开始了。在这个时刻,治疗师要尽量少用语言来交谈。我们不需要说服孩子,让他相信他会在这里度过很美好的时光。对于一直被来自于批评与责骂的恐惧感所笼罩的孩子来说,过多地向他解释游戏治疗的价值是没有用的。只有等到亲身经历以后,他才会明白和体会这种治疗关系的价值。治疗师对于这种关系解释得越多,给它加上的限制也就越多,反而会阻碍孩子接下来的自我探索和表达。游戏室的作用是不能被语言替代的,除非是孩子做出了危险的探索行为。

在向孩子传达与自由、自我引导以及治疗关系中的限制条件有关的概念时,治疗师要注意对词语的挑选。治疗师可能会这样说,"梅利莎,这是我们的游戏室,你可以用你喜欢的所有方式来玩这些玩具。"事实上,这句话还是带有些许的指导性和限制性,因为话语所隐含的期待是要孩子在这里玩,而实际上,孩子是完全自由的,她可以选择不玩。然而,如果不进一步作出解释的话,我们会很难表达出她也可以选择不玩的意思。其实,只要向孩子传达出他要为自己的选择负责就可以了,那样表达的方式就可以很多样了。"你可以用很多种方法"这句话可以表达出自由是有边界的,因为它的潜台词是"你的行为还是受到一定限制的"。这是个关键的语句。要避免说"你想怎么样都行"这样的话,因为这里不是一个享有绝对自由的地方。缺乏经验的治疗师常常这样向孩子介绍游戏室"这是我们的游戏室,你想怎样玩这里的玩具都可以",结果,等治疗师差点被镖枪击中或者是孩子把飞机砸向了单向镜时,他才后悔刚才说了那些话。治疗师在构建治疗关系阶段,说话前一定要考虑清楚。

因为这是孩子的时间,所以治疗师可以坐下来,在孩子有进一步的交流时再去和孩子交流。如果站着,治疗师会给孩子一种高高在上的感觉,显得好像他要对孩子发号施令或是他要开始做一件别的事情,这会使孩子停下来观望。而相反,如果治疗师不停地跟在孩子身后绕着屋子转,又会让孩子过分地以自我为中心。有些治疗师会坐在地板上,尝试创造一个轻松的氛围并等待与孩子进行友好的交流。当孩子看到治疗师坐在地板上时,他们就会把治疗师的意图理解为:治疗师也想被邀请来一起玩。如果是这样的话,那就算孩子之前从没想过要和治疗师一起玩,此刻他们也会自然而然地去邀请治疗师了。如果治疗师不坐在地板上,孩子永远都不会去邀请他一起进行游戏。地板是孩子的领土,治疗师要充分予以尊重。只有在孩子允许时治疗师才能加入到孩子的游戏中去。治疗师的椅子是游戏室里唯一中立的地方。

治疗师可以允许孩子和自己保持一定的距离,这会让他们感到舒服。卡拉喜欢坐在游戏室的中间,背对着治疗师玩农场游戏,这有她自己的原因,而治疗师需要做的就是尊重这个原因。当孩子觉得她可以靠近治疗师了或者是在她需要靠近治疗师时,她会自己走到治疗师的身旁。如果治疗师已经能考虑到治疗关系中的这些方面了,那他就真正做到了"以儿童为中心"。孩子的一些细小行为会传达出一条微妙但强有力的信息——治疗关系在发生改变。

在游戏室里治疗师可以跟随孩子活动,但是身体上不要太过接近,虽然在后面的阶段,当孩子要求治疗师靠近时这样是可以的,但此刻这样做还为时尚早。治疗师不离开自己的座椅也可以表现得很积极。比如,当孩子走开的时候,治疗师可以改变身体的姿势,坐到椅子前缘,身体前倾,双臂交叉,这样离孩子的距离就更近了。这可以降低治疗师头的高度,看起来就好像治疗师很想融入这个游戏。这种姿势表达了治疗师的兴趣和投入。当孩子从游戏室的一端跑到另一端时,治疗师的整个身体也跟着一起左右摆动,这就表达了治疗师对孩子持续的关注。

经验之谈

治疗师的脚尖要跟着鼻尖动。

在对一些游戏治疗师进行督导时,我经常见到有治疗师把脖子转到90度去观看孩子的游戏,而身体却仍然离得远远的纹丝不动。显然,他们并没有投入到与孩子的交流中去。当治疗师整个身体都面向孩子时,他的脚尖一定是朝向孩子的,而在这种时候,孩子也能感觉到治疗师的存在。

当一心想着孩子,注意力完全被孩子和他们的活动吸引时,治疗师的思想就会紧跟着孩子的身体,在房间里跳动。治疗师会试着去体验孩子的兴奋,感觉他们的投入,惊叹于他们的奇思妙想,猜想他们游戏中的含义,并感受那一刻孩子与自己所营造的氛围,同时,还会通过面部表情、说话语气和态度来传达出"想与孩子在一起"的感受。这说明,即使治疗师没有一直跟在孩子身后跑来跑去,也是可以投入到孩子的游戏中,并成为其中的一部分。相反,如果只是程序性地在孩子身边跟随,而没有把心思放在孩子的游戏上,不管跟随多长时间,治疗师与孩子的关系都不会得到太大改善。

在孩子和治疗师都互相熟识并信任以后,治疗师可能会觉得把椅子搬到房间的另外一个地方会更便于观察孩子的活动。由于这是在满足治疗师的需要而并非孩子的需要,所以最好先告知孩子自己要干什么,以免打断孩子的活动。治疗师可以这样说:"卡洛斯,我将要把我的椅子移到沙盘那边(一边说一边准备移动椅子),这样我就能离你近一点。"而如果说"这样我就能看清你在做什么"的话,听起来就会像家长要检查作业一样,这就背离了治疗师的本意。即使是再微小的用词差异也会对关系产生很大的影响。

有些治疗师为了安抚孩子的情绪就对他们说"你做什么都行",但真正到了游戏过程中又完全不顾孩子的感受。他们以为这样就能与孩子和谐相处,殊不知只会使关系变得更糟。7岁的克拉里切坐在椅子上抱怨:"这里根本就没有什么好东西,我不想待在这里了。"治疗师说道:"克拉里切,宝贝,其他小孩真的都能在这里玩得很开心。看看这里的娃娃。或许你想和它们玩一会。"治疗师现在感觉自然好多了,因为他刚提出了一条建议,但是孩子的感觉却更糟了,因为她觉得自己的感受被忽视了。一个乐于接纳的治疗师不会强迫一个孩子去玩或者是说话。这些东西都是孩子自己可以决定的。所谓充分的自由,是指孩子可以选择去玩,也可以选择不玩。强迫孩子去说话或者去玩就忽略了孩子的感受,也剥夺了孩子自己做决定的机会。因此,乐于接纳的治疗师是不会用试探性的提问去让孩子开口说话的。孩子有权利决定自己是否发起一次谈话,或者开始一次游戏。

乐于接纳的治疗师相信,每一分感受的出现都是有其依据的,因此他们会接纳所有的感受。别想让孩子认为他们所感受到的东西是不应该存在的。有些治疗师为了打消孩子的疑虑,或者是想让孩子"感觉好一点",就随便否定孩子的某些感受,其实他们没有意识到,他们这样做只是受到了自己某种内在需求的驱使,而完全不是在为孩子们考虑。安迪在玩具小屋里制作了一个非常逼真的场景,里面有玩具小孩和玩具妈妈:小孩一个人在屋子里玩,妈妈进屋后就开始不停地用针扎小孩,小孩只能战战兢兢地到处躲藏,并表现出了强烈的恐惧。在下一个场景中,妈妈来到小孩的卧室里,把正在熟睡的孩子拖出了玩具小屋,然后扔进了湖里(沙盘)。在演示过程中,安迪还用语言表达了自己的恐惧:"妈妈会抓到我。她真的要对我干坏事。"通过之前的交流,治疗师知道安迪的妈妈对他很好,于是就回答道,"安迪,你知道你妈妈很爱你,她永远也不会做伤害你的事情。"虽然这位治疗师可能有大量的证据支持这个结论,但是他并不能完全保证别人不会对安迪做出这样的事情。我们不能代替别人说话,因为我们甚至都不知道在别人的家里会发生什么。在满足治疗师想要消除孩子疑虑的需求时,他忽视了安迪的感受,所以孩子感到自己没有被人理解。此时的满足会使治疗师感觉好些了,但是这种满足难道不是以孩子的痛苦作为代价换来的吗?

对抵触、焦虑孩子的回应

孩子可以选择让自己做什么。但是如果孩子感到很焦虑,只是站在游戏室的中央,一句话也不说,那又该怎么办呢? 在这种时候,治疗师可能会犯一个治疗错误:因为孩子不说话也不玩耍,治疗师会以为不需要作出任何回应。而事实上,孩子每时每刻都在传达着信息,因此治疗师需要不停地进行反馈。4 岁的安吉拉在第一次接受治疗时始终保持沉默,显然她很紧张。虽然治疗师已经向她介绍了游戏室,但她还是不知道自己该做什么,也不知道别人想要她做什么。

安吉拉:(站在治疗师的正前方,双手扭在一起,看着治疗师,然后又看了一眼架子上的玩具。)

治疗师:我看见你正在看那边的玩具(停顿)。

安吉拉:(看着单向镜,从镜子上看见了自己的镜像,然后咧开嘴笑了。)

治疗师:你看见了镜子里的自己。(停顿)我想有些时候,可能……小孩子一开始都不知道自己该干什么(停顿,安吉拉又看了一眼玩具),但是在这里,你想玩哪个玩具都可以。

安吉拉:(开始抠手指上磨损的指甲。)

治疗师:嗯……好像有什么东西在那儿(停顿,指着安吉拉的指甲)嗯,你好像正在尝试把什么东西从你指甲上剔下来。

安吉拉：肉刺。我之前把另外一个弄了下来……

治疗师：哦，你已经弄下一个啦。

安吉拉：在学校里。

治疗师：你在学校里做的。嗯，所以你现在开始弄这一个。

治疗师对安吉拉的沉默进行了回应，这使孩子得到了放松。治疗师用语言表达了对孩子的关注，最终促使安吉拉也加入到了语言的交流中。不过就算治疗师没有用语言进行反馈，那也没有关系，因为安吉拉已经用她的眼睛、脸和手传达出了很多信息。但通常，当孩子在游戏室里因为紧张和害怕而不敢说话时，治疗师自己不能也保持沉默，那只会加重孩子的恐惧感，让他感到不知所措。一名游戏治疗师对这种经历有着切身的体会："我发现，只要我稍微一陷入沉默，脸上表情稍微一改变，姿势一变换，就会吓得孩子不敢说话。但如果我用接纳、宽容的态度去接近孩子，这又会让他们迅速放松下来。所以，我必须要注意我自己的言行举止，孩子比我更容易受到对方的伤害。"

孩子眼里的游戏治疗关系

妈妈说我在这里会玩得开心。是的，我以前听说过这个地方。她告诉我说，我会待在一个房间里，那里有很多6岁孩子喜欢的玩具和其他有趣的东西。她说我会和一位被称为咨询师的女士在一起。但是这位想要和我一起玩的女士是谁呢？她长什么样？我会喜欢她吗？她又会喜欢我吗？她要对我做什么呢？或许我再也回不了家了。我甚至不知道她长什么样。啊，不！我听见脚步声了……那会是她吗……

这位女士应该就是妈妈说的咨询师。她很和蔼友善，她对妈妈说了"你好"，然后开始介绍自己。她时常微笑，这使我舒服多了，所以我对她说了一声"你好"。她蹲下来靠近我，然后说"你好"，在看到了我的蜘蛛侠衬衫和我的带红色条纹的新球鞋以后，她说这双鞋看起来像跑鞋。啊，它们就是啊！我现在更喜欢她了！也许，她这个人不错。

然后我们穿过了大厅。她注意到了我有点紧张，然后说，这件事可能会有些奇怪，因为我从来没有见过她，也没见过她那特别的游戏室，有时候这会让小孩有些害怕。我猜想她是在说，我有点害怕是没关系的。听见这样的话从大人嘴里说出来很有趣！她肯定是个善解人意的人，而且还很关心我。或许，她以前也感到过害怕。

她把我带到了她所说的特别的游戏室。好家伙，这里真是不一样，这里有好多玩具。她告诉我，我们将在这里呆45分钟。嗯，这很奇怪，以前从来没有人会告诉我，她会和我待多长时间或者我要玩多长时间。她说在这里，我可以用我喜欢的很多种方式去玩这些玩具。哇哦，她说的是真的吗？是的，她好像关心我，喜欢我，哪怕她还不太了解我。这真奇怪！我想，她是不是对每个小孩都这样。或许，我最好再等等，看看她想要我干什么。其他大人总是告诉我要做什么。我还是先保持沉默吧。她看到我正在看颜料，然后说，有时候小朋友不知道从哪里开始游戏，但是在这里他们完全可以自己决定。这里真是完全不一样。我拿起画笔，在纸上刷满了红色……感觉真爽。

我要画一颗紫色的苹果树，这样行吗？或许我还是应该把树涂成绿色和红色，但是我讨厌绿色——那会让我想起芦笋。哈哈！我要问问她我应该用哪种颜色。但她说我可以自己决定。好家伙，其他人肯定会告诉我应该用哪种颜色。看起来，好像我在这里能做大部分的决定。嗯，我要画紫色的苹果树了。她说我好像决定使用很多紫色。是的，我决定了。这看起来可能不太对劲。嗯，这个苹果树看起来很好笑，但是我喜欢，因为它很大。我在想她会不会觉得这样不行。我问她喜不喜欢。她说看起来我这么努力，就是想把它画成我自己想要的样子。是的，就是这样。这就是我想要的样子——全是紫色。这位女士让我很开心。

这是个有趣的地方。我敢打赌，要是把这位女士的鼻子涂成紫色，这一定会很有趣。一位有紫色鼻子的女士。现在，就这么做！好家伙，我要把所有的紫色都涂上。我发誓这肯定会让她从椅子上跳起来。她可能会吓得绕着屋子跑！嗯，她并不害怕。她甚至不叫嚷着让我停下来。她只是说她知道我想在她身上画画，但是她不是用来涂画的。她说我可以在纸上画，或者我可以把橡皮娃娃当做她，然后在橡皮娃娃身上画。她对所有的事情都如此平静。如果她不害怕的话，那在她身上画画就没意思了。不管怎样，在橡皮娃娃上画，听起来也是个不错的主意。我怎么没有想到这个。

我现在开始玩其他的玩具。真有趣,这个被称为咨询师的人看起来很明白我在做什么。我喜欢我正在做的事情。我在想,她是否也会觉得这些事情很重要?她在注意我。大部分大人不会这样做。她很聪明,能理解我在做什么。她甚至能说出我最喜欢玩哪些东西。是的,她知道我最喜欢黏土。她真的对我和我做的事情感兴趣。

　　天啊,我已经喜欢上这里了。我觉得我应该尝试一些新的东西,看来那个沙盘不错。我想让她和我一起来玩,但是她说她只会看着我玩。我喜欢她如此的坦诚。很多大人会说"我一会儿就和你玩,"然后他们就忘掉了。不管怎样,我想我会在这里再呆一会儿。我快该走了。她说我们还可以在游戏室里待15分钟,然后我就可以走了。她好像相信,我只会做我觉得需要做的事情,这感觉很好。

　　让我看看——下一步我要干什么呢?决定我下一步要干什么是件有趣的事情。在家里,我几乎不能做我想做的事情。临时照看我的人总是告诉我什么时间该干什么,或者我哥哥总是让我做些我不想做的事,我爸妈总是让我做些我还没有准备好的尝试。这位女士不是这样——她从来不逼迫我;她就等着我去做我想做的事。她不会因为我动作慢而批评我。因为我按照自己的方法做事,所以她喜欢我。至少,我是这么认为的。

　　我要和这个被称作咨询师的人一起玩球了。这很有趣,因为我们可以一边聊天一边接球。天啊,她对我做的所有事情都那么感兴趣,但是她又有很多成人所说的那种自律性。当我拿球扔她时,她只是侧身闪过,让球自己滚走,并没有也想拿球扔我的意思。她说如果我想要那个球,我可以自己过去拿回来。她去拿球更容易些,因为她离得比较近。但是她知道我在捉弄她。她没有让我停止这样,我喜欢她这样的做法。我妈妈最终会捡起球——如果我多次要求的话。但是然后,我妈妈一定会大声地发牢骚。这位女士从不对什么事情感到烦恼。

　　我真的喜欢和这位咨询师女士一起玩。她相信我可以自己做事情而不用她来帮忙。我让她把糨糊瓶的盖子取下来,因为我担心自己弄不下来,她说我可以做到。我试了一下,你猜怎么着?我把盖子取下来了。我希望在这个房间之外也可以自己做事情。然后我要在玩棒球的时候打出全垒打,而不是像以前那样总是出局,搞得爸爸尴尬不已。嗯,或许我可以做一些她觉得我可以做到的事情。这位女士真有趣。这是个有趣的地方。我自己独立做事的感觉真好……用的是我自己的方式。

我要试试画一幅警车。好家伙，这颜色看起来真纯……全是蓝色的！讨厌！警车的顶上红灯的颜料流到了车的一侧！我很生气。她说我看起来对此很生气。我是很生气。但是她怎么知道？没有别人知道我的感受。她的意思是，对一些事情生气也没有关系吗？应该是的。她好像不在意我的怒火。

如果我把这个飞镖当成火箭，她会怎么想呢。我问她这是用来做什么的。她说在这里我想把它当成什么它就是什么。哇哦，现在我可以在房间里飞驰了，就好像我正在往月亮飞去，那里没有人烦我……感觉在这里我就是自己的主人。

我希望还没到离开的时间。我有很多话想对她说，但是没有找到机会。真有趣，有很多时候，对父母说一些很小的事情都很难。但是我觉得可以和她说所有的事。她说让我下周再来——她期待和我在一起。听起来她好像真是这样想的。现在，我感觉很棒，因为她是第一个真正把我当做一个人来对待，而不仅仅是一个小孩的人。她尊重我——就是这个。她知道我可以做大事情。至少，我现在是这样觉得的！！！

孩子的提问技巧

孩子通常会问治疗师很多问题，这可能是他们与治疗师接触并开始建立关系的方式。但是治疗师要明白，在很多时候孩子其实知道自己所提问题的答案。从这个角度来看，在解答孩子的提问时治疗师就必须得揣摩提问者背后的动机了，而不能只是简单地关注答案的正确性。提供答案会把孩子限制在治疗师所感受到的现实中，而阻碍孩子自己去理解这个世界。5 岁的黑谢尔把好多手铐搭起来问道："这些是什么？"治疗师答道："手铐。"就这样一个简短的回答，使得这些东西再也不会成为孩子脑子里所想象的新型特殊太空飞船了。如果治疗师想要提升孩子的创造力和想象力的话，那就应该这样回答："你想让它是什么都行。"然后黑谢尔会继续在他脑子里想象下去，但是不会说出来。当朱迪问道"谁弄坏了这个娃娃？"时，她肯定想知道在游戏室里弄坏娃娃的孩子后来怎么样了。敏锐的治疗师会回答："这里有时候会发生一些小意外。"然后朱迪就会知道这里不是一个实施惩罚的地方，这个大人会接受意外有时会发生的这个事实。然后，她就能够更加自然和彻底地表达自己了。

经验之谈

不要答非所问。

回答那些好像一看就知道答案的问题时，往往会引发更多的问题，然后治疗师就得不停地解答下去。这会助长孩子的依赖性。当孩子在游戏治疗中提问时，在根据问题的表层意思进行回答之前，治疗师首先要仔细想清楚孩子的深层用意是什么。尝试去揣测问题里的潜在含义，而不要光想着回答问题，这样会更容易把握住孩子的心理。治疗师要根据所觉察到的孩子的意图来决定选用什么样的答案。以下提供一些问题及其可能隐藏的含义，以作为拓宽治疗师思路的参考。

1. 有其他小朋友来这里吗？

   大卫可能是

   a. 想确定他是特别的；

   b. 在表达对游戏室的占有欲；

   c. 对特别的游戏室感到好奇；

   d. 为了获得安全感而需要得知此时游戏室是属于他的；

   e. 想知道其他小孩会不会玩玩具；

   f. 想知道房间里会不会有其他小孩和他一起；

   g. 想知道他能不能交到一个朋友；

   h. 想知道这次活动会不会有什么不同。

2. 你知道我接下来要干什么吗？

   劳拉可能是

   a. 在暗示她已计划好要去做一件事情；

   b. 想让治疗师加入她的计划；

   c. 在宣告之前的游戏已告一段落或者要改变游戏的主题。

3. 我明天能来吗？我什么时候再来呢？

德怀特可能是

a. 正投身于一个对他很重要的"工程"中,想要把它完成;

b. 喜欢他在这里做的事情,想有机会再来玩;

c. 在说"这是个对我很重要的地方";

d. 在确认他的游戏时间;

e. 不确定他的世界是不是始终如一,想确认这里不会像其他地方一样让他失望;

f. 在说"我真的喜欢来这里","我能再来这里对我来说很重要"。

4. 有人玩这个吗？

雷切尔可能是

a. 在说"我玩这个可以吗?";

b. 对游戏室的开放性表示不确定;

c. 不确定这个玩具是什么或者自己想怎么玩这个玩具;

d. 在确定自己想干什么;

e. 想和治疗师接触。

5. 你知道这是什么吗？

麦克可能是

a. 对自己做的事情感到自豪;

b. 想和治疗师接触;

c. 准备把这个玩具用于某种特殊用途;

d. 询问信息。

6. 这是什么？

瓦莱丽可能是

a. 对这个玩具和游戏材料不熟悉,不知道怎么用;

b. 正在决定怎么玩这个玩具;

c. 对游戏室的自由度还不太确定,好像在说"我可以玩这个吗?";

d. 想和治疗师接触;

e. 在寻求治疗师的指导和支持;

f. 想把玩具用作其他用途,而不是它原本的用途;

g. 在尝试和治疗师建立浅层的关系;

h. 试图把话题带回一个"安全"的水平,在治疗师碰触到了孩子敏感事情的时候。

7. 你喜欢小孩吗? 你有孩子吗?

凯文可能是

a. 想与游戏治疗师建立友好关系;

b. 想更了解治疗师;

c. 想表明他真的感觉到了来自治疗师的喜欢和接纳;

d. 向治疗师显示占有欲;

e. 在尝试把焦点从自己身上转移;

f. 在尝试"有礼貌"地说话;

g. 想提出"你站在哪边?"之类的问题。

8. 现在几点了? 还剩多久?

特雷萨可能是

a. 玩得很开心,还不想走;

b. 想确认还剩下多少时间;

c. 想知道时间而获得控制感;

d. 急着要走;

e. 在计划一个活动,想确认时间是否充足。

9. 你为什么那样说?

雷伯特可能是

a. 不习惯与大人说话;

b. 对治疗师所说的话感到吃惊；

c. 被太多的语言反馈烦到了；

d. 在表明他注意到了治疗师不同反应类型之间的差别。

10. 你能帮我把这个弄好吗？

谢丽尔可能是

a. 有依赖性,对自己做事情的能力缺乏自信；

b. 在尝试和治疗师接触；

c. 在试探游戏室里的自由度。

11. 如果我这样做会怎么样？

肯特可能是

a. 在试探游戏室里的自由度；

b. 表达好奇；

c. 想获得关注。

12. 我非得把这里整理干净吗？

温迪可能是

a. 对游戏室熟悉了,并找到了安全感；

b. 想要保持凌乱；

c. 想要探索自由的边界；

d. 想知道她所站在的地方是否比其他地方特殊。

13. 孩子们在这里一起玩过吗？

柯克可能是

a. 感到了孤独；

b. 感到了不安全；

c. 避免和治疗师建立关系；

d. 想带来一个朋友。

14. 你会告诉我妈妈吗？

塞雷娜可能是

a. 害怕因做错事而被惩罚；

b. 准备打破规定；

c. 想确认与治疗师的关系的私密性。

15. 你有没有拿新玩具来？

杰夫可能是

a. 难以决定该做什么；

b. 感到无聊，想要新玩具；

c. 在暗示他将要结束了。

16. 这个东西怎么用？

莎拉可能是

a. 确实想知道答案；

b. 在尝试控制治疗师；

c. 在表达依赖性，让治疗师给她展示，这样她就不用自己去弄清楚了；

d. 想和治疗师交流。

17. 我什么时候会回来？

杰森可能是

a. 想确定他能回来；

b. 想知道他什么时候再来；

c. 对来这里感到焦虑，想知道是不是必须得来；

d. 觉得自己的行为太糟糕了，治疗师会不让自己来了。

18. 我应该做什么？

妮可可能是

a. 想把责任转移给治疗师；

b. 想知道自己能被允许做什么；

c. 想开始游戏了，在征求治疗师的同意；

d. 想取悦治疗师。

19. 谁弄坏了这个？

格雷格可能是

a. 好奇是谁弄坏玩具的；

b. 想知道有人弄坏东西以后结果怎样；

c. 对坏掉了玩具感到懊恼。

20. 你上哪弄到这个的？

莫妮卡可能是

a. 好奇它从哪里来的；

b. 想和治疗师交流；

c. 想要巡视房间，寻找有趣的东西。

21. 我能把这个带回家吗？

查克可能是

a. 想得到把东西带回家的许可；

b. 想知道如果他把东西带走会发生什么；

c. 想让游戏和关系更大地延伸；

d. 对游戏室有占有感；

f. 在尝试进行"礼貌"的谈话；

g. 在提出"你站在谁一边"一类的问题。

22. 你怎么玩这个？

　　阿尼塔可能是

　　a. 希望治疗师与她互动；

　　b. 担心自己会做错；

　　c. 感到不安全或依赖。

对于录音、摄像和单向镜的解释

　　当治疗师正在透过单向镜对孩子的活动进行摄像时，要想对孩子解释清楚这件事情会是很困难的，而且通常也没有必要的。因为根据孩子自己在家照镜子的经验，他们很难理解有人能透过一面镜子看到自己，而自己看到的却不是那个人，只是自己的镜像。对稍大一点的孩子来说，要使他们放心这个过程不会被父母、老师或其他人看到。

埃克里会自己搭建一圈安全围墙，当他觉得足够安全的时候就会自行拆掉。

　　如果你对治疗过程进行了录音，注意到了录音设备的孩子们可能会想听听录音的内容，那你可以利用每次治疗结束前的几分钟来给孩子重现一下他自己的声音。如果你进行了摄像,孩子们可能也会感到好奇,并且想看看自己的表现。他们这样的要求也应该得到满足。一般来说,孩子们并不会提出这样的要求。但是对于那些提出要求的孩子来说,在回顾了自己接受治疗的片段以后,他们可能会因为自己的一些消极行为而感到尴尬,也可能会对自身的一些荒唐行为进行嘲讽。这样直接地观察自己的行为,可以带来一些新的视角,同时也有助于他们情感的表达。当杰里米看到自己边在画架上涂鸦边把颜料随意地撒在地上时,他说,"我以为你会责备我,并且让我去清理那些污迹的。"(通过录像观看自己的行为对孩子来说是否合适还需要进一步研究。)

游戏治疗中的笔记

在游戏治疗中,记笔记是一件让我受益匪浅的事情,但是这也会分散我的注意力。在我忙着低头记笔记的空当,小孩已经跑去另一个地方了,而我就遗漏了孩子的很多游戏动作。这意味着,我错过了孩子很多的交流语言,因为对孩子来说,游戏就是他的语言。我并不会把孩子的所有行为表现都记录下来,而只记一些我认为在特定场合下比较重要的事情。孩子也意识到了这一点,所以他会更多地表现出那些被我记录过的行为。也就是说,虽然我不是故意的,但我影响和建构了孩子的游戏过程。但是对有些孩子来说,在得知自己的一些行为被记录了下来以后,他们会感受到一种威胁。这会限制他们在游戏中的表现。

有一次,在一个6岁小孩马太的咨询过程中,我正在记笔记,小孩走了过来说想看看这些笔记,因此我毫不犹豫地把记录本递给他看(在游戏室里应当是没有秘密的)。马太拿着我的记录本走到画架前,用黑色颜料涂盖了所有的记录信息,然后又把本子递还给我。在我看来,这是他对我记笔记的一种强力回馈,表达了他不想让自己的行为被我记录下来的愿望。而这也是我最后一次在治疗过程中做笔记——有时我很善于吸取教训!少了记笔记这一项工作,我在治疗中可以更完全地把注意力集中在孩子身上了。治疗师可以选择在治疗结束后立刻整理笔记,这对他了解游戏主题的发展和整个游戏进程的推进是非常有必要的。据我所知,有一位很有创意的游戏治疗师总是在腰间挂一个录音机,每次治疗结束后他就会立刻把所有的音频资料都转存为文字材料。

准备结束一次治疗

儿童的感情和身体投入到游戏室中的经历后，常常变得很热切而不会意识到时间的流逝。一个敏感的游戏治疗师会通过一个 5 分钟提醒，帮助儿童为每次游戏治疗的结束预先做出准备，因此孩子不会突然吃惊地发现时间已经到了。"金姆，我们在游戏室还有 5 分钟，时间一到，你就要到妈妈的休息室去。"给出的时间总是很具体。治疗师不会说："我们还有大约 5 分钟。""大约"是一个模棱两可的词，没有人知道"大约"是多久。对有些人来说，"大约"可能意味着额外的 10 或 15 分钟，而对有些人，则意味着想要多久，就有多久。时间是游戏治疗经验架构的一部分，而且治疗师对此经验的架构必须是十分精确的。此 5 分钟提醒使儿童控制自己，并准备离开那些常常是非常满意或充满乐趣的体验。有时儿童非常专心时，可能需要额外的一个 1 分钟提醒。避免儿童因突然的结束而受惊。5 分钟提醒表明了对儿童极大的尊重。

游戏治疗经验是一个纵容放任的关系，在已建立的边界内，儿童常用创意且富有表现力的方式来表现他们自己。常发生的情况就是孩子们用画架上的颜料涂满画纸和画纸外的许多地方。在纵容他们在游戏室中的实验时，也允许孩子们在他们的手或手臂上涂满颜料。但设置了限制，不允许将颜料涂在衣服上，以及游戏室的墙壁、椅子等设备上。

有时孩子还故意在脸上也涂上颜料。7 岁的杰森已错过了先前的两次游戏治疗，他一边告诉我他得了水痘，一边给我看他的脸，他的脸上满是用红色蛋彩画颜料点上红点。我认为这非常有创意，他于是跑去玩其他的游戏了。当我给出 5 分钟提醒时，那么颜料仍在他的脸上。这就给治疗师提出了另外一个要注意的问题：对在游戏室中，纵容孩子用颜料涂自己，妈妈会怎样反应呢？即使游戏治疗师按常规在初次见面时告知家长，孩子可能在手上或手臂上涂颜料，在面对此壮观时，家长仍可能极端抗拒。我所担心的是家长爆发的怒气会使我所做的功亏一篑。

我等了 2 分钟，使杰森有时间认识到他脸上有颜料，并洗掉这些颜料。但他不愿意，于是我说："杰森，在到你妈妈的休息室去以前，你应该洗掉脸上的颜料。"如果游戏室中没有水，在去休息室的路上，治疗师可在盥洗室稍做停留，并在外等待孩子洗掉颜料。如果杰森没有洗掉颜料,我会在他之前去到休息室,并告诉他妈妈:"杰森脸上有一些颜料(以便她提前有所准备)。你可以带他到盥洗室帮他洗掉。"允许孩子不洗掉手上或手臂上的颜料就到车上去是一场灾难,他们会弄得车里到处都是颜料。这些提醒是维持父母支持游戏治疗过程的基本条件。

第一次治疗中的治疗师们

凯西

在我尚未意识到的时候,整个过程就开始了。那一刻,我坐在所谓的治疗师专用椅上,感到很紧张。我思如泉涌,心跳得很厉害。到现在我已经回想不起自己当时都做了些什么。这种感觉很奇怪,但是又很特别。我只记得自己对游戏室进行了一些介绍,在那度秒如年的 30 分钟里,这就是我所能记起的全部内容了。

比尔

我以为自己已经准备好了,所有事情都会水到渠成。但事实上,这段时间实在是很难熬。于是我就想去引导孩子的行为,告诉他该做什么,解释所有的事情,指导整个过程。我甚至想去做些别的事情,如打扫一下房间。而最后,我不得不满怀挫败感地把那个孩子自己留在了游戏室里,这样我们双方才都能有所收获。或许,这次治疗过程的效果会更多地体现在我自己身上,而不是那个孩子——我更深入地了解了自己以及那深藏在我心底的想法。当我在陪伴、帮助和引导孩子们时,我总会想让事情变得更简单一些。然而现在,我学会了控制住自己,并留给孩子们一个成长的机会。

玛丽莲

在第一次游戏治疗开始之前,我变得非常紧张和焦虑。我不停地想让自己记住该说的话,但脑子里却总是一片空白。不过当我和凯伦手牵手走进游戏室时,我感觉到自己放松了下来,并且很喜欢这种和她待在一起的感觉。在游戏室里,我不再关注那些程序性的话语,而是开始细心地体会凯伦的感受,并做好准备要和她一起开始一段美妙的旅程。

斯蒂芬

第一次游戏治疗的经历真是让人兴奋。我放下了治疗者的权威和身份去接纳小孩，并且让她来引领整个治疗过程。其间，我从没想过要去劝说或者教导她些什么，只是在一旁观察她，试图了解她的世界。这样，我就可以把全身心都投注在她的身上，而不是在我的咨询技巧上。我知道，在这个过程中，我和孩子一样享受到了充分的自由和放松。

治疗关系中的基本要点

所谓治疗关系，就是孩子在游戏治疗过程中与治疗师所建立起来的关系。在游戏中，治疗师与孩子之间的微妙互动能够促进这种关系的发展。治疗关系的改变在很大程度上由治疗师的敏感度和他对孩子情感世界的理解程度来决定的。但是，只有当孩子们觉得安全的时候，他们才会开始表达或者探寻那些对他们来说有意义的，或是令他们感受到恐惧的经历。治疗师需要耐心地等待这一时刻的到来，而不能催促或强迫孩子们去表达。治疗的时间是孩子们的时间，不管他们是否准备好了去玩、去说或是去探索，他们的选择都应当受到尊重。

在一段充满了感情与关怀的治疗关系中，孩子们在操控自己的游戏时就会感受到极大的自由与宽容，这会促使他们产生一种自我管理的愿望和坚持不懈的信念，因为只有这样他们才能完成那些自己选择的活动或者项目。独立地选择一项活动、完成整个活动、看到活动结果，这一过程可以促进孩子们自我的发展，也可以帮助他们更早地实现独立。

以儿童为中心的治疗师应该设法随时保持和孩子的沟通交流，这不仅仅是指言语方面的交流，而是需要治疗师用尽全方位的手段来与儿童整个人进行交流。治疗师在治疗过程中应当做到：

"我在这里。"　　　没有任何事情可以令我分心，在整个过程中我都会保持身体、精神和情感的专注，并保证自己和孩子之间没有隔阂。我要充分进入到孩子的世界中，体会他们的体会，感觉他们的感觉。一旦这种连接建立起来，我就能充分地察觉到与孩子的接触是否完全。当我进入到孩子们的世界以后，我就能对他们做出更为客观的评价。

"我在倾听。"　　　通过双耳和双眼，我会"倾听"孩子们的一切，包括那些他们表达出来的信息，和那些没有表达的信息。我能否像孩子们自己那样，体会到他们所体会的感受，听到他们所听到的声音？若能做到这样的倾听，我就可以很放心了，哪怕是孩子们没有站在我的身边。

"我能理解。" 我想让孩子们明白，我能够理解他们所说的话、所感受到的心情、所经历的事件和所玩游戏的内容，也很愿意努力地去把我所理解的内容告诉给他们。他们体验到的那种不被人关心的孤独感、失败的空虚感和悲伤的绝望感，都是我最想去深入理解的感受，而他们自己对这些感受的理解和接纳也正是治疗的关键之处。

"我很在乎。" 我真正在乎这个孩子，而且我会让他明白这一点。如果上面提到的三条我都做到了并且让孩子们也感受到了的话，我对他们来说就不再会是威胁，他们也会向我敞开心扉。只有这样，孩子们才会知道我在乎他们。这样的关注可以激发孩子们的内在潜力。实际上，孩子们所表现出来的任何变化和成长都是其本身就存在的，我并没有创造任何东西。

参考文献

Moustakes, C. (1981). Rhythms, rituals and relationships. Detroit：Harlow Press.

Segal, J., & Yahraes, H. (1979). A child's journey：Forces that shape the lives of our young. New York：McGraw-Hill.

10 促进式回应的特征

当成人认为孩子的行为需要纠正时，他们本能的回应是质问、命令或是直接给出答案，这种反应是他们对待孩子态度的直接产物。对于新晋的游戏治疗师来说，采取一种能够传达出理解与认同的方式与孩子交流、告诉孩子在游戏中可随心所欲，这非常困难，就犹如学习一门外语一样，需要180度转变态度并重新构建回应的模式。有一位新晋治疗师这样形容这种转变："我知道应该如何去回应，只是不会用语言表达。"从这个观点来看，孩子应当被视为有能力、有创造力、适应性强、负有责任的个体。建立成人与孩子练习的目的便是通过回应的方式促进或抑制这些已然存在的能力。治疗师确信孩子能够自己解决问题，相信他们能根据自身能力做出适当的决定，并通过恰当的回应方式将这份信任传达给孩子。

细腻敏锐的理解：陪同

瑞秋是个小学低年级学生，她每天徒步穿越几个街区往返于家与学校之间。她母亲时常告诫她，每天放学后要立即回家，每次都反复强调。而有一天瑞秋没有准时回家，瑞秋母亲立刻变得异常焦虑，她顺着路线寻找，在马路边徘徊了10分钟，仍然没有发现瑞秋。15分钟后，瑞秋的母亲简直要疯了。又过了20分钟，她终于看见了瑞秋。她松了一口气，却很快又发起火来，她冲着瑞秋高声叫喊着，拽着孩子的胳膊将她拉进了屋子。当怒火平息之后，母亲终于给了瑞秋一个解释的机会。瑞秋告诉她母亲，她在经过莎莉家的时候，发现莎莉在院子里哭，因为莎莉把洋娃娃给弄丢了。"那你之后就和莎莉一直在找洋娃娃？"母亲问道。"不，妈妈，"瑞秋答道，"我和莎莉一起哭。"

　　瑞秋这种移情的陪伴行为形象地描述了游戏疗法治疗师努力想要建立的关系，这个案例的重点并不在于是不是流眼泪，而是伴随这种陪同行为而来的理解和共情。孩子的早期经历和环境评价机制可以反映出成人与孩子的交流方式，成人很少尝试去理解孩子内在的思维构架或者融入他们的主观世界并真诚地去陪伴孩子。治疗师只有排除自身的经验与预期的干扰，并且欣赏孩子的所有行为、经历、感情与思想，才能够做到细腻敏锐的理解。在孩子的主观世界得到理解与认同之前，不论是探求孩子的限界，分享孩子恐惧的经历，还是做出改变，都需要治疗师很努力去做很多尝试。

　　在任何一种疗法中，治疗师的态度在与孩子建立关系中是十分关键的，孩子需要感受到自己被理解与认同。这意味着治疗师需要在维持自身中立的同时全身心地去理解孩子，意味着要从孩子的视角看待问题而不是去评判孩子。如果缺乏理解与认同，治疗便不能有效地进行。

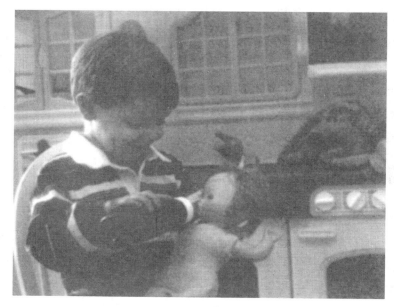

当孩子的情感被治疗师认同后，这些情感对于孩子的刺激也没那么强烈，从而减轻了孩子的认同困难。

关注性认同

认同激发了孩子的兴趣,使得孩子关注自己的权利,并相信能够承担自身的责任。在游戏室中体验到被认同、接纳的孩子也因此了解到了他们在发展独立健全心智时,可以依靠他人获得支持。认同是通过治疗师的耐心与信任加以传达的。治疗师始终对孩子持有耐心,这使得治疗师能够通过孩子的视角看待事物。同时治疗师克制了提出建议、给予解释、插话与询问的行为,向孩子表达了对其的认同和接纳。治疗师移情的回应向孩子传达了理解与认同,因此使得他们在游戏中更有创造力与表现力。

孩子的行动、行为与情感是好是坏并不由治疗师界定,它们存在即被认可,并不应被评判。通过移情地感受事件、表达情感,治疗师对孩子显示出了尊重并声称孩子有感受情绪并通过行动表达情绪的权利。然而对于孩子的这种宽容性的认同并不意味着纵容孩子的一切行为。在这个疗程中很重要的一点是不论孩子做出什么行为,不论其是否适当,是否存在不足,都要将孩子视为一个有价值的人。这种处理使得孩子得以按照自己的步调表达自己,不会感受到来自治疗师的催促与压力。治疗师在治疗中应该表现出尊重和共情理解:来访者是一个独立的个体,不存在任何可能性被批评、评价、评判、拒绝、反对、谴责、责难、惩罚、斥责、称赞、恭维或者奖励。

治疗师的认同鼓励孩子更深远地去探查自身的思想与情感,当孩子的情感得以表达并获得认同,孩子对于这些情感的感受强度降低,并促进了自身对这些情感的认同。在特定的方式下表达出积极与消极的情感能使孩子更好地融入并处理情感。这不仅是以孩子为主的游戏疗法的基本原理,也是治疗师做出移情回答的基础。治疗师集中关注孩子的情感使整个治疗过程以孩子本身为主导而不是问题。

关于治疗中回应的细节

当我的回应融入孩子的表达而没有打断其连续性时,我便认为这种回应是最好的。适时地给予回应,不带干扰地融入与孩子的交流,以至于孩子没有察觉。我希望我的回应犹如一位世界级的跳水运动员,在恰如其分的时机从跳板上优雅地起跳,轻柔的嵌入水面,几乎不激起一丝涟漪。在这一刻,我感到自己与孩子成为了一体,感受到一种真切的理解和一种超越我们二者生活境遇的存在感。我们彼此相依,彼此认同。

治疗师冗长的回复会使孩子分心,致使孩子耗费精力去理解治疗师的话,进而改变了孩子表达的方式。**因此咨询师的回应应该简短并且能够与孩子交互产生影响。**这样的回应应该近似于交谈,并遵循治疗的节奏,而不仅仅是一个单纯的反馈。

治疗师需要凭借言语的回复与孩子一同成为游戏的参与者。若孩子感到被监视时,二者的关系便会恶化。例如,孩子询问"你为什么看着我?",这就意味着治疗师没有充分言语的能动性,此时孩子很可能会全神贯注于游戏中,缄默不语,而治疗师也无法感知孩子的情感。这种情况下,治疗师可以就正在观察的行为做出回应。"你正在那上面涂许多颜色。""现在你正在把她放到床上去。""这个猛撞向了另一个。"这些跟踪式回应表达了治疗师的融入,并使得孩子感到治疗师和他一同参与了游戏。如果咨询师只是默不作声地坐着观察而不回应孩子,会使得孩子有种被监视的感觉,从而增添了他的焦虑。让孩子听到治疗师的声音和对自身行为的描述能够增加孩子的安全感与温馨感。这种**跟踪式回应**传达出了治疗师对孩子本身与其行为的兴趣。

当周围都是小一些的孩子时,一些治疗师倾向于提高音量,犹如和婴儿说话或是想盖住孩子的声音一般。这种行为投射出了治疗师认为孩子不具备能力且在治疗中不具地位的态度。治疗师同时也要避免落入单调死板的误区,这也会是致命的。治疗师应当运用抑扬顿挫的声音去传达意思与情感。

治疗师应当避免对孩子的行为大惊小怪,好比说"天啊!这多么棒啊!你在沙盒里发现了一颗彩色的石子!"这种过度的兴奋会让孩子感觉有什么不对,对自己的反应心存疑虑,因为他自己并没有感受到同等程度上的兴奋。治疗师表现出超出孩子实际感受级别的行为会引导孩子也表现出超出其自身实际感受强度的行为。我们在下述的案例中便能看到这种效应,大卫有气无力地击打着充气不倒翁,而治疗时却回应道:"哇!你那时真的很用力地击打它!"

治疗师应该通过语气与表情突出自身温暖友善的形象,这并不是一个需要我们严肃或者严苛的时刻,保持微笑,治疗师的表情应该富有生机,传达出难以用语言来表达的情感。

　　一般来说,直接向孩子询问他们某种行为的原因,并不是探察的捷径。因为让孩子口头表述认知的要求与让孩子置身于游戏疗法的逻辑依据相矛盾。若孩子能够通过语言完全表达自我,一开始我们便不会采取游戏疗法。询问将治疗师放置在了主导的位置,但这从不会使一切变得容易。即使澄清问题通常也无任何帮助,并且无任何必要。**一般而言,若一个治疗师收集了充分的信息去提出一个问题,那他也有足够的信息进行陈述了。**

　　通常来看,询问问题意味着咨询师没有理解。"那样会使你生气吗?"传达出治疗师理解的缺失,即使治疗师确实发觉了孩子愤怒的情绪。治疗师需要相信自己的直觉并作出陈述:"你对此感到气愤。"移情的陈述能够触及孩子的心灵。而问题应该经过仔细地加工、分析,诸如"你一共被送去校长室多少次?"这类用来满足治疗师好奇心的问题,也或"你在家里这样做时,你妈妈会生气吗?"这样的猜测,都是不恰当的。如果治疗师已经获得想要的信息,就应该会明白他需要做些什么。同样的,诸如"你有没有注意到你用的颜色都是暗色调的?"之类的引发深思的问题超出了孩子的认识,因而是无效的。

　　某一次,一个治疗师要求5岁的亚伦编一个故事,在故事的结尾,他问亚伦:"你故事的寓意是什么?"而亚伦却问道:"寓意是什么?"一个熟悉孩子发展阶段的治疗师应该知道一个5岁的孩子是不懂"寓意"的含义的。另外,这种问题亦超出了孩子的发展阶段。过了一会儿,亚伦摆弄着手上的恐龙与蛇相互战斗,治疗师问道:"想象一下,如果恐龙和蛇是朋友而不会打架呢?"亚伦没有回答,甚至没有去想。即使是对于成人来说,能否准确的回答如此抽象的问题都是个未知数,对于孩子自然不用说了。治疗师彻底的与亚伦失去了交流,亚伦也因此受挫了,他将恐龙扔向了治疗师。而治疗师对此的回应也丝毫不起作用,"亚伦,看来你对我十分气恼,我想你根本不喜欢来这儿。或许你也有少许气恼你母亲强迫你来这儿,这意味着管着你,而你不喜欢让她管着你。"这位治疗师完全回避了她与亚伦之间的个人问题,而是给出了一个冗长的说明将一切归咎于亚伦的母亲,这对于5岁的亚伦来说是难以理解的,治疗师引入的一系列抽象概念使亚伦感到困惑。这位治疗师可能对自己相当满意,但我们必须去替亚伦着想,在这个治疗过程中几乎没有任何迹象表明这位治疗师理解了亚伦。

在治疗中,治疗师应该给予孩子足够的自由去让他们将自己的情绪投射到游戏的材料中,孩子通过这种自主决定的经历,强化了自我认同感,并将其内化为对自身感性的认识。这种成长能使孩子在未来处理问题时能采取更有效率的方式。因此,治疗师应当拒绝在游戏中替孩子做决定,无论是多么无关紧要的决定。例如,对于"月亮是什么颜色?"这个问题,治疗师应该回答,"你想让月亮是什么颜色,它就是什么颜色的。"这样鼓励了孩子承担自己的责任,在游戏中,发掘自身潜力。

回应应该时刻注重孩子的人格与存在。如果咨询师对正在重击充气不倒翁(Bobo)的大卫说,"大卫真的很喜欢打充气不倒翁。"这种表述无视了孩子的存在,让孩子觉得他们在讨论一个第三者。"你真的很喜欢打充气不倒翁。"这样表述才是恰当的。诸如"迈克尔画了一幅画。"这样的表述,好像游戏始终存在第三者,用第二人称"你"而不是名字,给予了孩子角色的认可。

一些治疗师倾向于不恰当地融入与孩子的交互作用中。贝思跟治疗师谈论了她对足球的热爱与她强烈的求胜欲望,但她的队伍却输了。治疗师回复说:"想赢却输了的时候,我们时常会感到很沮丧。"由此来看,这位治疗师没有融入到贝思所讲的故事中去,他使用了"我们"作主语,从而偏离了对孩子的关注。南茜在治疗中说道:"这些人去年来过我家,呃……但他们的名字我不记得了。"而治疗师回复说:"有时候我们很难记住别人的名字。"同样的,治疗师应该用第二人称"你"而不是用"我们"进行表述。

游戏室里的玩具应当由孩子进入游戏后为它们起名。如果咨询师对玩具进行标识便将孩子局限于现实当中,妨碍了他的联想与创造。一旦治疗师将一件物品标识为卡车,它便不再可能是校车或是救护车。治疗师用"它""这个""那个""他"或者"她"称呼物品,使得孩子能够根据自己的意愿称呼它们。当孩子拿起一辆小车,将其放入沙盘中,治疗师说道:"你将它放到了那里。"这时,孩子就可以继续他本来的想象,把小车当做一个巨大的虫子。另外,这种回应也向孩子传达了一个信息:治疗师一直陪伴着她。

促进式回应

促进式回应的重要性也不能够被过分强调,因为一个治疗师拥有想帮助孩子的意愿并不意味着他一定就能做到。以下是几个缺乏经验的治疗师对于同一个游戏治疗案例做出的回应,能够补充说明这一观点。

案例说明

罗伯特是一个 7 岁的小男孩,他赢得了学校里二年级的拼字大赛,但却显现出不良的社交行为。在游戏疗法的第一个疗程中,罗伯特在黑板上写下了"Sk-ool",问道:"这样拼写正确吗?"写下你对罗伯特的回应。

回应

1. 你来告诉我这是不是正确的拼写。(回应应该着重于正确与否,而不是给予孩子绝对的自由。)

2. 你对它的拼写是否正确感到疑惑。(一种拖延的策略。是的,单词的含义并不是孩子所疑惑的。)

3. 你并不确定它是否拼写正确,所以你希望我来告诉你。(尝试表达出理解却误解了孩子提问的原因,同样的,也没有准予孩子自由。)

4. 你想让我告诉你如何拼写,但我知道你是能够拼写出"school"。(将孩子明显的要求原样送回,将治疗的主导侧重在了治疗师身上,并给孩子施加了压力。)

5. 我想你能够自己决定如何拼写"school"。(焦点集中在了治疗师和治疗师的想法上。)

6. 听起来你想让我来告诉你它是对是错,在这里你可以按照你喜欢的方式拼写它。(前半句指出治疗是对这个要求没有十足把握,回应太冗长了。)

7. 你希望我能告诉你这是否拼写正确,但在这里,一切由你决定。(通过运用"决定"进行表述,达成更具促进性的回应,告诉了孩子这是一个由他自己做主的地方,开头的半句着实是累赘。)

8. 在这房间里,你可以用任何你喜欢的方式拼写。(非常明确,扼要并准予了孩子自由。)

前几位治疗师貌似都忽视了罗伯特曾经在学校拿过拼字比赛冠军的事实,他很可能是知道如何拼写"school"的;另一种考虑是他想拼写的是 Skool 玩具公司的

Skool,因此他的拼写是正确的。游戏疗法的目标是准予孩子自主选择的机会。孩子并不需要治疗师充当他们的拼写老师或是数学老师。难道一切都要符合治疗师的意愿吗?

案例说明

吉姆是一个 8 岁的男孩,在他第二个游戏疗法疗程中,他将两个飞镖用吸盘连结在了一起并问道:"你能够用它们来做什么?"写下你对吉姆的回应。

回应

1. 你想让我来告诉你如何使用那些飞镖。(另一种不适当的拖延。这个回应亦将物件称作飞镖,从而影响了孩子的创造力,他可能思考过它们是否可以被当做其他物件。)

2. 他们是用来扔向标靶或者扔向墙壁的,而不是用来扔我或者镜子。(治疗师的回应限制了孩子的行为,扼杀了其创造力。治疗师的焦虑致使他做出了不成熟的陈述,没有任何迹象表明,孩子想把物件投掷向治疗师或者镜子。)

3. 你想让我告诉你如何使用它们,但在这里由你做主。(前半句话起到了促进作用,后半句话准予了孩子充分发挥他的创造力。)

4. 在这里你想用他们做什么就做什么。(治疗师希望给出一个准予孩子自由行动的回应,但不应该这样陈述。事实上,孩子并不可以为所欲为,他不能够将飞镖投向治疗师。)

5. 在这里,这是个由你来决定的问题。(这个回应准予了孩子发挥其创造力与自己做主。)

治疗师的回应不应将孩子束缚在现实世界里,吉姆可能把飞镖想象成人、炸弹或是宇宙飞船。在那一刻,为了表达自我,飞镖可以是任何吉姆所想象的物件。

案例说明

7 岁的康妮处在第二个疗程中,她走进活动室后,环顾四周,然后问治疗师:"这房间真的是为我准备的吗?"写下你对康妮的回应。

回应

1. 每周二,在你我会面的 45 分钟里,你都可以使用这个房间。(不要回应孩子对自身的强调。)

2. 跟你一样,其他小朋友也会来这里做游戏,但现在这间房间是为你准备的,你可以用你喜欢的方式玩这里的玩具。(给予了孩子过多的信息,且没有回应孩子潜藏的情绪。)

3. 在我们两个在一起的时间里,这间房间都是为你准备的。(只注重了对行为的回应,忽视了对孩子潜藏的情绪的回应。)

4. 这房间完全是为你准备的,对你来说,这是有一点难以置信。(这个回应显示了治疗师理解了孩子的情绪。)

案例说明

8 岁的凯西在她第二个疗程中说道:"今天是我的生日……但我妈妈说……她说我对我弟弟太小气了……所以……她不会为我烘焙生日蛋糕了。"凯西看起来十分沮丧,她低垂着脑袋,盯着地板,眼中泛着泪光。写下你对凯西的回应。

回应

1. 噢,你这么小气,不分享你的生日蛋糕,我打赌一定因为这样你才这么伤心。(这个回应毫无根据!开始说凯西吝啬,事实上,凯西说的是:"我妈妈说我太小气了。"这只是凯西妈妈的观点,并不是事实,这完全是一个粗心大意的回应。试图触及凯西的情绪,却反而将治疗的重心侧向了治疗师一方,"我打赌"这种表述也暗示治疗师并不确定凯西是否伤心,尽管凯西都快哭出来了。)

2. 你感到伤心并希望妈妈能为你烘焙一个生日蛋糕,你十分担心妈妈会因为你对弟弟太小气而不再爱你了。(开头的措辞还是很恰当的,而随后的回应则过为主观了,治疗师断言凯西小气,尽管这一点并未被证实,并且那也不是问题核心所在,凯西此时的情绪才是重要的。)

3. 有时候,当我们希望人们做什么,而他们却没做时,我们会感受到伤害。(确实识别出了凯西受到了伤害,但是用"人们"进行表述削弱了伤害的程度,治疗师并没有将情感融入凯西的故事中,用"我们"作为主语也并不恰当,这种表述没有以凯西为核心。)

4. 妈妈没有为你烘焙生日蛋糕,看来这让你对她感到失望。(粗心的漏报了凯西的情绪,忽视了显而易见的泪水与沮丧。)

5. 听起来你对妈妈不会为你烘焙的生日蛋糕感到沮丧,并且对此感到生气。(治疗师用了一个不恰当的语句——"听起来",凯西并不是听起来受到了伤害,并感到沮丧,她确确实实地受到了伤害并感到沮丧,而且毫无迹象表明凯西对此感到生气,这只是治疗师的投射。)

6. 你对妈妈觉得你对弟弟太小气而不给你烘焙生日蛋糕感到沮丧。(这个回应好一些,但仍没有抓住凯西的情感,没有必要纠结在小气的问题上,因为它贬损了凯西的情感。)

7. 你真的对生日那天没有蛋糕感到沮丧,有种想哭的感觉。(简短且理解了凯西的情感。)

孩子并不需要治疗师对他们的经历给出解释或是冗长的重述,建立关系的关键是感受孩子的情感。有趣的是,上述咨询师中只有最后一位觉察了凯西的泪水,而治疗师对于显而易见的情感言语上的感知缺失会让孩子觉得他的这种情感是不被接受的。

将责任交还给孩子

在治疗中,孩子无法发现并发展他们内心的资源,除非给予他们这样的机会。责任感无法被教授,只有通过实践才能学会。如果治疗师替孩子做决定,就会剥夺了孩子展现其潜在创造力的机会,这妨碍了孩子责任感的发展。许多治疗师乐意将培养孩子的责任感作为治疗的主要目的,但实际上,有很多因素会限制这样的机会。这可能不会明显的体现,但在与孩子的交流中,治疗师不经意的给予答案,替孩子做出选择,提供不必要的帮助,过度的引导等等都是容易忽视的细微错误。一位治疗师对于治疗中形成的依赖做出如下记述:

有些时候,我不自觉地采用了以往惯用的方式去回应,阿普里尔问我她是否能够玩婴儿娃娃,我不假思索的回答道"当然",当我意识到时,话早已出口。我必须从我的词典里删除掉那个词汇,仅仅是这一瞬,就能区分这是一个治疗中的回应还是会衍生依赖的回应。

治疗中的促进式回应将责任交还给了孩子,这样才能让孩子感到一切由自己做主,从而从本质上被激发。以孩子为治疗中心的治疗师信赖孩子,乐于让他们自己做决定,避免妨碍孩子,从而给予了他们自主的机会。这里描述的是对自我的理解与陪同孩子的态度,一位游戏疗法治疗师如此描述这一过程:

我开始有些许领会将责任交还给孩子不仅仅是以言语的方式,尽管那样的确简单很多,但是我想治疗师也需要在交托责任的时候,释放自身的责任感。若我一直执著于让克丽斯汀娜放松并促使她做出正确决定,整个疗程都会不同。我是谁?我有什么样的资格以至于如此特殊足以去纠正她?而这又会导致什么样的结果呢?这样做究竟满足了谁?是谁觉得这样做妥当呢?

在游戏疗法的第一个疗程的开始阶段,孩子通常希望向治疗师确认他们能做什么,房间里的物件都是做什么的,还有如何能不去做那些困难的任务。孩子可能会拿起一个他已经知道的玩具来向治疗师询问它是什么,此时治疗师并不清楚这个问题后潜在的动机,给玩具命名会限制孩子的想象力与表现形式,而且将主导游戏的责任保留在了治疗师手中。治疗师可以这样回答:"你可以随意决定。"从而将责任交托给孩子。依据孩子要求的不同,我们亦可做出相似的回应,诸如"由你决定"或者"这是你能够做主的"。如果孩子无法凭借一己之力完成任务,进而寻求帮助,治疗师可以回应:"告诉我你想要做成什么?"这些回应允许孩子承担责任并自主决断,一般来说,在疗程结束时,孩子便能够不去寻求治疗师的意见了。以下是一位治疗师在自我评述中对疗程的描述:

通过治疗,安吉丽娜想要给房间里的所有物件命名。举例来说,她拿起芭比娃娃的假发问道:"这是什么?"紧接着她又拿起了芭比娃娃的裙子、粉盒和空箱子重复了相同的问题。她希望我给每一个物品命名,我这样回应她:"你想怎么叫它们都可以,在这里,你能自己做主用它们做什么。"她十分乐意自己做主,假发被当做了皇冠,粉盒是用来放置化妆品的,裙子是舞裙,而那个小空箱子是用来装芭比娃娃的卷发器的。若我此前回答了她的问题,我便纵容了她的依赖性,她便无法自己找到答案。这种方式看来提升了孩子的自信,在第一个疗程结束时,安吉丽娜只问了很少的问题,且行动言谈都十分果断。她独立的一面已经得以展现,而且她看来也十分自信了。我想这是因为我给予她了自己思考的责任而不是成为她获取答案的资源。

当这种责任被交还给孩子时,他们会想出治疗师所想不到的极具创造力的答案。5 岁的伯特问治疗师:"你想让我为你准备什么样的午餐?""你在这想做什么样的午餐都可以。"治疗师答道。于是伯特选择了做"蜘蛛馅饼"。过了一会儿,伯特端来了一个四周装点了手镯的塑料盘,问道:嗨,这是什么?"治疗师答道:"你说它是什么它就是什么。"于是伯特决定把它当做手铐。

很多时候,若治疗师不立刻回答孩子的问题,他们往往能自己找到他们自己问题的答案。一个故作思索的"嗯……"便是治疗师所要做的全部了。4 岁的Zack 拿起了一架飞机,问道:"为什么它有两个门?""嗯……"治疗是没有回答。于是 Zack 说到:"因为如果小朋友买了这架飞机,两个门可以让里面的人更快地下来,我想可能是这个原因。"玛丽亚坐在了画前面,评论这些画作。颜料罐有盖子盖着,治疗师打开了几个盖子,但随后便开始观察玛丽亚,等待她的行动,玛丽亚不费力的打开了盖子,治疗师从而轻松地将责任交还给了孩子。责任感也可以不通过言语来传达,就如同下文的治疗案例:

萨曼莎很少说话,以至于我并不确定她是否在寻求指导与帮助。当她坐在玩偶屋旁边时,让泰迪熊围着屋子散步,她从箱子里拿出了家具,并将泰迪熊和家具一并放到了玩偶屋里。紧接着她又将它们拿了出来,并瞥了我一眼。于是我说道:"你可以决定这个房间里将会发生的事。"萨曼莎随后把所有家具都放进了玩偶屋。

典型的非促进式回应

下面摘录的游戏治疗疗程是典型的非促进式回应的例子,治疗师的回应方式、措辞的不同,可能会让孩子感受到自己被理解、被认可亦或是被限制。下述建议的回应方式并不是说只能用那一种方式作出回应,而是让你能够学会建立自己回应孩子的方式。

被忽略的情绪

孩　子:"人们经常来这吗?"(激动的声音,脸上充满着热切的渴望。)

治疗师:"偶尔会来。"(孩子并不是为了寻求答案而问的。)

　　建议的回应:"你真的很喜欢来这里。"(辨识出显现出的情绪。)

• • •

孩　子:"我的小狗被杀了,我哭了。"

治疗师:"我对你的小狗被杀感到遗憾。"(治疗师只注重了自己的反应,忽视了孩子的情绪,没有让他进一步释放情绪。)

　　建议的回应:"你对小狗的死感到难过,你有想要哭的感觉。"(触及孩子的情绪,并显示出理解。)

• • •

孩　子:(治疗师刚刚告诉治疗的过程会用带子录下来只给她和孩子听,不给其他人。)"我知道你要做什么!你想把带子交给我妈妈!"

治疗师:"这盒带子不会交给你妈妈的,只有我能够听这盒带子,如果你想听,我也可以放给你听。在那之后,我就会擦掉它。"(治疗师有些保守了,孩子需要知道的是治疗师理解了他的意思。)

　　建议的回应:"我知道你真的很关心这点,你不希望你妈妈听到这盒带子。这盒带子仅限于你我之间,不会有其他人知道它的内容。"(辨识出了孩子的情绪,并重申会保密。)

• • •

孩　子:(他所做的事一直不顺利。)"不对,不应该是这样的!"(他十分气愤。)

治疗师:"这是不是快让你疯了?"(治疗师问了一个答案很明显的问题,听起来她没能理解孩子的情绪。)

177

孩　子:"是啊!你还想让它怎么样!"(孩子感到自己不被理解,因而迁怒于治疗师。)

　　建议的回应:"在你无法让它保持固定的时候,你很生气。"(辨识出了孩子的情绪。)

• • •

孩　子:"我的狗死了,我们将它埋在了我们家的后院。这多么不可思议!它死在了它的狗屋旁边?"(没有任何可观察的狗的死对孩子造成影响的迹象。)

治疗师:"它死在了自己的狗屋旁边,你们把它埋在了后院?"(对孩子的话进行了简单的复述,在句末转换成了疑问语气。)

　　建议的回应:"那的确十分令人惊讶,它死在了自己的狗屋旁。"(显示了对孩子情绪的理解。)

在孩子之前标识物件

孩　子:"嘟……嘟……"(推着木块在地板上移动。)

治疗师:"你看来很喜欢玩那辆汽车。"(孩子并没有称这木块为汽车,治疗师投射了一个想象。)

孩　子:"那不是汽车,那是轮船。"

　　建议的回复:"它肯定发出了很多噪声。"(避免了标识物件,同时暗示了"我就在你身边"。)

• • •

孩　子:(把短吻鳄玩偶放在了手上。)

治疗师:"现在你有了一只短吻鳄。"(孩子并没有给玩偶命名,治疗师限制了孩子的想象力与行动。)

　　建议的回应:"现在你有一只了。"(让孩子继续玩,并引导孩子给物件命名。)

• • •

孩　子:(仔细打量着一个宇宙飞船,不过他还没有给他命名,随后他从桌上的玩偶家庭中拿起了两个男性玩偶。)

治疗师:"看来你选中了两件物品来放进你的宇宙飞船里。"(治疗师将物件称为宇宙飞船,孩子还没有说他要用那两个男性玩偶做什么,这种回应引导了孩子的游戏方式。)

178

建议的回应:"看来你想要用他们来做些什么。"(与孩子进行了交流并准予孩子继续主导游戏。)

• • •

孩　子:(用蜡笔画了一只猫。)这就是我的凯蒂猫。(猫的每条腿上都点了斑点。)

治疗师:"我想你要给小猫画指甲。"(孩子并没有这么说,治疗师主导了游戏。)

孩　子:"不。"(她继续给小猫上色,她已经画了脚趾,但是没画指甲,这让她感到自己做错了什么。)

建议的回应:"现在你想在小猫的那里加上些什么。"(回应传达出了治疗师对孩子行为的关注与兴趣,也准许了孩子决定自己画什么。)

评价与表扬

孩　子:(她找到了一把梳子,并用梳子给两个娃娃梳头。)

治疗师:"你做得很好。"(孩子渴望表扬,因此他可能会继续同样的行为。)

建议的回应:"你懂得如何去梳理他们的头发。"(这个回应反映了孩子的能力而不是对于结果的评价。)

• • •

孩　子:"或许我会在做完这个后去画画。"

治疗师:"听起来是个不错的主意。"(此时孩子会觉得画画是治疗师希望他做的任务,他不能再自由的改变自己的意愿。)

建议的回应:"你在想你一会儿可能会画画。"(显示出了理解、并让孩子自由决定。)

• • •

孩　子:"我做了一架飞机。"(随后她让飞机在屋里飞。)

治疗师:"啊,你做了一架飞机。"(治疗师的兴奋超过了孩子感受的级别;这是一个价值判断。)

建议的回应:"你可以让它在四周飞。"(避免了通过简单的词汇给孩子赞扬。)

• • •

孩　子:(假装在煮鸡蛋,并用盘子将它呈给了治疗师。)"你觉得味道怎样?"

治疗师:"这些鸡蛋味道绝对很棒!(评价并鼓励了外在动机。)

不恰当的提问

孩　子："我和考特尼在玩过家家……"（进行了很长一段描述,其中不断提到考特尼。）

治疗师："考特尼是你的朋友吗?"（提问迎合了治疗师的需要,考特尼是否是他的朋友跟治疗并不相关。）

　建议的回应："听起来你和考特尼一起做了许多事。"（显示出了理解,并侧重在了孩子身上。）

● ● ●

孩　子：（精力旺盛地击打充气不倒翁,没有可观察的情绪影响。）

治疗师："当你打充气不倒翁的时候有什么感觉?"（回应不恰当,因为可观察的情绪影响。治疗师给出暗示,孩子应该感觉到一些东西。）

　建议的回应：不需要对孩子在活动室的每件事情作出回应。

● ● ●

孩　子：（谈论他的棒球队并激动地说）"我知道我们这个下午会赢!"

治疗师："你喜欢赢吗?"（答案很明显的问题。显示出对孩子缺乏理解。）

　建议的回应："你在胜利中获得很多乐趣。"（显示出理解。）

● ● ●

孩　子：（找到一个小盒子。）"这里面的东西呢?"（然后把芭比娃娃的鞋子放在容器里。）

治疗师："你认为应该放在那儿吗?"（质疑孩子的决定,致使他们怀疑自己,这样无法沟通。）

　建议的回应："你决定把它们放在这里。"（信任孩子做的决定。）

质疑转为陈述

孩　子："闪电很恐怖。"

治疗师："你有点害怕闪电?"（使用"有点"淡化了孩子的感觉,提问传达出了治疗师没有理解孩子的感受,不得不进行询问。）

　建议的回应："闪电的时候,你被吓倒了。"（表示了对孩子感受的理解。）

• • •

孩　　子:"我现在打算去做晚饭。"

治疗师:"你决定现在是晚饭时间?"(质疑暗指缺乏理解。)

　　建议的回应:"你决定现在是晚饭时间。"(避免了语调产生的质疑感,传达出对孩子的理解与信任。)

• • •

孩　　子:"我喜欢木偶剧。你喜欢吗?"

治疗师:"你喜欢和所有的木偶玩?"(最后上扬的语调将原本的陈述变为了寻求是否的质疑。)

　　建议的回应:"你很喜欢木偶剧。"

• • •

孩　　子:(在玩玩具。)

治疗师:"韦斯利,我们再在这里玩5分钟就走,好吗?"("好吗"让孩子觉得在没有选择的时候,他还是有选择的。)

　　建议的回应:(把"好吗"去掉。)

引导孩子

孩　　子:(使用一把塑料刀刮瓶子上的盖子。努力把油漆刮掉。)

治疗师:"尽管事情很困难,你也没有放弃。"(现在,孩子可能不会停止刮漆了,即使油漆很难刮下来,因为他害怕治疗师可能因为他的放弃而生气。)

　　建议的回应:"你正努力地把它刮下来。"(承认孩子的努力。)

• • •

孩　　子:"这个房子是你的,你喜欢它是什么颜色的?"

治疗师:"我喜欢用红砖砌成的房子。"(不应引导孩子做出取悦治疗师的行为,此时孩子可能会想为治疗师画一座砖砌的房子,因而耗费过多的时间去画砖,试想若这个孩子不擅长画砖会出现什么情况呢。)

　　建议的回应:"替我建一座特别的房子,你来选择它是什么颜色的。"(这种回应让孩子自己主导游戏,使治疗侧重孩子而不是治疗师。并让孩子对房子的总设计承担责任。)

• • •

孩　子：(在厨房里摆弄着婴儿玩偶和饭锅,并拿起了一个水壶。)

治疗师："你准备要喝咖啡吗?"(治疗师投射了自己的想法,从而妨碍了孩子自主决定与创造。如果孩子在计划另外一件事情呢? 她会准备去倒橙汁或者倒一杯牛奶给婴儿呢?)

　　建议的回应："现在你准备使用它。"(显示了治疗师对此的关注,避免了给孩子定向,让孩子自我引导。)

• • •

孩　子："我可以做什么给我们吃吗?"

治疗师："噢,你可以做很多不同的东西。"(暗示了治疗师知道孩子会做些什么,导致孩子等待治疗师告诉他该做什么。)

　　建议的回应："你可以自己决定。"(准予孩子自由选择,承担责任。)

　　治疗师需要作出努力,只有真切地理解孩子并在陪同时切忌莽撞,准予他足够的自由的,让他充分表现自己,才能说是做出了移情的回应。在下述我对游戏治疗其中一个疗程的记录中,我们可以看到治疗师在以孩子为主的治疗中,交流时对孩子的关注。

保罗——治疗中的一个极端的、好动的孩子

　　保罗和他的祖父关系很亲密,他们开着辆旧的小卡车几乎一起去了所有地方。当保罗4岁的时候,他的祖父过世了,尽管看起来祖父的去世并没有给保罗带来心理创伤,但他十分思念他的祖父。在祖父过世两个月后,保罗坚持让母亲带他去公墓拜访祖父。到了公墓后,保罗跑向陵园,手与膝盖贴地,开始通过墓碑上的一个凹洞来与祖父聊天,尽管那个凹洞显然是用来插花的。聊了几分钟后,保罗准备回家了。两周之后,保罗又坚持让母亲带自己去公墓和祖父聊天,而在接下来的2年中,这成为了保罗家的必做之事,每两个星期他们都要开1个小时车去公墓与祖父聊天。在这2年里,保罗也形成了对死亡强烈的恐惧。当他6岁步入一年级,他不学习如何阅读,在操场上与其他小朋友活动时亦表现出攻击性,十分吓人。于是,保罗被他妈妈带来治疗中心做游戏治疗。下述的记录来自保罗的第二个疗程:

保　罗:(保罗打开门,走进活动室,立刻开始击打一个玩具沙袋)"那是什么!"
　　　(打着充气不倒翁。)

治疗师:"你真的痛打了他一顿。"

保　罗:"我是一名警察,我现在是一名警察。"

治疗师:"你当了一段时间警察。"

保　罗:"啊,(打了充气不倒翁)天啊! 你有看到了吗?"

治疗师:"你让它在打转了。"

保　罗:"我,你知道我究竟是谁吗? 警察。不,我在家里(玩偶屋)玩了一段时间。
　　　我有点喜欢这里。"

治疗师:"上次你也说有点喜欢这里。"

保　罗:"嗯,是的。(正在玩那个玩偶屋,在里面摆放家具。)蝙蝠侠(充气不倒
　　　翁)怎么了? 他被做了记号。"

治疗师:"看起来,像是被某人做了记号。"

保　罗:"估计是某人做的。"(注意力回到了玩偶屋里)"噢,他们有电视机。这是
　　　什么?"(发现了放在玩偶屋左边的一个玩具士兵。)"之前应该有人在这
　　　待过。"

治疗师:"你发现了在你之前有人来过。"

保　罗:"谁?"

治疗师:"有其他小朋友到过这里。"

保　罗:"噢。"(对答案感到满意,注意力又回到了玩偶屋上。)"这房间一定被当
　　　作过一段时间孩子房,是不是? 车在哪里? 我需要一辆车。"(在房间里徘
　　　徊,寻找车子,找到后他把车放到了屋里。)"在这里。"

治疗师:"这是你上次用过的那一辆。"

保　罗:"嗯,是的。"(手里握着车子)"啊! 好的! 爸爸应该买一台新电视。他买
　　　了。这是放在他的床旁边的。他们刚刚搬进来。"(指着屋子里的一
　　　家子。)

治疗师:"这么说他们刚刚搬这个屋子。"

保　罗:"又一次,不是吗? 这台电视机,他们曾经住在这里,不是吗?"

治疗师:"现在他们再一次住进这里来。"

保 罗："啊,对了,你知道他们想要做什么呢?他们想去旅行,他们已经到了他们
想到的地方。(将玩偶屋里的家庭放进了一架玩具飞机里了。)

治疗师:"他们将飞去某个地方。"

保 罗:"你知道他们要去哪里吗?他们要去……他们要去纽约。"

治疗师:"这是一段很长的旅程。"

保 罗:"我打赌那会很快,想想小朋友们如何看待坐飞机的。他们会很开心,不
是吗?"

治疗师:"因此他们会喜欢这次旅行。"

保 罗:"我知道因为是乘坐飞机旅行,所以我要让他们坐下,是吗?"

治疗师:"你想正确的放置他们。"

保 罗:"如果他们不坐下,不把安全带系上,你知道会发生什么吗?他们只能待
在家里,他们就不能坐飞机去旅行了,不是吗?"

治疗师:"所以他们必须要做他们应该要做的,否则他们就不能去旅行。"

保 罗:"是的,因为婴儿很开心,因此他也不会哭了,我打赌,他妈妈会……"(他
笑了)"他妈妈和家里的其他人对于这架飞机来说太大了,不是吗?"(尽管
说话时,所有玩偶都在飞机里。)"他们回来了。"(飞机从没离开过他放置
的那个位置。)"他们将飞机停在了他们家旁边,不是吗?"

治疗师:"这么说他们真的离家很近。"

保 罗:(他将玩偶从飞机中放回玩偶屋中。)"天啊!那真的很快。猜猜怎样?你
知道爸爸要做什么吗?买一部新的小卡车。"

治疗师:"这么说他会买一辆新的小卡车。"

保 罗:"是的,他们已经有两辆了,他们已经准备好要搬进卡车里去住了。"(摆弄
着玩偶屋里的玩偶。)

治疗师:"他们可以搬进卡车住。"

保 罗:"他们可能会搬。小孩子在看动画片,小宝宝在玩耍。你知道吗?看完动
画片后,他们会出去。"

治疗师:"这么说他们看完电视会出去。"

保 罗:"爸爸出去买新卡车,妈妈待在家里做晚饭。爸爸找不到新的小卡车。"

（拿了另一部卡车放在玩偶屋里。）"现在有了，他要买这部车。Golly，这部卡车很大，不是吗？他可能不会买这部车。噢，看啊，爸爸在工作，他不能买新卡车了，因为他没找到。"

治疗师："他没有找到他喜欢的。"

保　罗："他有一天会找到的，不是吗？你还有其他卡车吗？现在来看蝙蝠侠。"（对着充气不倒翁的脸打了9次，摔打并推倒它）"他要倒下一会儿了，我把他放到椅子上，他会……我会对他射击。我有各种枪，我会向他射击。"（拿起了玩具枪和一部塑料电视）"砰砰……这部电视机不同于一般的电视。"

治疗师："嗯。"

保　罗：（把电视放进玩偶屋。）"我猜那是爸爸的电视。"

治疗师："那么他有一部特别的电视。"

保　罗："是的。"（拿起步枪朝乒乓球射击。）"嗨，那些圆球哪里去了？"（拿起了一个乒乓球。）"为了他（蝙蝠侠）好，我应该射他，不是吗？"

治疗师："你知道该怎么做，你已经计划好了。"

保　罗："看，蝙蝠侠准备好了吗？蝙蝠侠遭遇了很大危机，不是吗？"（射击）"我打中了他，不是吗？"

治疗师："你第一枪就打中了他。"

保　罗："我要继续射击。"（瞄准，射击，但是没能命中。）"哼，试试另一把枪会好一些。"（尝试用飞镖手枪）"我拿到另一把枪了。"（射中了目标旁边。）"我打偏了，是吗？"

治疗师："子弹刚好擦着他过去了。"

保　罗：（又一次打到了旁边。）"这很难，不是吗？"

治疗师："要从那打到他是很困难。"

保　罗：（又一次打偏了。）"我子弹全打偏了，不是吗？"（捡起打偏的飞镖。）"你知道如果让我逮到他我会做什么吗？我会将他绑起来杀了，将他砍成两截。"

治疗师："你真的很想杀了他。"

保　罗：（又打偏了一发，但随后终于命中了。）"打中了！"（他跑了过去，将它按在了地上。）"应该会死一段时间了，你知道我会怎么对他吗？"用一把橡胶小刀砍不倒翁，走到了厨房看了看碟子）"你知道我要做什么吗？"

治疗师："你现在已经计划好了。"

保　罗："我不会对他下毒。"（上个疗程中，他毒死了蝙蝠侠。）"你知道我这次想要做什么吗？我要再一次杀了他。我要毒死他。看吧。"（拿起了一把手枪，用枪对准了蝙蝠侠的脸，扣下了扳机。）"哈哈。"（走向了沙盘，站在了中间，装了一水桶沙子。）"你知道我要做什么吗？"

治疗师："你可以告诉我。"

保　罗："我要这样对他。"（他把沙子倒在了地上，并开始将沙盘里的沙子扫到外面。）"看这些血，哈哈，看这些血，蝙蝠侠真的要死了，因为我确实杀死了他。"

治疗师："这一次你确信杀死了他。"

保　罗："是的，我确信我也会杀了你。"

治疗师："啊，我也要被杀死。"

保　罗："因为你是罗宾。"

治疗师："你要把我们两个都杀了。"

保　罗："是的，希望我不会失手。"（说话时轻松惬意，嘴角有笑容。）

治疗师："我不是靶子。"（保罗将枪口对准了治疗师头的上方，射中了墙壁。）"我知道你想射我，你可以把蝙蝠侠当成我，然后射他。"（保罗随后又朝着治疗师的上方开枪，显然他不想打中治疗师。）

保　罗："噢，我没有打中你。"（又一次开枪。）"啊，可恶！"（又开始玩电话。）"你知道我想要打给谁吗？嗯……"（拿起另一个电话开始拨号。）"是的，蝙蝠侠死了，嗯，嗯，好的。"（放下电话并走去活动室的另一边。）"我应该进行咏唱来使蝙蝠侠醒来，不是吗？"（拿起玩具电话，满怀期待地看着蝙蝠侠。）"他几乎要醒来了。"（走向蝙蝠侠。）"我应该砍了他的头，对吗？"（击打了蝙蝠侠。）"现在他死了，我要继续和爸爸玩了。"（在玩偶屋里摆弄着卡车。）"这就是新卡车，它会运行得很好。他也买了部新电视，不是吗？"

治疗师:"所以现在他们有两部电视了。"

保　罗:"没错。嗨,它能工作吗? 你把它放进去的?"(检查电视机后取出了一枚碎片。)

治疗师:"你发现它了。"

保　罗:"它能动吗?"(尝试让画面动起来。)

治疗师:"你现在很疑惑,这部电视能否像真的电视一样工作。"

保　罗:"它的图像不会动,爸爸买了新电视,不是吗? 他为了他们买的。"

治疗师:"是的,为了他们买的。"

保　罗:"孩子们看见了爸爸买的新卡车了,孩子们还不知道呢,他们跑了过去。"

治疗师:"是啊,这对他们来说有些惊喜。"

保　罗:"孩子们没有见过这样的东西,不是吗?"

治疗师:"所以是一个特别的惊喜。"

保　罗:"爸爸总有一天是要交还卡车的。"

治疗师:"所以爸爸不能一直拥有它。"

保　罗:(把玩偶放进卡车。)"他们要出去兜一圈,宝宝呢,啊,在这。他们会觉得很有趣的,不是吗?"

治疗师:"所以他们就一起坐着新卡车出去兜风,他们会很开心。"

保　罗:(缓缓地推动卡车绕着房子开动,发出发动机工作的声音。)"他们快到家了,不是吗?"

治疗师:"他们要回来了。"

保　罗:"是时候下车了。"(把玩偶从卡车放回了屋里。)"孩子们叫道'哇! 哇!'"

治疗师:"他们不想下车。"

保　罗:"他们喜欢坐卡车,不是吗?"

治疗师:"他们从中获得了许多乐趣。"

保　罗:"猜猜怎样,爸爸可能要买一辆拖拉机,他要去工作了。"

治疗师:"这么说,他买了部电视,然后买了辆卡车,或许还会买辆拖拉机。"

保　罗:"他们可能会搬走。"

治疗师:"嗯……他们可能要搬走。"

保　罗："是啊,他们会想念看动画片的日子,爸爸要走了,妈妈要把宝宝放上床了,不是吗? 我打赌这个宝宝会变成秃头的,不是吗?"

治疗师:"没有头发。"

保　罗:"我知道,我意思是他有一天会秃的。"

治疗师:"嗯。"

保　罗:"宝宝一定会秃的,不是吗? 他们要做些什么了,爸爸要上班了,他可能会买一辆拖拉机,我打赌他一定会的,他买来了。"(摆弄着拖拉机。)"我觉得孩子们看到它会很开心的,天啊,他的方向盘太大了。"(尝试把拖拉机放到滑行车里。)

治疗师:"大小不是很合适。"

保　罗:"我想他需要买另一辆了,我知道了,把这辆转手。"(无法把它放进卡车。)"我想他今天不能再买一个了,这里找到一个"(找到了一个大小合适的。)"看这辆拖拉机。现在有拖拉机了。我们走吧,动画片已经放完了,他们已经看完了,不是吗?"(高兴地说。)

治疗师:"看动画片使他们很开心。"

保　罗:(开始将家具放到卡车里。)"是啊,不过可怜的妈妈不能再继续做饭了。"(尽管他在卡车上放置了火炉。)"妈妈饿了,爸爸也饿了。你知道的,他们可以搬走洗手间。"

治疗师:"呃,他们几乎搬走了房子里的所有东西。"

保　罗:"天啊! 都在车里,他们搬进去的,不是吗?"

治疗师:"他们把屋子里所有东西都搬出来了。"

保　罗:"好吧,他们决定还是住在这里。"(把所有家具又放回了玩偶屋里。)

治疗师:"这么说,他们搬出来后,又决定搬回去。"

保　罗:"知道为什么吗? 他们想看更多的动画片。"

治疗师:"所以他们决定搬回来看动画片。"

保　罗:"知道爸爸要做什么吗?"(带着爸爸的玩偶进入了沙盘。)

治疗师:"你可以告诉我他们想要做什么。"

保　罗:"好吧,他要死了。"

治疗师："噢,爸爸死了。"

保　罗："是啊,他们要把爸爸埋在沙子里。"(挖了一个沙坑,把爸爸的玩偶埋了进去。)

治疗师："他死了,现在被埋在这里了。"

保　罗："我知道。我猜他们需要个新爸爸了,对吗?"(继续在沙盘里埋玩偶。)

治疗师："所以爸爸死了,他们就需要个新的了。"

保　罗："噢,他完全被埋住了。"

治疗师："现在看不见他了。"

保　罗："这就是埋葬他的地点。"(他在那里立了个漏斗)"孩子们会来看他,宝宝还在睡觉。"(回到了玩偶屋把孩子们的玩偶拿了过来。)

治疗师："嗯,他们要去看他们爸爸埋葬的地方。"

保　罗:(他把玩偶的头对着漏斗的一头)"他们听到了什么? 唔……"(从坟墓传出了声音)

治疗师："他们从父亲的坟墓里听到了声音。"

保　罗："是的,你猜怎么样? 他们要把爸爸挖出来。"(把玩偶从沙子里挖了出来。)"天啊,他还活着!"

治疗师："所以说他并没有真死,现在又活过来了。"

保　罗："他们对此十分惊讶。"(声音听起来十分兴奋与喜悦。)

治疗师："这对他们是个惊喜。"

保　罗："天啊,看啊! 他们那边发生龙卷风了,他们最好赶快回去,对吗?"

治疗师："龙卷风很危险。"

保　罗："我知道,龙卷风能刮倒房屋,他们中的一个掉队了,是那个女孩。"(用沙子将玩偶埋了起来,治疗师没有看到埋的动作。)

治疗师："这么说女孩被留在了墓地里。"

保　罗："呃,她被埋了。"

治疗师："噢,她被埋在墓地里了。"

保　罗："她不想……她不想被龙卷风波及到。"

治疗师："这样龙卷风就碰不到她了。"

保　罗："龙卷风过去了,噢,看看发生了什么?"(推倒了玩偶。)"天啊!"

治疗师："龙卷风刮倒了一些东西。"

保　罗："是啊,但是它没有刮倒这个。"(指着卡车。)"所有小孩都必须立刻进入房子,躺下休息。"

治疗师："所以他们希望待在房子里会安全。"

保　罗："妈妈也告诉小女孩去休息。爸爸去扶起被刮倒的旧卡车"(扶起了卡车。)"噢,龙卷风走了,爸爸会大吃一惊的,猜猜如何。现在我们来看看蝙蝠侠。"

治疗师："那么现在又是蝙蝠侠的时间了。"

保　罗:(走向蝙蝠侠并用手铐把自己铐住。)"噢,我被抓住了,不是吗?"

治疗师："你被某人抓住了。"

保　罗："是警察。"(将自己的手用手铐铐在身后。)

治疗师："噢,警察逮捕了你。"

保　罗："因为杀了蝙蝠侠。"

治疗师："因为你杀了蝙蝠侠,所以警察逮捕了你。"

保　罗："是的,蝙蝠侠现在活着。但是我不能向警察证明这一点,因为我的手被铐住了。"(将手伸向治疗师,寻求帮助,治疗师松开了手铐。)"好吧,我进监狱了。"

治疗师："警察铐住了你,并把你送进了监狱。"

保　罗："我知道,他必须做些什么,他不能杀人。警察包围了他,他必须把匕首拔出来。"

治疗师："他们制服了他,这样他就不能杀人了。"

保　罗："是的,他们把匕首拔了出来,蝙蝠侠活了过来,最好帮他站起来。"(把蝙蝠侠扶了起来。)

治疗师："那他现在没事了。"

保　罗："先等一等,"(将代表蝙蝠侠的玩偶移动着走了一圈。)"噢,我现在在监狱外面了,帮帮我。"(想挣脱手铐,手铐弄疼了他的手腕。)

治疗师："有时候那个东西会弄疼你。"

保　罗："是的。"（把手铐摘了下来。）

治疗师："但你把它摘下来了。"

保　罗："猜猜怎样,我现在是警察了,我要成为警察了,不是吗?"

治疗师："所以现在你是有手铐的人了。"

保　罗："我现在是警察了,我是蝙蝠侠,我要把你关进监狱,可以吧?"

治疗师："你可以假装逮捕某人,我会看着你的。"

保　罗："好吧,那,警察先生现在有麻烦了,不是吗?"（尝试将手铐吊在一起。）

治疗师："看样子他在处理手铐时很费劲。"

保　罗："噢,不。他解决了,现在没问题了。"

治疗师："你解决了。"

保　罗："嗯,我找到了解决的方法。"（将手铐吊在了口袋上。）

治疗师："嗯,你找到了一个方法。保罗,我们今天还能再在活动室里待5分钟。"

保　罗："噢……"（看样子不想结束游戏,发出射击一般的声音,在活动室里奔跑,倒在了地上,假装和某人扭打。）"我抓住他了,是吗?"

治疗师："你在那抓住了他。"

保　罗：（和想象中的角色扭打了几分钟。）

治疗师："你真的很努力。"

保　罗："是啊,你知道的,他很难对付。"

治疗师："他真的很难对付,不过你在和他搏斗。"

保　罗："我打倒他了。"

治疗师："保罗,你赢了,我今天就到这了。是时候去等候室见妈妈了。"

保　罗："噢,好的。"（走向门口并打开了门。）

　　正如第二个疗程一样,在治疗中经常会出现这样的情况,即有几个很鲜明的主题。电视对于保罗来说似乎很重要,治疗中他多次提及了电视。此外,并没有实施的飞机旅行、围绕着玩偶屋的旅行、宣布搬家后又最终决定继续住在这里,都显示了有关家庭迁移安全的主题。另一个可见的主题是保罗声明死亡不是永恒的——"应该要死一会儿了。"这一主题尤其在孩子与被埋葬的父亲交谈这个故事上得以体现,这个故事与保罗个人去陵园与过世的祖父交谈的经历十分相似。在治疗开始后,他只再去过陵园 1 次,这显示出了他显著的转变。在第 5 个疗程里,保罗说道:"你知道我的祖父死了。"这首次表现出了保罗接受了祖父的死亡这个事实。

11 治疗中的限制设置

限制设置（limit setting）是治疗中最重要的治疗环节之一，也是很多治疗师感到棘手的问题。限制条件为发展治疗关系提供了一个框架，同时也有助于改善现实生活中的各种关系，因此，没有限制的治疗关系会显得价值匮乏。事实也证明，那些主张进行限制设置的治疗师在咨询过程中，无论在表达治疗师关于自我的理念上，还是在关于对孩子和友谊的观念上都表现得较为出色。根据姆斯塔卡（Moustakas，1959）的观点，情感和社会关系的发展不可能发生在一个混乱无序的关系中。因此，治疗也不可能发生在无限制的条件下。由此可见，限制环境是实施治疗时最困难的一块。事实上这样的情况经常发生，如，没有经验的治疗师在实施限制时，常常会小心翼翼，而有时，一些治疗师为了获得孩子们的喜欢，而不愿实施限制。

限制设置的基本准则

来访者中心的游戏疗法并不意味着要接受孩子所有的行为。治疗是一个学习的过程，而限制的设置为这种学习提供了可能。因此，当本该限制而未进行限制时，孩子们实际上是被剥夺了一次重要的学习机会。在设置限制的治疗中，孩子被给予选择的机会，因此他们对自己以及自身的状况负有责任。

治疗过程中有一点非常重要，就是治疗师要相信孩子们在治疗过程中会表现出积极合作的一面，当孩子们感觉到自己是被尊重的，行为和情感也是被接纳的时候，他们也更愿意顺从这种限制的设置。这样，治疗师才能更有效地把注意力集中在孩子们被压抑的负性情绪上。治疗师应该在治疗中不断地表达理解、支持及关注孩子的价值观和表现对孩子的信心。

在治疗室中的限制应该尽量减少但是不能没有。孩子面对过多限制时既不能很好地了解自己也不能充分表达自己。而没有限制又将会干扰治疗双方相互信任的发展进而对治疗关系造成危害。

建立一个完全的限制而不是有条件限制的治疗效果是最好的。完全限制在不会给孩子带来困扰的同时也使治疗师更有安全感。"你可以轻轻掐我,但不能伤害到我",这个问题存在要我们思考到底多大强度是掐？多大强度是伤害？"你可以在沙盘里洒一些水"也同样如此,一个孩子怎么会知道治疗师到底要他做什么,如,治疗师说"你不该涂那么多胶水在充气不倒翁上"。完全限制的说法应该说"不能掐治疗师",这时孩子才彻底明白什么是不被允许的。而诸如"你不能太用力地去敲门"这样的条件限制则会成为孩子心理冲突的基础,因为对于治疗师来说是"太用力"敲门的情况,对孩子来说可不一定是,这也进而会导致孩子们去和治疗师争辩。而治疗师应该永远不要同孩子争论,最好的办法是简单地重复最初的限制和问题,然后反应孩子的愿望和感受,如"你想要我相信你没有打破这个镜子,但镜子自己不会破"。

限制应该以一种平静有耐心的,实事求是和稳定的方式来陈述,限制如果太马虎或陈述得太快就会表现出治疗师的焦虑,同时也会失去孩子的信任。如果治疗师表现出对孩子及其行为的信任,那么治疗师自身也可以很镇定地来应对整个治疗。实际上如果一个孩子站在据治疗师10步远的地方似乎要用枪瞄准治疗师,并扬言说要射击治疗师,那治疗师也不能在孩子扣动扳机之前冲过去阻止这件事情。治疗师最好是平静地坐着不动并且相信如果孩子真的那么做他自己应该对此负责。如果治疗师从椅子里跳起来并试图消除孩子的愤怒,她的行为其实是传达了一个信息:我不信任你。孩子就会失去最初的责任感,因为"她想要我这么做。"这样的情况要是频繁发生就会唤起治疗师的焦虑并且迅速暴露更深层的态度、治疗理念和动机。没有经验的治疗师在实施治疗的过程时不应该气馁,即使是他们有些焦虑或者可能有一些孩子坚持拒绝限制或者可能会打破规则。有一种方法叫"风暴预测",即治疗师发现孩子的反应降至最低而需要控制孩子的行为。因此,监管经验在帮助治疗师处理他们自己更深层的感觉和态度是非常必要的。

在治疗的限制环境中,无疑注意力和重点通常是在孩子身上。但是,为了了解问题存在的主要因素,治疗师通常希望深入到治疗情境中以获得孩子本性中的东西,例如"在这里我们可以完全放松"等做法就很容易达到目的。在治疗过程中经常使用"我们"和"我们的"等词汇会缩短治疗师和孩子之间的距离,因为这表明治疗师是治疗过程的一分子,这并不否定孩子在整个过程中的独立性。在治疗的限制环境中,有时需要淡化限制的影响。例如,"这里我们不用清掉地板上的油漆",这并不是把焦点放在了孩子身上而是淡化了限制的影响。治疗过程中治疗师将自己包含在了场景中有可能是文化习惯的作用,但也揭示了一种治疗师没有觉察的治疗需要和态度。

什么时候说明限制

在治疗过程中一个关键的问题就是什么时候说明限制。治疗师是将其作为一般的说明,纳入治疗室的介绍放在一开始说呢,还是根据治疗进展的需要选择合适的时机再说呢? 如果放在一开始说明,会让孩子立刻出现害羞、害怕,继而产生一种消极的情绪,所以在治疗一开始就提供一个全面的规则条款是不必要的,何况有一些孩子从不需要限制他们的行为。实施治疗对孩子来说是一个学习的过程,最佳的学习时间是限制问题出现时。同时对于孩子情绪的了解也是在需要限制时才能获得。

经验法则

在必要的时候设立限制。

自控只有当有了练习自控的机会时才能被习得。因此,咨询师对孩子的时间限制没有必要在一开始就告知,只有当孩子开始想离开治疗室才有必要说明离开的时间限制。那时,可以这样说"我知道你想走了。但(治疗师看一下表)我们还有 20 分钟,然后你才能走",允许孩子反抗这种离开或者不离开的限制。在这种情况下,治疗师用"我们"来强调这种治疗原则。

治疗限制的基本原理

治疗限制设置应该建立在合理化原则和一套必要的、通过全方位的干预限定而设置的规章制度之上。限制设置不会在一个喜怒无常的情绪不稳定的治疗师那起到作用。限制是建立在一个治疗关系明确,且有清楚明确的成熟理论支持的准则上。限制不是单纯的以限制行为为目的,而是以促进孩子成长的心理原则为目的的。

尽管说起来有些奇怪,在治疗中我们经常要面对那些注意力分散且好斗孩子的对抗,并且还要在对抗时给予他一定的赞扬。此做法的目的是为了取得更好的治疗效果,因为激发孩子主动接受规则限制的动机要比限制其行为具有更好的疗效。这样,我们就可以在整个治疗过程中把控孩子的动机、自我觉察、独立感、需要被接受等状况,从而制定有效的治疗方案。尽管孩子的行为表现不是最主要的,但是,孩子却常常因为没有获得那些缺乏经验的治疗师的注意和关注而丧失自控力。治疗中,孩子所有的感觉、欲望和愿望都会被接受,但并不是所有的行为都会被接受,破坏性的行为不能被接受。但是,应该允许孩子象征性地表达自己而不用害怕、被谴责或拒绝。这种治疗限制的原理包括以下7点:

限制为孩子提供了身心保障和安全感

尽管治疗室里有着比现实中更宽松的气氛,但基本的健康和安全常识的限制是必不可少的。孩子不能扔尖头飞镖,也不能喝生锈罐头里的水或者用剪刀割伤自己。因为孩子的潜在伤害行为在治疗初期表现并不突出,因此,孩子永远不会被允许把东西放在有电的地方,保险插座应该被隐藏起来。

在治疗时,对孩子潜在的伤害行为应该给予必要的阻止。例如,阻止孩子想要打治疗师的行为或者用玩具打治疗师的头,因为孩子会在实施伤害行为后产生不安和焦虑,他们担心治疗师受伤或者担心治疗师不再喜欢自己了。与此相同,如果允许孩子在治疗师的脸上画画,将颜料倒在治疗师的衣服上或用飞枪射治疗师也会产生同样的后果。因此,应该阻止孩子打、踢、抓或者咬治疗师的行为。在孩子表现出强烈的欲望想要打治疗师,在墙上画画或破坏器材等行为时给予阻止,这样的行为被限制是为防止孩子产生攻击行为后出现的内疚和焦虑的感受。治疗师应该以下列态度对待孩子的这种潜在伤害欲望。

孩子潜在的伤害行为不能被夸大,而要在限制条件下让他们感觉到安全。当孩子的行为没有明确界限和限制性的约束时,通常孩子就会因感觉不到安全感而焦虑。限制为环境和治疗关系提供了一个真实的空间,这样孩子就会感觉安全。一些孩子无法控制自己的冲动,所以需要通过限制设定给他们提供一个控制其行为的方法来获得安全感,可见限制可以帮助孩子确立安全感。当孩子需要治疗关系中的明确界限,而且感觉到了这种界限一直存在时,他们就会觉得安全,因为明确界限的设定会让孩子知道自己该做什么。

在治疗过程中,限制保护孩子的心理健康并帮助接纳孩子

在治疗过程中,治疗师的心理安全感和情感及心理舒适也是重要的方面。假如治疗师被孩子从房间那头扔过来的一块木块砸中,可能会很难再集中精力去关注这一行为背后的原因或者孩子此刻心理的感受。但是如果治疗师静静地坐在那里观察孩子将沙子倒在地上,或者耐心地看着孩子剪他新鞋子上的花边儿等,就可以注意到孩子这种少见的行为。心理舒适和安全是每个人最基本的需要,且一直存在于个体的无意识状态中,治疗师的自我觉察是正确处理和解决这一问题的根本。

每个孩子都有一种潜在的内在积极的力量,而这种力量可以通过治疗师的包容和温暖的关怀被激发出来。而限制设置的使用可以使治疗师在整个治疗过程中保持共情和接纳孩子,试想如果在无限制的状态下,治疗师被孩子用锤子敲痛膝盖,而此时还要求他保持一种热情关心包容的态度,这显然是难以做到的。此时,治疗者出现厌恶和拒绝也在情理之中,或许治疗师也会用相同的态度去对付孩子。孩子一定不能被允许揪治疗师的头发,朝治疗师扔沙子,往治疗师的鞋子上画画或打治疗师,任何试探性的攻击行为即将出现并要对治疗师有身体上的伤害时都应该被及时制止,这样的行为在任何情况下都是不被允许的。因为这将会影响到治疗师对孩子的接纳、共情、尊重及客观地对待孩子。

治疗师不是"超人",他们也有正常人的感受,有时也不能控制自己的情绪,一旦治疗师出现生气或者拒绝的反应孩子也会很快感受到。因此,进行限制是保持对孩子包容和稳定的积极态度的关键。那些可能唤起治疗师生气或者焦虑的活动都应该被限制。然而,如果治疗师体验的生气或者焦虑只是因为孩子身上的一些小毛病,这就需要治疗师审视一下自己的动机了:限制条件的设置是为了用来

促进治疗关系还是为了迎合治疗师保持整洁的刻板要求。

限制可以提升孩子的主动性，自我控制能力和责任心

孩子在治疗师那里学到的东西之一就是无论他们的情绪是积极的还是消极的都会被包容。因此，拒绝和否定一个人的情绪是不可取的。在治疗室里，包容的方式对表达所有情绪都是很有利的。在孩子可以控制自己的冲动不去冲动行事之前，他们会去关注自己的行为，同时一种责任感和对自己自控能力的培养也形成了。当孩子在经历强烈的冲动情绪时，孩子意识不到自己的行为责任感也随之消失。限制设置可以通过这样的表达"这个墙上是不能画画的"等直观的反映现实场景，间接地关注孩子的行为。一个孩子如果没有意识到他们在做什么就无法建立责任感，当然也无法体会到自控。治疗中的限制设定并不是要激起一种压抑感，通常是试图让一种行为停止。如果他过于抵触改变自己的行为时，可以尝试一些缓冲的限制，因为限制孩子的行为并非是为了唤起焦虑，焦点是了解孩子的情绪或欲望以及行为的成分。这在陈述中可以清楚地表达"你可能喜欢在墙上画画，但是这个墙上不是用来画画的地方"或直接说"不要在这面墙上画画"。

孩子如果一定想要在墙上画，处理起来很麻烦，可以用一些特殊的方法来和孩子沟通，通过提供一些可行的选择"画架上的纸是用来画画的"，不要试着去阻止一种情绪或者一种行为，这样的陈述清楚地告诉孩子用可以被人接受的方式来表达自己。现在孩子面临了一个选择，以原始冲动做事还是通过可以被人接受的方式来表达自己。选择权在孩子那里，治疗师要鼓励孩子自己做出选择，因为决定是孩子自己做的，而不是治疗师要他这么做的，因此孩子要为此负责。如果孩子选择在画纸上画画这同时也培养了他自控的能力。

限制使情况稳定而且强调当下

孩子经常被治疗室里奇异的玩具所吸引，而花大量的时间全神贯注于那些奇异想象的场景，此时应有效地避免孩子沉溺在自己的幻想世界中。限制的真正实施，可以帮助孩子迅速从自己的幻想中回到现实关系中，治疗室是真实世界的模拟，治疗室中几乎包括了现实生活中所有的限制。当治疗师插话道"你也许是真的想把那些颜料倒在地上，但是颜料是不能涂在地板上的，下水道可以倒掉这些颜料"，当孩子在面临现实中一些不可改变的规则时被给予了作出选择的机会，同

时也体验到随之而来的责任感,孩子不能一直生活在不切实际的幻想中。因此,一旦限制被确定治疗师就不能姑息违反规则的行为。孩子也必须严格执行治疗室里治疗师的决定。

限制还保证了治疗有现实的意义。治疗不该和现实差距太大,那样就不能把治疗中的经历和习得的规则运用到现实中。限制应存在于任何有意义的咨询关系中,治疗关系中要是没有任何限制那对于参与者来说是无意义的。当治疗师陈述了限制规定来保护自己免受伤害时,治疗师的人格和受尊重的权利就被承认了,此时,咨询关系也在现实变动的过程中逐步稳定。

限制提高了治疗室中的一致性程度

治疗室的孩子们大多来自行为举止规则设定有困难的家庭和学校,这种情况导致了治疗室的一些限制设置也许在生活中并非被禁止。在现实世界中也许会有这样的情况,今天早上还被接受的观念也许中午就被宣称是错的。通常,孩子在这样的环境中很难理解到底什么才是被期望的,孩子常常很紧张,因为他们无法在处理问题时找到一个明确的界限。因此,治疗的目标之一就是要使得孩子获得情感上的平衡,真正体会到生活的一致性。治疗中治疗师的态度和行为一致性能帮助孩子获得安全感,而且这种内心的安全可以让他们成为被敬仰的人。

治疗中建构一个稳定一致环境的方法之一是通过说明和运用一致性限制。限制可以以一种稳定的非暴力的方式来呈现,因为治疗室稳定的限制不是一个死板的形式,而是一种稳定的非暴力的方式。死板可能会造成惩罚或是缺乏一种理解包容的态度,理解和包容是一种情愿和稳定的态度。治疗师可以耐心地理解和包容孩子的愿望和欲望但不接受他的过激行为。限制可以在治疗中建立起一个稳定的指导环境。现实中什么不允许在这里就不被接受。

没有稳定就不可能有参与,不参与就没有安全感,对限制的鉴定和扷行可以促进孩子参与到治疗关系中,进而增强孩子的安全感。限制设置的一致性的作用是确切地表达治疗师对孩子价值观和对孩子的接纳。限制设置的一致性具体地表现了治疗师把精力放在与孩子建立治疗关系的意愿上,用这样一个具体的方式形成的治疗关系,能确保治疗师对孩子情绪和态度真实性的接纳,同样也可以体现治疗师在其他环节对孩子的包容和接纳的程度。

限制可以维系专业的、道德的可被社会接纳的方式

在儿童治疗中实施限制设置时,应该对来访者的年龄给予足够的重视。在一般的治疗室里,我们无法想象会出现一个成年人或青年来访者想要在治疗师的办公室里脱衣服并爱抚治疗师,或在地上小便等行为,但这样的行为在儿童治疗室中并不少见。儿童治疗的本质在于其自由性和容忍性,即在治疗室里对于那些异常行为给予包容,但是包容是有限度的。如,孩子先脱下鞋子跳进沙盘里,然后又脱下其他的衣服扔在沙盘里玩,或者装扮婴儿。允许孩子脱鞋和袜子在沙盘里玩是合情合理的,毕竟这在学校的操场里、公园里和沙滩上是常见的,但在同样的地方脱掉裤子和内衣就是反常的,是社会规范不允许的,同样在治疗室中也不行。在地板上小便也是不被社会允许的行为,因此应该和社会保持一致给予限制。

尽管孩子在治疗室中觉得很安全,或者试图和治疗师无意识地交流他们的经历,但是,对那些沉溺于性的儿童来访者在治疗室中试着做一些性爱的、色情的成人做爱的动作一定要禁止。孩子不能被允许爱抚治疗师或做一些诱惑的动作,应该对这些行为给予限制。任何孩子和治疗师的性接触都是错的,因为这不仅不专业、不道德,而且违反了法律。由于儿童治疗的特殊性,有时会出现无法控制的发泄行为,对于这些治疗限制设定允许孩子用一种象征性的方式表现这种行为和感觉,也允许治疗师客观地看待,但治疗师绝对不得参与,只有这样才能保护治疗关系的专业权威和道德规范。同样,以上限制也适用于团体治疗,孩子不能对团体中的其他人做类似上述动作。

限制保护了治疗室的设备和房间

许多治疗项目在治疗室中提供玩具和设备,而对设施的使用不加限制的情况是不乐观的。允许对玩具的随意破坏会加大预算,而且这也对孩子的成长不利。大部分的治疗师都担负不起要频繁更换那乙烯帆布制的厚重充气不倒翁玩具的费用,一个这样的玩具要花 150 美元。因此,"充气不倒翁是用来打的,而不能用剪刀去捅他"是必要的限制。尽管跳进玩具房子并把它们踩成碎片对孩子来说很有趣,但这必须被限制,而且房子应该被保护不被损坏。"这个玩具屋不是用来在上面跳的",不值钱的东西也不能去破坏或者粉碎,同样,房间也不是用来破坏的,孩子不能在墙上或木地板上打洞,这些规定是让孩子学会如何控制自己的好机

会。治疗室不是一个让孩子想做什么就做什么而毫无限制的地方。这里有规则，而这些规则也是治疗的一部分。

重要的是孩子有机会通过一个可被接受的方式来表达自己的感情，仅仅限制行为是不够的。因此，每个治疗室都应该有一些不值钱的东西可供孩子去撕、摔或者扔。圆形纸盒就很符合这个要求，他们可以堆在一起，可以被踢来踢去，可以踩并可以将他们粉碎、撕毁、扔和在上面画画，黏土和彩土也可以被铺在地板上扔或者踩。

实际上，治疗中的限制是很小的一部分的行为：①限制对孩子和治疗师有危险的行为；②限制破坏治疗规则和过程的行为；③限制破坏治疗室的设备；④限制把治疗室中的玩具拿走；⑤限制社会不认可的行为；⑥限制错误的表达爱意。

治疗规则设置的程序

要设置一个能被理解接受和对孩子负责的规则是需要经过深思熟虑的。

治疗师的目的是促使孩子用一种能被接受的方式来表达自己的动机、愿望或需要，是鼓励表达而不是阻止行为，最终是通过一种可被社会接受的方式来促进孩子表达行为。虽然愿望可以被认可，但治疗室中一些行为必须被限制。治疗中，经常会出现治疗师依据自己的态度和目的对实施限制规定产生负面影响。例如，如果治疗师决定阻止目标行为，限制规则可能会以一种命令的语气来处理，如"你不要那么做"，这样孩子会觉得被拒绝或是觉得治疗师不理解他们。如果治疗师缺乏信息或不理解限制规则的程序，那么就会用这样的陈述来表达"我认为你不该那么做"孩子会觉得迷惑，感觉没有理由让自己停下来而继续那么做。

许多治疗的实践者认为，有些孩子坚持去做一些治疗师想要限制的行为，是因为他们在治疗师那得不到安全感。当面对一个要求或权威的态度，如"我已经告诉过你不可以这么做了"，孩子似乎觉得他们必须通过坚持自己的行为来保护自己。这种情况下，改变似乎就是让他们丢脸，让他们失去了自我，结果是更强烈的反抗。

与其阻止孩子的行为，不如让孩子觉得他有责任改变自己的行为。如果治疗师告诉孩子应该做什么，那么治疗师就承担了责任。当治疗师相信孩子有能力去承担责任而且可以沟通时，会这么说，"不能把东西扔向镜子，可以往门上扔"，孩子就有了关于接下来要做什么的选择意识,也因此产生责任感。

治疗师要想做出一个成熟且有效的限制设置,首先要仔细地检查自己的态度和目的,下列陈述是对一个想要在墙上画画的孩子进行沟通时各种信息的描述。

"在墙上画画不是个好主意。"

"我们不能画在这。"

"你不该画在墙上。"

"你不能画在墙上。"

"我不能让你画在墙上。"

"也许你可以画在别的上面,而不是画在墙上。"

"你不能画在墙上,这是规矩。"

"墙不是用来画的。"

治疗的限制设置过程的步骤

限制设置(limit setting)过程中一些特殊的步骤会有助于提高治疗效果。这些步骤不仅可以加深沟通、理解和对孩子动机的接受过程,从而使得限制更清楚,而且提供了一个可接受选择的行为。

步骤一:承认孩子情绪、愿望和需要

表达对孩子情绪或者需要的理解传达了对孩子动机的接纳,这是很重要的一步。因为孩子在治疗中表达了自己的情绪,而且这种情绪是被接受的,对这种情绪共情的表达常常能缓解孩子剧烈的情绪。仅仅是设置限制而不去理解孩子的情绪也许就给孩子传达了一种这样的信息:他的情绪是不重要的。在处理生气的情绪时尤其能体现出共情的重要性,而且这也是孩子开始改变行为的关键,孩子似乎对接受他们的动机感到满意,而且这种生气导致的行为也不再需要重复了。情绪如果被觉察了就要表现出来,如"你在生我的气"。当敞开了心扉,那对情绪的包容就畅通无阻了。

步骤二:探讨规则

限制的设置应有针对性,且应明确受限的范围。在孩子心中不应对什么是正确的,什么是错的,什么是可以被接受的,什么不被接受的等类似的问题心存疑虑。限制的含糊不清和不确定阻碍了孩子去接受责任和负起责任的能力。如果治疗师说:"你不能在墙上画得太多"这是不正确的,这样的表达式含糊不确定,尤其是孩子觉得其实他们只是做了"一点"而不是"太多"的时候。

治疗师也许并不能总是按这样的步骤来进行治疗,紧急情况下,比如孩子正准备用砖头扔向窗户,也许先限制是有必要的,"窗户不是用来打的",然后说"你想要朝窗户扔砖头",在这个例子中,没有过激的情绪反应,孩子的欲望也被反映出来了。

步骤三:制定可行的选择目标

孩子也许并不清楚他还能用其他的方法表达自己的情绪。更多的时候,孩子只能想到一种方法去表达自己。在限制设置的这一步,治疗师应向孩子提供一个可能被接受的行为表达方式,这包括给孩子指出不同的选择。一个更持久合适的目标应该这样表达:"玩具是不能被踩的,你可以选择站在桌子或者椅子上面",不同的地方是否可以画画的规定也不同:"墙不是用来画画的,你可以选择画在画纸上或者地板上。"一个替代物也许可以代替治疗师成为攻击的对象:"爱伦,你不能打治疗师,但可以打充气不倒翁。"提供选择的语言和非语言的结合对于将孩子的注意从本来的焦点转移到对情况作出选择上尤其有帮助,叫孩子的名字可以帮助获得孩子的注意。

当需要进行限制设置的时候,治疗师要牢记 **ACT** 技术。

A——承认孩子的情绪,愿望和需要;

C——对规则的制定进行沟通;

T——制定合理的可选目标。

下面这个例子向我们展示了在 6 岁的罗伯特身上关于这些步骤的应用。他在治疗室里非常生气,他拿起了标枪,对准治疗师准备向治疗师发射。

治疗师:罗伯特,我知道你十分生我的气。

罗伯特:是的,而且我正准备用枪射你。

治疗师:你只是太生我的气了,所以你想要用枪射我(罗伯特给枪装上了子弹,瞄准了治疗师)。但是我不是用来射的。(罗伯特在治疗师说话时插嘴道。)

罗伯特:你不能阻止我,没人能阻止我!(他举起枪瞄准治疗师。)

治疗师:你那么强大,没有人能阻止你的。但我不是用来射的,你可以假装充气不
　　　　倒翁是我(治疗师指了指充气不倒翁。)并对他射。

罗伯特:(举着枪向四周扫描,然后把目标对准充气不倒翁,并瞪着它。)接招!(他
　　　　射向充气不倒翁。)

这里很重要的一点是这种情绪得到了宣泄,而且孩子要对情绪和行为负责。
这是治疗过程中很重要的一步,孩子学着控制自己,了解和感受情绪被接受。

当规则被打破时的处理

打破规则是孩子将轻度的试探性尝试变成维护自己需求的战斗,打破规则也
是孩子在低自尊情况下的一种求救信号,孩子需要知道一个明确界限。此时,孩
子需要比其他时候更多的理解和包容。当治疗师想对孩子陈述那些规则时,一定
要关注和体会孩子的情绪和欲望的反应,有争议的、冗杂的解释应该避免,绝对不
要在限制被打破了以后去吓唬孩子。因为,限制绝不是一个惩罚孩子的方式。这
是一个锻炼耐心,冷静和坚定的机会,尽管规则被打破了,但治疗师依然要包容
孩子。

当孩子不愿去遵守限制并且越界的时候,治疗师不要去恐吓孩子或者把这个
结果延续到下一个环节去。在对一个叫埃里克孩子的治疗中,治疗师已经说了不
止4次不要在沙盘里玩,可他还是继续在里面玩,然后治疗师说"如果你还在里面
继续玩,那么下周你就不能在这玩了",这样做是不对的。如果此时提供一个选择
给埃里克,会有一个好的疗效,也许下周埃里克又会在其他的地方出现同样的事
情。每一个环节对于孩子来说都应该是一个新的开始。

当孩子坚持要做重复犯规的事时,告诉他最后的附加规则是有必要的。在解
释这个步骤时一定要小心谨慎。很多治疗师太急于要孩子接受这些限制而使进
程过快,**耐心是治疗的根本要求**。通常在不得不进行最后一步时,前面的步骤程
序至少要进行2～3次,最后一步很少用。

步骤四:最后的抉择

在不得已的情况下,要将最后的选择告诉孩子。

治疗师或者可以跟孩子摆明,要么你不要超出禁止的规则,要么在接下来的过程中选择离开治疗室。在实施这一步时必须十分谨慎地告诉孩子,无论最后结果如何,决定都是孩子自己做出的。"如果你还要用枪射我,那你就选择不再玩枪并且离开治疗室"。限制不要用惩罚或拒绝的方式呈现给孩子,如果孩子不止一次射击治疗师,那么他的行为举止就表明了他将不得不离开治疗室并停止玩枪,这取决于有什么可以供孩子选择。在这个过程中。离开治疗室放下枪并不是治疗师做的选择,因此,并没有拒绝孩子。

孩子需要清楚他们是有选择的,而且选择的结果取决于他们的行为。因此,一旦最后孩子出现了某种行为(或是停止射击或是再一次射击)都表明了他们的选择,治疗师一定了解这是孩子做出了选择。格尼(Guerney,1983)指出限制和结果之间应该被看做是有明确的不能改变的界限。因此,如果孩子选择打破规则,治疗师应该站在那说"我想你选择了现在就结束这次治疗"。

治疗师关于最后条件的设置也应该根据具体情况和孩子以及治疗师的容忍度而定。离开治疗室不应该运用在一个已经想离开治疗室并借此达到目的的孩子身上。

另一个要考虑的是,尽一切努力去保护孩子和治疗师免受伤害以及贵重物品不被破坏。治疗师不应该在孩子用卡车撞向镜子的时候还坐在那里重复着限制的步骤,因为镜子的碎片可能会伤到孩子。另一方面,治疗师在进行设置好的步骤时,能容忍孩子几次用子弹打他的行为,目的是想要给孩子机会去建立一种对自己行为负责的责任感,但是治疗师自身不受到伤害则更重要。

规则的含蓄表达

当设置限制时,治疗师应实事求是地告诉孩子这些限制的确非常必要。下面这些例子含蓄地表达了在治疗中监督的过程。

孩　子:(当治疗还有30分钟的时候就想要离开。)

治疗师:剩下的时间,我们就一起待在治疗室里不出去好么?(治疗师语气不确定,征得孩子的同意。)

建议:杰森,今天我们在治疗室的时间还不到,我们还有30分钟,然后你才能离开。（设置一个明确的限制并要明确说明。当孩子准备离开时。）

· · ·

孩　子：我想去那里。（指了指办公室。）

治疗师：让我们等一会再去。（哄孩子待在这，而不去想离开的事。）

建议：你想要到那去，但是我们在治疗室还要呆10多分钟，然后你才能离开去那里。（表明对孩子愿望的理解，设置一个稳定的限制并且沟通完成以后可以做的事情。）

· · ·

孩　子：我可以把水灌进去么？（举着枪。）

治疗师：你想要把水灌进去，但是你现在不能这么做。（不设置绝对的限制，表明有可能以后可以把水灌到枪里。说"我们"的时候表明治疗师将会帮助孩子一起把水灌到枪里。）

建议：你想要把水灌到枪里，但是枪不是用来灌水的。盆是用来装水的。（明白孩子想要的，设置一个明确的界限，并商讨一种可接受的选择。）

· · ·

孩　子：我想要把卡车扔出窗外。

治疗师：你可以用别的方式对它么？（如果孩子不考虑其他的，他的打算是可行的。）

建议：你想要把卡车扔出窗外去，但是卡车不是用来扔的。卡车是用来在地上玩的。（了解孩子的愿望，设置一个稳定的限制，并且告诉孩子卡车可被接受的用处。）

情景限制

把玩具或者器材从治疗室拿走

当孩子可怜的乞求治疗师："我可不可以把这个小车带回家玩啊？我没有汽车可以玩，而这个汽车是我唯一可以玩的"的时候，治疗师的情绪可能会被困扰。治疗师的第一反应可能会说："当然可以，这里还有好多玩具呢，而且和那个一样的还有好几个。"有4个理由说明玩具不能被孩子拿走。第一，治疗是建立在一个情感联系的基础上，而孩子情感内在的获得比外在的带走东西要有意义得多。现在在许多家庭里,受大人的影响孩子也觉得物质的分享比精神的分享要有意义得多。礼物取代了分享本身的意义,而孩子学到了,这是不对的,由此所建立的治疗关系也不正确。第二,预算方面也是要考虑的重要原因。许多治疗师在操作时都不考虑预算的限制。第三,要考虑到其他的孩子,只能在一个地方选择玩具,这是孩子自私的自我表达。允许玩具被带出治疗室干扰了其他孩子自由表达自己的意愿。当然玩具也不能由工作人员随意带出,比如把它带到客厅去安慰那些等候的孩子。第四,如果孩子把玩具带回家而不带回来怎么办,治疗师又要以另一种态度来要回玩具。

对于孩子想要把玩具带回家的愿望,治疗师可以这样回答:"把那个玩具带回家玩可能很有趣,但是玩具得放在治疗室里,你可以下次来玩",这个回答包括了对所有玩具的规定,避免了孩子接下来提出的要将这样那样的玩具带回家的要求,而且充分地表达了对孩子的尊重,"它们会待在这等你下次来玩"。

如果孩子想要家长看治疗室里他们特别喜欢的东西,那治疗师就会邀请家长在这一环节结束的时候来看。孩子可以把自己画的画带回家,但是治疗师并不鼓励这么做。如果治疗师想要保存孩子的画,他可以征得孩子的同意,请孩子在干预期间画一幅画。一些治疗师反应,许多孩子画画好像是为了把这个作为礼物送给家长或者伙伴,在这些情况下,治疗师很少能表达异议,所以他们要求在最后一次结束之前把所有的画先留在治疗室,直到最后一次才把所有的画拿回家。但是,一旦规则设置了以后孩子就很少作画了。关于那些用彩陶创作后能否拿回家去,这要根据预算而定。许多治疗师可能都需要对那些彩陶作品有所限制,而这通常都能被很好地接受。

离开治疗室

允许孩子随意地出入治疗室是不可取的,因为这严重影响了治疗关系的发展并阻止了下一个环节的进行和完成,尤其是当规则已经设置或者孩子正在生气、害怕的时候。孩子需要明白当事情出现的时候他们不能逃避责任,这表明了治疗关系是一个相互合作的过程。允许孩子根据自己的意愿离开治疗室实际上是把治疗转变成了一种游戏的过程。治疗师需要提醒孩子,如果他选择离开治疗室,那么今天他就不能再回到治疗室里来了。

在大多数情况下,最好的选择是不允许孩子离开治疗室,除去喝点东西或者上厕所,或者计划的时间到了。通常,在治疗过程中去一次厕所喝一次水就足够了。可是这个也不是绝对的,因为有些孩子真的是想去厕所,一些没有经验的治疗师没有察觉,直到孩子尿湿了裤子并且流在地板上,这会使孩子觉得非常尴尬和难堪。为了避免这种情况,家长有责任在每个治疗阶段开始的时候带他们去厕所。我们中心的2个治疗室里面都有卫生间,因此避免了这种问题。

下面这个例子讲述了关于离开治疗室的规则设置。

凯瑟琳:我不喜欢这里的任何一个人,我要离开了(迅速地向门口走去)。

治疗师:凯瑟琳,我们还没有到结束的时间。我知道你不喜欢这里的一切,你想离
　　　　开这,但是我们的时间还没有到。(治疗师看了一眼他的表。)我们还有15
　　　　分钟,15分钟后你可以离开。

像上面提到的那样,治疗师用"我们的"和"我们",因为治疗师和孩子都是治疗的一部分,而且他们都会离开。最后陈述的那部分,"然后我们才可以离开,"跟孩子说明最终他是可以离开的。否则对于孩子来说,尤其是很小的孩子,可能会很担心他们永远都不能离开,"再也见不到爸爸妈妈了"。

时间限制

一个治疗阶段45分钟足够了,而且两个阶段之间相隔15分钟正好足够治疗师收拾好房间等待下一个孩子到来。在一些设置中,像是在初中或者妇女援助所,咨询师往往要接很多案例,因此,一个案例30分钟就够了。如果已经和治疗师商量好的时间一定要遵守。当离治疗结束还有5分钟时治疗师一定要提醒来访者。小孩子常常没有时间观念,他们沉浸在自己的游戏中,这也许就需要更早地提醒他们。提醒可以帮助孩子准备好结束,并且给他们最后完成手头任务的机会或者说一下他们的打算。计划行为是治疗中比较典型的行为,较多的是计划行为是在行动之前就做好了计划,甚至是在来治疗室之前就计划好了,就像保罗所说的,"在我来之前我已经准备好要玩那个卡车了,对吧?"计划行为可以给孩子带来安心,因为孩子了解自己在什么时间要做什么,什么时间离开治疗室,这样会很安心投入到活动中去。儿童治疗过程不像成年人的治疗,直到最后几分钟才说到最

关键的问题上。

设置限制的目的不是为了阻止孩子离开治疗室,而是为了给孩子提供机会来体验自己对离开治疗室的行为负责任,因此,治疗师自始至终都要保持一种理解和接纳的态度。治疗师不应该表现出想要强迫孩子离开治疗室的情绪。当治疗师说:"今天我们的时间到了,你该到等候室你妈妈那去了",治疗师应该站在那里给孩子一个明确的提示并尊重孩子,也可以等几分钟等孩子完成了手头的任务,把离开治疗室的责任转移到孩子身上让他领着治疗师离开。

声音限制

实际上所有的声音在治疗室都是可以被接受的。孩子可能大叫、尖叫,用两个木块敲击着尽可能地弄出较大的声音,他们想怎么做就怎么做,想做多久就多久。但是,事实上一些诊所和学校里声音的分贝应该有所限制,不然生活在同一个活动范围中或者同一个办公室里的人就会受影响,这是非常确定的。即使理论上没有必须要这么限制,但是在实际中不得不这么做。对声音的限制在初中生的治疗过程中是很重要的问题,因为咨询室往往离校长办公室很近,在这样的情况下,限制声音总比学校取消心理咨询要好。

个人的物品不能用在治疗中

禁止孩子玩治疗师的表、眼镜、口袋里的记事本或其他治疗师的私人物品对促进治疗师的舒适水平和对孩子的包容程度很有意义。允许孩子试戴治疗师的眼镜会导致治疗师对孩子强烈的愤怒和拒绝。简单地说"我的眼镜只有我能戴"就足够了。如果孩子还要坚持,治疗师可以说,"我的眼镜不是用来玩的。"

如果需要录音,那么录音机应该放在离治疗师较近的椅子上,而且要在孩子进来之前放好。这就减少了对录音机的注意。如果孩子开始玩弄录音机,治疗师可以说:"这个录音机不是玩具"。

规定水不能洒在沙盘里

孩子会为水洒到沙盘里而感到高兴,然后他们会一桶接着一桶地把水洒到沙盘里,直到沙盘里成糊状。即使治疗师也喜欢这种糊状,但是有几点需要考虑。下一个来治疗室的孩子可能因为沙盘里太湿了而没法玩而限制了他的活动。湿沙子可能要好几天才能干,而如果沙盘是木质的那它的底部也会很快渗水。最好是规定水不要洒出来,当孩子还要再去盛第 4 杯水的时候,这样告诉他们:"詹姆斯,规定沙盘里只能盛 3 杯水"。这个规定不管孩子用多大的容器,也避免了对于多少水的争论。

在治疗室里小便

允许孩子在治疗室的沙盘里或者地板上小便是错误的,必须要考虑其他在这里玩的孩子的感受,除非治疗师想要每次都把沙子倒出来换上新的沙子,同时,孩子应该学着控制这样的行为。同样,孩子也不能被允许在瓶子里撒尿然后把尿喝掉。

治疗过程中治疗师对限制的感想

乔纳:

我非常能理解在治疗中的那种不确定的感觉。在治疗的第一个阶段,孩子把手放在门把手上好像要离开一样。我为自己的反应感到吃惊,"我知道你现在就想要离开了,但是我们的时间还没有到",我并没有我想象的那么焦虑。在第二个阶段,孩子明显地不想离开治疗室直到最后时间都到了,我也能保持耐心和冷静继续进行整个治疗。在每种情况下孩子都能如我所愿,我并没有直接命令他们。

卡门:

当罗拉跑向录音机时,我的反应太过度了。我没有向她陈述规矩并让她自己做出选择,而是把她一把推开。可是,在另外一个环节里,当莎拉看到了显微镜,我没有去碰她,只是简单地说那是显微镜,而不是玩具。她很快就明白了。我觉得我在莎拉和罗拉身上学到了比在书本和论文里更多的东西。

参考文献

Guerney, L(1983). Client-centered (nondirective) play therapy. In C. E. Schaefer &K. L. O'Conner(Eds), Handbook of play therapy (pp. 21-64). New York: John Wiley.

Moustakas, C. (1959). Psychotherapy with children: The living relationship . New York: Harper & Row.

12 游戏疗法中的典型问题及其解决办法

治疗师和孩子在游戏室中的治疗关系常常是新的、有创造力的、令人兴奋的，每个孩子所表现的都有其自己的特点。因此，预测一个孩子在特定的情境中会做什么是不太可能的。然而，对于没有经验的治疗师，试着去预想孩子们可能做的一些事情，提前构思好应对措施，可能会对治疗有所帮助。知道怎样去应对治疗中的突发情况可以帮助治疗师保持冷静地接受这个孩子。提前做好计划，包括如何去做，如何去应付突发事件，并且要不降低治疗师的创造性和自主性。在治疗中不管这些确切的答案或是口头报告等其他什么多么频繁地被使用，都不会显得无聊、老套，治疗师应该用耐心、理解的情感来回答孩子们的提问。有了这种观念，在游戏室中的以下一般问题和可能的解决方案就会出现在治疗师所设想的治疗体系中。

孩子沉默不语，我们该怎么办

孩子的沉默对治疗师来说是一个很困惑的难题。游戏疗法也是基于这种观念，孩子们可以通过游戏来达到交流，即使是沉默不语的孩子，游戏也可以呈现出孩子们的经历、想法以及感受。治疗师单纯地去感受沉默的孩子这种方法是很笨拙的，而那些希望孩子能交谈的治疗师更应该检验一下他们自己的价值体系、对孩子们的希望以及他们允许孩子去做孩子的愿望。

是不是每个孩子都有一段时间没有交流呢？一个孩子的交流一定要用语言的形式进行吗？让孩子去讲话又是满足了谁的需要呢？对于最后一个问题，一个诚实的回答就是治疗师自身需要勇气去自我分析、自我感受。孩子真的需要通过讲话去完成他们想做的事情吗？而治疗师又是多么希望孩子讲话啊？一个合理的解释或许是，对于孩子的沉默感到不舒服的治疗师他可能是不接受这个孩子的。孩子们对于这些内心感受和治疗师的态度是很敏感的，而且长时间的拒绝口头表达可能是因为他们感到沉默是不被治疗师所接受的，这进而使他们感觉到自己是被排斥、拒绝的。对治疗师来说接受意味着接受沉默的他，偶然地在孩子讲话上接受并不是真正地接受，接受并不是控制——这里没有任何假设。

在游戏疗法中，孩子会一直传递信息，不管他们是否有口头的表达。因此，治疗师必须保持对口头表达与非口头表达同样的尊重，接受孩子的沉默。无论孩子们是否讲话，治疗师都要仔细去听。与沉默的孩子建立联系的方法是给予口头的回应，治疗师应该知道在某个时刻孩子在做什么，孩子的行为对于他意味着什么。治疗师回应的态度并不是依靠孩子们说话、言论，这种回应的有效价值可以在下列治疗师和一个沉默孩子的交流中体现出来。

迈克尔：(坐在沙盘旁边，往自己的鞋子里装沙子。)

治疗师：你已经装了好多沙子在你的鞋子里面了。

迈克尔：(没有回应，甚至没抬头看一眼；继续用勺子装沙子并完全专注地装进他的一个鞋子里面。)

治疗师：你看，你已经完全覆盖了它，已经看不到了。

迈克尔：(自动地、小心地用勺子将沙子运到他的左手上，左手放在沙盘的边缘上。弄了一点沙到地上，并且盯着治疗师看。)

治疗师：你好像在好奇你把沙子弄到地板上我会说什么，好吧，其实这有时是会意外发生的，没什么。

迈克尔：(回去继续用沙子覆盖他的另一只鞋子，完成任务。)

治疗师：现在他们都被你埋起来了，都看不见了。

迈克尔：(小声地说)没有人喜欢他们，所以他们要藏起来。

给迈克尔使用游戏疗法治疗，是因为他在操场上已经被孤立了，而且在他二年级的时候，他已几乎没有朋友，其他小朋友在教室中从不找他玩。

就像上述片断中表明的,治疗师要跟紧了孩子的步伐,允许给孩子主导整个交流过程的方向性指导,当然,治疗师的耐心在这时就显得非常重要。治疗师必须小心谨慎地避免对孩子所有简单事情做回应,那样会更易激惹到孩子,也会使他更沉浸于自己的世界。通常,在一段很久的沉默之后,不舒服的治疗师可能会问道,"你知道自己为什么来这吗?"这种带着并不很希望得到孩子回答的语气。这样做显然是不妥当的,治疗师需要避免做出可能会阻止孩子说话的行为。当然,我们知道此时孩子是存在问题的,并且需要在这些问题上加以努力使问题得以改善。但是,如果努力不当则会导致孩子更加疏远。

如果孩子想带着玩具和食物进入游戏室怎么办

有时孩子们会在第一阶段带上他们喜欢的玩具在身边,其实这可能表明他们的焦虑不安。因此,如果孩子很渴望带1个特定的玩具进游戏室是应该被识别并接受。如果在治疗师带领着孩子进入游戏室时,孩子轻轻地抱着1个卡车,这是应当被允许的,同时也可以作为他们走路过程中一个交谈沟通的话题。"罗伯特,我看见你在进入游戏室时手中一直拿着一样东西。一定是一个特别的玩具吧。它是全绿色的,还有很大的黑轮子呢。"这样的回应表明接受孩子带着玩具进入游戏室,表达了一种允许,也识别出了卡车对于孩子的重要性,同时也表明了治疗师本身对于卡车的喜欢和惊奇。

难道这就意味着孩子所有特殊的要求、事件在游戏室中都是被允许的吗?当然不是。一般来说,类似于上述的普通事情是可以被接受的。但诸如遥控玩具、机械玩具、上弦手表、盒式磁带播放器的耳机、玻璃玩具等不便于儿童进行交流、表达的玩具就不被允许。好看的书也是禁止带入游戏室的,因为戒备、害羞或是内向的孩子会沉浸在书中,从而避免与新环境或是与治疗师接触。治疗师要想在游戏室中与孩子们建立关系,书并不是一个简便的方式。

孩子们可能会在休息室吃各种零食。禁止孩子们将零食带入游戏室是最好的,因为吃东西会驱使孩子们分心,影响治疗效果。如,吃薯片会影响孩子在游戏中的参与性和注意力的集中。同样,如果治疗师不接受孩子们给的苏打,孩子们会觉得自己被拒绝而产生情绪,因此,孩子们给治疗师某些食物的时候也会出现问题。允许在游戏室中吃零食的结果就是在孩子们坚决要求下,最终治疗师不得不允许孩子喝饮料、吃零食,这对于治疗很不利。但是,如果孩子在来的时候拿着吃一半的冰激凌,那么治疗师就应该给予理解和通融,让孩子在外面吃完再进入游戏室内。当然,如果一个孩子带着一大瓶苏打水,治疗师就不能一直等到他全部喝完,你曾经看到过一个4岁的孩子喝一罐苏打水吗?那将会花费很长时间。

对于这些被禁止的事件,治疗师必须考虑到孩子的感受。"我知道你喜欢带着这些玩具进入到游戏室中,可是它应该在休息室,它应该在这等你从游戏室中回来。"当然,治疗时间(45分钟后)结束后,治疗师就应该提醒孩子拿回自己的玩具。同样地,孩子也可能忘记自己带了1件玩具在游戏室中,因而治疗师也应该适时提醒他。

如果孩子过分依赖,该怎么办

很多来进行游戏治疗的孩子们都已经习惯了依靠大人来满足他们的需要。一直以来,父母和保姆习惯于为孩子们做事情,这助长了孩子的依赖,并且影响了孩子们对于满意和责任的感受。治疗师的目标就是要找回他们的责任,让他们自力更生。而一些孩子们穷于应付治疗师,并通过种种途径寻求帮助,坚持要让治疗师为他们做出决定。其实孩子们在游戏室内完全有能力自己做决定,治疗师也必须赋予孩子们完全的自由,让孩子为自己的事情做出选择。治疗师并不是孩子的保姆,需要去抓住孩子,或者是为孩子穿衣服,或者是为孩子们开启他们很容易自己打开的盖子,或者是为他们选择颜色,或者决定孩子们应该画什么样子的画,或者决定孩子应该先做什么,这些行为只能进一步增强孩子们的依赖感和强化孩子们感觉自己不行、没有能力的事实。治疗师的回应应该是让孩子们找回自信,找回他们的责任。

从以下这个例子中我们可以看到,治疗师的回应找回了孩子的责任:

罗伯特:给我拿剪刀。

治疗师:你应该有剪刀。如果你需要它,你可以自己去拿。

大　卫:我想在沙子里玩,你能把我的鞋子脱掉吗?

治疗师:你已经决定在沙子里玩了,并且希望先脱掉鞋子。如果你想脱掉,那么你就自己脱掉鞋子。

莎　　莉:(没有试着去打开塑料瓶。)你能为我打开这个瓶子吗?
治疗师:这应该是你自己能做的事情。

珍妮特:我想画1幅有1只鱼的画,鱼是什么颜色的呢?
治疗师:你可以决定鱼的颜色。

提摩太:我想画画。别的小朋友都画了什么?
治疗师:哦,你想画画啊。好,那么最重要的是你想画什么。

玛　　丽:我不知道要做什么。你想先让我玩什么啊?
治疗师:有的时候是挺难决定的。你自己应该决定你先玩什么。

　　这些回应中体现着明确的关系规范,孩子开始可能对自我发现还存在一些抵触,但是良好的引导会使孩子们认识到自己对其行为负有责任。试想如果孩子们自己不主动做事情的话,他们怎么会发现自我的价值? 如果一个人不相信自己有能力、不朝着自己想要的方向前进,他们又怎么能有自信?

如果孩子坚持寻求赞美,该如何去做

　　在和孩子交往的过程中,当遇到孩子坚持希望得到治疗师的评价时,治疗师就要考虑到孩子的感受和自我感受了。孩子迫切地想知道治疗师是否喜欢自己的画,可能是安全感和低自尊的表现,也可能是想要控制这种交往。我们通过治疗师如何应对一个有特殊要求的孩子,可以准确地看出治疗师的适应性和对孩子接受的程度。

　　当面对"就是要告诉我,我想知道,你认为我的画好看不好看?"这样的问题,治疗师可以通过反问孩子来拖延时间,以寻求一个好的应对方式。如果治疗师迟疑了一会儿说"你想知道我认为你的画漂不漂亮?"这样的回答往往没有价值,相反,通常会让孩子觉得有挫败感,导致他们不知道自己是不是被理解了,并且坚持要得到一个答案。孩子们也会感受到治疗师的迟疑，并且更加坚定地要一个直接的答案。但是，像"我认为你的画很漂亮"这样直接表扬孩子行为的称赞，是不是会更好呢？当然不是，因为这会限制孩子的自由，加重他们的依赖，并且助长他们依靠外在动力。由此可见，虽然这个看上去仅仅是给孩子一个答案这么简单的问题，却对孩子有着很深刻的影响。

以儿童为中心的游戏疗法目的在于自由地让孩子们去评价自己的行为，去赞赏他们自己创造的美丽，并且去发现自我评价、自我满足的内在关系。表扬并不利于咨询关系的建立，甚至有时还会表明治疗师并没有接触到孩子的深层想法，只是因为治疗师的需要才有了孩子比较好的感受。在这种情况下，治疗师的回应既不应该去澄清在游戏室中的关系，也不应对画进行赞扬。如下的例子可以说明这一点。

马　丁：(给给治疗师呈现一幅他刚刚完成的画。)你认为我画的房子漂亮吗？

治疗师：(指着画。)你在这画了一座红色的房子，还有(深入地研究这幅画。)你在这画了3个窗户(指着画上的窗户)，还有你把上面的一大片区域都涂上了蓝色。我还看到了你在这个角落画了一大摞的橘子。(说的时候带有很真诚的兴趣，在声音上表现出真诚的赞扬。)

当孩子的作品得到这样一种全局注意而不是评价性的回应时，孩子倾向于忘记他们起初的问题，反而会注意到治疗师所注意到的部分，并且也会对自己的作品感到满意。经常，孩子会接着治疗师表扬的角色，开始像这样的评论"还有这上面，我画了一个大大的金黄色太阳，还有这里的小鸟有点难画"，之后，那么治疗师就可以这样回应"是的，我看见这个大的金黄色太阳了，并且这些也很像鸟，这有点难画，但是你确实画出来了。"这时，孩子就在自由的评价中，学会了欣赏自己的学习成果。当治疗师评论一些孩子们已经做的或是创造的事物，表扬其很漂亮或是一些其他的称赞性语句时，治疗师也在传达他有能力去评判一些事物是丑陋的或是消极的。由此可见，直接的回复性评论(译者：孩子问：我的画漂亮吗？治疗师答：漂亮)是不被提倡的。

有一些孩子还是会坚持让治疗师说出他的作品是否好看。这时，治疗师可以阐明在游戏室中的关系,比如说"在这里,重要的不是我认为你的作品好不好看,而是你自己对这幅画的看法"。这样说对于年龄小点的孩子可能显得比较难以理解,那么治疗师还可以将其简化为"重要的是你怎么看待这幅画",这时孩子就会自由的说出自己是否认为这幅画是漂亮的。评论的权利应该属于孩子,治疗师应该把评论的力量传递给孩子。

虽然上面的例子处理了识别性的评价,同样的方法也适用于其他情况。

吉　米:看我在做什么?

治疗师:你在玩黏土。

吉　米:我要做什么呢?

治疗师:你可以选择任何你想做的东西。

吉　米:好吧。我想做一个河马。

治疗师:好的,你已经决定做一个河马了。

吉　米:(很小心地捏着黏土,做成了一块类似于动物的物体。)它是什么? 你喜欢
　　　它吗?

治疗师:你在很努力的做。你想让它是什么,它就是什么。(这样说是因为,一旦
　　　说出具体的是什么,孩子们还会经常改变他们创造的想法。)

吉　米:但是,你喜欢它吗?……你认为它好看吗?

治疗师:重要的是你认为它好不好看。

如果孩子说你说话很怪异,我们该做什么

治疗中,经常会出现面对治疗师的提问、建议或是告诉孩子们做什么时,孩子不明白,感觉治疗师很奇怪。例如,由于孩子不习惯治疗师表露的方式,感觉治疗师说的像外语,很唠叨。再例如,当一个孩子认为治疗师的回答或是回答的方式不自然时会说:"你的说法很奇怪"。以上这些反映出,治疗师过分夸张或是老套的回答对于治疗是没有明显效果的,因为,这样的回答在交流中根本起不到任何作用。

当治疗师只是盲目地模仿孩子的语言或是口头敷衍孩子的游戏活动,孩子很

容易注意到并且易被激怒。他可能会觉得治疗师只是复述、报告他已经做了什么，他会觉得这是一种侮辱，因为他完全知道自己都做了什么。这时治疗师应该去和孩子在一起，传达治疗师的理解，而不是去报告看到了什么，听到了什么。"现在，车子在桌子上了"与"你将车子放在了你能够得到的桌子的最边缘"这两句话传达着不同的信息。第一个回答是客观性的，是事实的描述，而另一种回答是切身体会。

"你的说法很奇怪"这种观点是应该被接受的，应该这样回应"哦，我听起来和其他人对你不一样"。或者治疗师可以这样解释"我只是想让你知道我对你感兴趣，你在做什么。我觉得我的说法并不奇怪啊。"有时"你的说法很奇怪，"这样的言论是对治疗师的一种消极否定或者是一种反抗的表达，可以这样回应"你不喜欢我这样说话的方式，"或者"听起来好像你不想让我再说了。"这种情况下如何回答要看孩子的确切意思，这也要凭借治疗师的判断了。

如果孩子要求治疗师做猜谜的游戏，该怎么办

"你猜我要做什么？"或者"你认为这是什么？"这样的问题在游戏疗法中会频繁地出现。许多治疗师面对这样问题时，像是卷入了一场猜谜游戏中。如果直接回答孩子，会影响孩子原本的打算，最终导致限制孩子的自由。"猜猜我在做什么"可能并不是一个要求，只是孩子想让治疗师参与到他的游戏中来，并不希望得到什么确切的答案。"你认为这是什么？"也有可能真的是孩子要求治疗师识别物体，但是即使这样，对于自我概念缺失的孩子来说，一个有吸引力的答案在给孩子带来快乐的同时，也增长了依赖。孩子很可能会依据治疗师的猜测来判定自己这幅画的意思，并且希望得到下一个回答，最终的结果是孩子改变了他自己的初衷。

例如，一个孩子画了一幅"核爆炸"的画，如果被治疗师猜为是一棵树，孩子很可能就会认为治疗师所传达的信息是，画核爆炸是不被人们接受的场景。之后，孩子可能就会放弃自己原有的主题，因为他可能感觉这样做会让治疗师感觉自己在抵抗，从而导致治疗师不喜欢自己。

游戏疗法并不是花时间在猜谜游戏上，而是花时间让治疗师达到在治疗目的、态度、方法上的统一。治疗师应该相信孩子是有责任和能力的，这种想法必须在每一次的交流中得以体现。因此，当孩子说"你猜我下一步要做什么？"的时候，

自由而又清晰的答案应该是"听听你心中自己的声音,"或者"想想你已经做出的决定。"我们可以假设如果一个孩子说"你猜我下一步要做什么",这个孩子一定已经有了想做什么的想法。如果孩子问"你认为这是什么?",治疗师可以简单的回答"你可以告诉我呀",这样主动权就回归到了孩子的身上。

如果孩子要求表达感情,我们该做什么

在游戏疗法中,有的孩子可能很少直接表达自己的情感或者是在情绪表达上有缺陷。他们可能无法确定自己在人际关系中的位置,并且需要确信治疗师是否确实关心他们。当一个孩子问"你喜欢我吗?"的时候,治疗师不能做出这样的反映"你想知道我是不是喜欢你?"是的,这就是孩子想知道的,确实是他想问的。因此,治疗师和孩子应该建立起一种互动的、分享型的人际关系,直接让孩子体会到他问的这个问题根本是没有必要的。在下面的交流中,治疗师避免了孩子的情绪需要,并且孩子很快就将注意力集中在了活动上。这是 8 岁的弗兰克的第 6 次活动。

弗兰克:(坐在沙盘边。)我想告诉你一些事情,但是……(安静地坐了一会,在他的手指尖滑落沙子。)

治疗师:你有事情要告诉我,但是你又不确定要不要说。

弗兰克:是的。说出来可能会伤害到你的感情,你可能会哭。(将他的手指埋在沙子中,看着下面。)

治疗师:你不希望伤害我的感情。

弗兰克:是的,而且……(逃避眼神的接触,并且把他的手指埋得更深了;安静地坐了一会,然后看着治疗师。)是关于你的孩子的。

治疗师:这是关于我的孩子们的问题。

弗兰克:嗯,是……(急促地呼吸)就是……你喜欢我吗?

治疗师:你想知道我对你的看法?

弗兰克:嗯,是的,你喜欢吗?

治疗师:知道我是否喜欢你,这对你来说是很重要的吗?

弗兰克:(继续坐在沙子中,目光转移了,手埋在沙子中,他的手指抓着什么东西。)

嗯,这是什么?(从沙子中拿出一个玩具士兵。)

此时,弗兰克的情绪问题已经消失,也许这种特殊的时刻永远不会再现。但是,在治疗过程中孩子关于情绪问题回答的需要可能会多次出现,因为这些问题对于每一个孩子来说都是非常重要的。

治疗师经常希望自己对于孩子的特殊关心和赞扬被孩子接受和感觉到。然而,一些孩子可能需要更多地搜集证据并且不停地问"你喜欢我吗?",这种时候,治疗师需要非常地热心、关心并且尊重孩子,因为孩子的自尊都是很脆弱的。如果治疗师真的关心、珍惜孩子,那么他的表达就会是恰当的。在我们的社会中,单词"喜欢"和"爱"是摇摆不定的,因此,在回答孩子的问题时,治疗师应该尽可能地表达自己的感受"你对我来说很特殊,和你在一起的时间对我来说也很特殊。"如果一个孩子问"你爱我吗?"同样的回答也是恰当的。

面对孩子拥抱或者坐在治疗师腿上的要求,该如何去做

面对拥抱或者坐在治疗师的腿上等要求,治疗师应该小心谨慎地做出回答。当然,如果孩子要抱治疗师,治疗师僵硬地坐在那像一块木板一样显然是不适合的,治疗师应该尽可能地回应拥抱。但是,此时应该对孩子是否是性别滥用这一点应该给予足够的谨慎。以下几个问题值得治疗师注意,如,孩子有没有在喜欢一个人时具备性别识别能力?通过接触、爱抚、摩擦等表达诱惑的行为是否会使孩子产生好感?倘若一个小女孩忽然抱住男治疗师的大腿并玩弄地晃动会怎样?因此,当治疗师意识到出现这样行为的可能性时,应该作出相应的回答"我知道这对你来说很好玩,但是我知道你喜欢我并不是因为坐在我的腿上。"这时就要把孩子从自己的腿上温柔地抱下去。

在治疗过程中,治疗师应该掌控治疗关系和把握活动方向。对于一些孩子来说,最自然的事情就是在游戏室中靠在治疗师的腿上,他们很舒服,并且这是一种无意识的行为表现,仅仅是自发的、自然地做出这样的行为。如果治疗师伸出手臂抱起孩子,这样就会出现到底是谁的需要在被满足等问题。

一些孩子可能会拿着水瓶,在上面吸吮,然后将水吐在治疗师的腿上,期望像

宝宝一样被抱起来。此时治疗师应该根据自身的情况作出恰当的决定。如果治疗师觉得这只是一个无意的要求，没有很明确的潜在原因，仅仅是孩子一连串恶作剧的行为反映，是一种自然的要求，可以去抱孩子几分钟。然而，治疗师必须明白，除了拥抱以外，孩子还会出现一些其他的要求，如唱歌、摇动、换尿布等等，有时，治疗师还可能被要求扮演一些角色。

在治疗过程中，面对孩子拥抱或坐在治疗师腿上的要求，相对比较难应付。如果治疗师不允许孩子在他的腿上爬，孩子会有被拒绝的感受，但是如果允许又可能让治疗师有种在摇晃自己孩子的感受，这样会不会干扰治疗师对于孩子独立性的接受呢？

在当今社会，身体和行为滥用问题已经成为一个被广泛关注的社会问题，同时也是一个敏感的社会问题，我们无法给出合理解释，只能希望在治疗过程中就此问题给予更多的谨慎。如果治疗师怀疑孩子有某种需要或者意图，此时可以回应，"我知道你想假装是一个小宝宝吸吮杯子，你可以在婴儿床上做这些。"对这种做法虽然存在异议，然而，我认为是必要的，因为该方法有利于治疗师维持治疗环境。在很多案例中，在孩子的要求下，抱孩子、摇晃孩子是很自然并且合理的。但是，对于治疗师来说，如果没有仔细地分析孩子的需要，仅仅凭拥抱孩子时感觉很自然就断定孩子的要求或行为是正当的，显然是错误的。因此，基于对游戏疗法保护性的考虑，对于活动的影像录制必须有严格要求。

如果孩子想偷一个玩具，我们该如何去做

贾斯汀是一个 5 岁的孩子，这是他在舒适的游戏室的第 2 次活动。游戏室中有很多的玩具，比他去过的任何地方的玩具都多，他很好奇在哪能买到这么多的玩具。他不记得父母最后一次给他买玩具是什么时候了，此时，这里所有没有价格标签的整洁玩具吸引着他。他一只手将 1 辆小汽车装进自己的口袋时，另一只手同时在玩 1 辆卡车，以确保治疗师没有看见他在做什么。但是，治疗师看见小汽车被塞进了他的口袋。贾斯汀继续玩卡车，直到治疗师宣布时间到。

现在，治疗师要做什么呢？等着贾斯汀诚实、坦白？允许他拿走小汽车，并且希望他再带回来？还是用这个机会教会他诚实？不要紧张于这辆小汽车，因为它还不值 1 美元？以上都不是！我们必须考虑到贾斯汀把小汽车拿回家后潜在的

内疚感。这辆被贾斯汀拿走的车的价值在于利用它对孩子进行治疗。首先,我们考虑的是孩子的行为和感受,而不是车的价格。游戏室是让孩子们自己学会理解价值的地方,而不是治疗师说教价值的地方。

一些没有经验的治疗师可能会问,"贾斯汀,你忘记了什么东西吗?"他们也可能会说"贾斯汀,你觉得今天在你离开之前还应该做些什么呢?"还有的会问"你拿了1辆小汽车吗?"这种自然的提问会给贾斯汀呈现出一种混乱的信息,因为这样的问法表明治疗师不知道他拿了小汽车。这是不是也表明治疗师不够诚实呢?就像这个案例,问一个明明知道的问题是没有帮助的。

经验法则

当你已经知道答案的时候不要再问问题,只需要发表陈述。

这是一次去做诚实的、理解的、坚定的人的机会。

治疗师:我知道你想让小汽车在你身边,但是你口袋(指着口袋)里的小汽车只能呆在这,下次它才能再和你玩。

贾斯汀:什么车? 我没有车。(呈现一个空的口袋。)

治疗师:你可以假装你不知道车子在哪,但是在那个口袋中的小汽车应该在游戏室中。

贾斯汀:(手伸入口袋拿出小汽车,归还了小汽车。)

问贾斯汀他为什么想要拿走小汽车,并且从道德的标准上解释道:"你知道你不应该拿走不属于你的东西。"或者试着让他去讨论发生的事情,问"想一下当你在学校里拿了东西的时候会怎么样?"增强情节的强度和内疚感的体验。这样做的目的可以减轻谴责给孩子造成的压力,变为孩子和治疗师一起决定该如何去做。此外,在游戏疗法中,不应该让孩子们忙于视觉上对应,而忽视其发展性的因素。要知道孩子在游戏疗法中玩,不仅仅是一种现实再现、更重要的是为探索语言和行为的发展做准备。

如果孩子拒绝离开游戏室,该怎么办

孩子拒绝离开游戏室一般有两种情形:一是通过拒绝满足其控制的需要。这些孩子在活动的最后时刻,通过要求活动和测试拒绝离开游戏室。他可能在考察被限制的时间有多长,也可能考察治疗师的耐心能到什么程度。为什么会这样呢?这或许是在游戏治疗中,当孩子被控制的时候,习惯倾向于去看治疗师的反应所导致。此时,这些孩子的面部表情没有紧张感,他们的肢体语言表明一种不完全的、表面性的参与。二是孩子希望多留一会儿,可能是因为他们在游戏室很快乐。在这种情况下,孩子们会全神贯注地做一件事情,他们的表情是紧张的,也能表现出诚意。然而,不管原因是什么,活动时间是不能延长的。因为,培养孩子们足够的自我控制或是对自己的希望和愿望说不的能力是治疗目的。因此,下面的例子可以在孩子拒绝离开的时候应用。

治疗师:今天,我们在游戏室中的活动到这就结束啦。(治疗师站起来。)我们现在要回到休息室去找妈妈。

杰西卡:但是我还没有在沙盘中玩呢。(她转过身,开始在沙子中玩耍。)

治疗师:杰西卡,我知道你想在沙子中再多玩一会,但是今天的时间到了。(向门口走两步,接着继续看着杰西卡。)

杰西卡:(大笑。)这是很整洁的物品。我不能再多呆一会吗?(开始向漏斗中装沙子。)

治疗师:(向门口再走两步。)你真的很开心,但是该是离开的时间了。

杰西卡:你不喜欢我。如果你真的喜欢我,你会让我多待一会的。(继续装沙子。)

治疗师:哦,原来你认为如果我喜欢你就会让你多玩一会儿。我知道你真的很想多玩一会儿,但是到了离开游戏室的时间了。(走到门口,打开门,使门微微开着2英寸。)

杰西卡:(向上看,看着治疗师开着门。)我快要结束了,就再玩1分钟。

治疗师:(把门打开的更大一点。)杰西卡,我知道你想待到你决定的时间,但是今天的时间已经到了。(走出一步,带有希望地看着杰西卡。)

杰西卡：（慢慢地站起来，放下漏斗，拖着脚走到开着的门口。）

这个过程持续了将近 4 分钟，但是如果治疗师强制将孩子带出可能会持续 40 分钟。即使杰西卡还是晚走了 5~6 分钟离开，但最重要的是她还是在她不愿意离开的情况下离开了游戏室，并且在这个过程中她作为人的尊重和自尊都没有被削减，反而增强了。

如果治疗师意外的没有履行承诺，怎么办

在取消预约时，孩子也应该得到像成人一样的尊重和关注。治疗师在活动前应该预先告知孩子下次预约被临时取消，同时在活动结束之后，再告知孩子在两周后或者什么时候再次来游戏室，这一点是不能被忽视的。对于预期的不能实现应该在活动前告知孩子，以免让他认为违约是对他在游戏室中某些行为的惩罚。对于缺席的一个较为普遍的合理解释是"我将要去另外一个城市开会"，并且要让孩子明白自己的缺席并不是孩子做错事所造成的。

如果两期之间不可预期的事件阻止了下一次约定的实现，一个明信片或者电话的解释对于建立双方关系是很重要的。在这些罕见的例子中，当遇见突发事件阻止了约定游戏治疗的进行，并且也没有足够的时间向孩子解释的时候，那么治疗师应该留一个私人留言给孩子，让孩子或者家长阅读，**要记住考虑孩子的感受永远是最重要的。**

13 游戏疗法中的要点

游戏疗法中的治疗关系比其他疗法的治疗关系更容易出现程序、过程上的问题。虽然治疗师不可能预测到所有可能发生在治疗室内的问题,但是在与孩子建立治疗关系前预想一下这些问题,可以确保治疗师在治疗过程中至少不会误导孩子。治疗师应该思考如下问题,自己应该具有什么样的态度? 为什么会有这样的态度? 这对治疗师的自我探究是一个很好的出发点。

保密性

尽管孩子不是很关心保密问题,但治疗师还是需要告知他们这是一个安全、保密的时间段。相对大一点儿的孩子对保密性会更关注一些,尤其当他们听到父母谈起一些孩子的异常行为时,他们会关注治疗师可能会将治疗过程或者其他内容告诉别人。为了避免孩子的不良感觉,如何向孩子解释治疗的保密原则是需要经过专业培训的。当处理受到性虐待孩子的问题时,私密性尤其是敏感的问题。对于大部分孩子你可以这样说:"这是你的私人时间,你在这说了什么,做了什么都是保密的,我不会告诉你的父母、老师或者任何人。如果你想告诉他们,你可以告诉他们,这完全由你自己决定。"

孩子的绘画(艺术作品)不应该被展览在治疗室内或走廊里,这和成人的个别辅导成绩从来不会挂在墙上或者展览在走廊里一样,可能是对孩子秘密的侵犯,孩子的绘画是表达自己的途径,老师或父母不应该自作主张将绘画展览出来,除非孩子自己决定要这样做。另外,展览作品会影响其他参与活动的孩子,看到墙上的绘画会局限他们的想象。而且,孩子会自然而然的认为这是一种比赛的形式,会将优良的作品加以展示。

一个普遍的指导规则是在游戏疗法中与孩子接触时,从不泄露任何孩子在治疗室内的任何言行,除非这些言行超出了专业伦理范围。孩子确切的解释和特殊的行为只是治疗师所观察到的,只能用来和专业的督导师研究讨论。那么,什么可以告诉家长呢?治疗师同样也应将家长的反映加以分析,并初步设想应该运用哪些知识来回应家长。一般来说,当出现私密性问题卷入的时候,都是最重要的解释环节出现了问题。治疗师对孩子的整体感知和其行为必须在不违背严谨的机密性原则的情况下传达给家长。家长要求了解一些保密性信息时,治疗师所展现出的解释必须避免家长感到被丢弃或者怨恨、气愤。在治疗过程中,传达普通信息给家长,满足他们求知的需要,是治疗师一个很好的技巧。一般规则是和家长讨论普遍性的观察结论而避免泄露孩子的特殊行为。但这也存在着问题,比如家长会问:"克里丝似乎很生气,为什么他只在家里表现出生气?"如果治疗师回应说,"克里丝是很生气,他用 15 分钟时间来奋力打充气不倒翁玩具以至于我觉得他会把充气不倒翁玩具打坏。"这样就不是很恰当。

当处理孩子问题的时候,保密性问题是一个棘手的问题。毕竟,父母和孩子是有法律上的关系的,父母很诚恳地希望知道怎样可以帮助孩子。他们支付费用给治疗机构,必然会认为他们有权力知道是为什么支付这昂贵的费用,以及这一阶段都进行了什么。治疗师怎样才能正确和家长交代同时又履行了对孩子保密的权利?这是一个难以回答的问题,结果经常与以下几点有关:家长适当运用信息的能力、信息的充足量、孩子的情感弱点和各种活动中的人身安全。

孩子必须从各种可能的伤害之中保护自己,比如关于恐吓的自杀行为或受到恐吓而逃跑。治疗师必须告诉家长,在孩子有可能出现伤害行为时,家长要采取预防措施来帮助确保孩子安全。作为一个重要的程序,家长应该把药、工具箱、防排水口阻塞的药剂、腐蚀性药剂等收好。

儿童游戏过程中的参与

是否参与到儿童的游戏中去是治疗师在进行治疗之前要做的重要决定之一,尽管这大部分取决于治疗师的个性,但它必须满足理论和治疗目标相一致的要求。以儿童为中心的游戏疗法是建立在孩子拥有自我管理能力的基础上，避免治疗师强行进入儿童游戏并对孩子产生不良影响。治疗过程对于孩子来说是个特殊的时间，他们可以直接支配自己的生活，可以做决定，可以无阻碍的游戏，任何他们渴望了解的他都可以尝试。这个时间是属于孩子的，治疗师需要与其保持距离。这不是社交时间，孩子不需要玩伴，治疗师在这只是帮助孩子倾听自己、观察自己、理解自己，让其待在一个安全、并且为自己所接受的关系之中。

虽然孩子会邀请治疗师一同游戏，但孩子可能不单单是需要一个玩伴。一些孩子认为，邀请治疗师是必须的，他们请求治疗师的加入可能是期望做些什么或者他们希望得到治疗师的喜爱。一同游戏的邀请可能代表孩子已经寻找到了一种认同，或者为了安全而决定要另一个人加入游戏，这样的请求是孩子对治疗师水平认可的一种体现。

在游戏疗法中，治疗师如何参与游戏一直是大家努力解决的问题。如果参与算是目标达成，那是一种什么目标的达成呢？是达到和孩子之间的联系还是仅仅满足治疗师的参与？当面对一个站在屋子中央不说话的孩子时，治疗师拿起洋娃娃，开始给洋娃娃穿衣服、穿鞋子，这些动作表明治疗师是自动地加入游戏当中。这是为什么？是给予孩子自由的活动时间么？还是达到治疗师诱发孩子做些什么的目的？

治疗师参与到孩子的游戏中并不一定会增加孩子的体会，也不能保证治疗师与孩子有更多的感情交往，其中，**最关键的因素是治疗师的态度，而不是游戏参与**。当治疗师对孩子有足够的了解时，便可以成功和孩子进行交流。一般情况下，孩子很少会公开地邀请治疗师参与。因此，如果治疗师被邀请参与，可能是有潜在信息，如，"我觉得你不够关心我，你似乎不在意我，不在乎我在做什么"等等。由此可见，问题的核心是孩子是否能感受到治疗师的参与。

治疗师不参与孩子的游戏，并不代表不可以积极地参与到治疗过程中，治疗师的态度比是否参与到游戏中更为重要。选择不直接参与到游戏中，不一定就意味着治疗师成了被动观察者。治疗师间接地参与游戏，理解孩子的心理和感情，即与孩子形成感情融合的治疗关系是完全可能的。换句话说，两个人没必要相互影响太多，过多地参与是没有必要的。治疗师对孩子真诚的理解和感知是可以被孩子感受到的，同样，孩子也能感受到治疗师理解的不足和兴趣的缺乏。

虽然治疗师必须保护处于游戏状态的孩子,约束他们的一些行为。但在游戏中的这种参与不会妨碍治疗的进展。一些有经验的游戏治疗师会以一种不引人注意的方式有技巧地介入。如果治疗师选择参与到游戏当中,他必须:①让孩子引导整个游戏的方向;②保持时刻留意孩子;③维持自己的治疗师角色(治疗师不是孩子的玩伴);④保持适当的限制设置。同时,如果治疗师选择参与到游戏中,他必须服从孩子的引领。让孩子给角色或治疗师的活动下定义,允许孩子引领游戏,并肯定其领导。

跟随孩子的领导,不是指治疗师一切都要听从孩子的指示。如,不能因为孩子有支配权就要治疗师喝颜料或允许孩子弄脏他的衣服,打其他孩子或对其他孩子大喊大叫。我看到这样一个案例:"治疗师"(这里,我暂且用这个术语)在治疗一个总是假装自己是婴儿的 5 岁孩子时,她按照孩子的指令脱下孩子的内裤用纸巾擦拭他的阴茎。她认为这种行为是在规则范围内的正常行为,所以听从了孩子的指挥。但是,这在游戏疗法理论中是不允许的。显然这个"治疗师"不理解听从孩子指令的概念,对伦理道德问题也存在错误的理解。治疗师的参与只有在提升和促进孩子的独立性、自立性的情况下,才能起到促进建立良好治疗关系的作用。

治疗师在直接参与游戏时,一些经常出现的行为会影响和抑制孩子游戏。苏西让治疗师画一幅画,他坐在那看,然后他尝试照着治疗师的画画。这时,孩子认同咨询师的需要比治疗师给孩子积极成长提供机会的需要更大。这一点我们从苏西最后在休息室里的陈述中得到确认,"他画的比我画得好"。

在游戏中,由于治疗师的参与而带来的影响是潜在而巨大的。治疗师必须在这一过程中多加留心。5 岁的卡门在她的第 3 次咨询中玩医生的工具箱。

卡　门:脱掉你的上衣,我要给你打针。

治疗师:我的上衣不可以脱,你可以把这个娃娃当成我,脱掉她的衣服。

卡　门:好的(脱掉娃娃(女)上衣,然后脱光娃娃的衣服,用注射器在娃娃清晰可辨的性特征器官上打针。)

孩子会对无生命的物体演绎很多行为,而不会对人表现出来。因此在游戏场所,治疗师不在乎的态度可能会造成一些影响或抑制作用。通过用娃娃来配合卡门的活动,治疗师发现她曾经被性虐待过。而治疗师是否观察到她脱掉了衬衫外面的夹克呢? 或许没有,但我们也不能确定。

治疗师必须对她自己潜在情绪保持高度的敏感,尤其是那些被游戏结果引起的。如,在治疗过程中,让治疗师用20分钟的时间持续追赶和寻回投掷物,会使治疗师变得急躁,感到挫败,甚至是对孩子生气。因此,有经验的游戏治疗师会在消极情绪浮现前停止或拒绝参加一些互动性游戏。在满屋子跑的同时努力尝试去理解孩子是很难的。有效的参与方式是,治疗者应该是在一定控制下,即给孩子一些限制,不让他完全处于领导地位。

有技巧的治疗师会留心所有可能影响孩子的风险,并将其巧妙处理,而不是在孩子游戏关系的限制下妥协而影响治疗效果。因为,治疗师一直掌握着对潜在问题的把控。

是否要参与到孩子游戏中,取决于孩子、当时状况和治疗师。由于不参与或者限制参与的游戏治疗关系,可以确保治疗时间属于孩子,因此,这可能是最有效的方式。如果治疗师选择不参与,也可以给孩子提出建议:他自己可以扮演治疗师的角色。

在游戏疗法中接受孩子礼物

到底要不要接受孩子的礼物? 对治疗师来说,这是很棘手的一个问题。在很多家庭中,孩子从父母身上学到了用赠送礼物的方式来表达爱与欣赏。每次旅程结束父母都会给孩子带来礼物,特殊的玩具是父母请求孩子原谅或者弥补感情缺失的途径。因此,孩子学会通过送礼物来表达情感。结果是,孩子有时会用赠送礼物表达他们对人生中很特别的人——治疗师的喜爱之情,或者是在使治疗师难堪以后作为补偿。

当孩子拿着礼物出现,治疗师可能会欣然接受。毕竟,治疗师不愿意让孩子失望,但是接受礼物会有什么潜在影响呢? "如果我接受了,孩子会学到什么?" "这能促进我们之间的感情么?" "会促进他的个人成长么?" "能帮助孩子变得更独立么?"这都是治疗师对自己行为不断进行审视的重要问题。游戏疗法中的治疗关系是一种情感上的关系,分享情感比分享具体的礼物更有意义。在游戏治疗过程中,孩子应渐渐学会与别人分享情感,而送礼物会使情感分享的重大意义变得模糊。**情感礼物比实物礼物更令人满意和有效。**

礼物是否为孩子亲自所做是治疗师判断是否要接受礼物的重要因素。孩子的绘画或其他创作可以看做是孩子的一种延伸，也可看做是感情的延伸。这样的礼物是应当被接受的，因为它是孩子的一部分。比如孩子摘的一朵花或者画一朵花，治疗师应接受这样的非买来的礼物，好好地欣赏，用鼓励的声音来详细地对其进行评论。但是在游戏治疗室中，避免用明显的词句或表情来评价，"哦，多么漂亮的画"，这可能是不被接受的。治疗师可以通过其他的方式表达自己的赞美和欣赏，如温柔地拿过礼物，仔细品味，小心地放在离治疗师桌子最近的架子上。

另外，接受的礼物不应该被展示出来，这可能促进孩子间的竞争，误导其他孩子也送礼物。这个特殊的礼物应该被保存在特殊的地方一直到整个游戏疗法结束，孩子看到这之后会得到很大的满足。一些孩子在送给治疗师绘画时会说："你可以把它挂在墙上。"治疗师可以这样回答"我已经为它在办公室里准备了一个特别的地方，以保证它的安全。"

接受买来的商品做礼物，就算是像棒棒糖这样便宜的商品，不仅会影响到孩子的情感分享，也会在治疗师潜意识中留下痕迹。决定是否接受商品礼物的重要因素是要区分是礼节性赠送还是快乐分享赠送。对于商品礼物处理，可以在启封前，将礼物分开，与孩子共同分享，在赞美礼物的同时，尽量让孩子享受礼物。在休息室里，我曾经见过一个3岁的孩子满嘴塞满食物，手中还牢牢地抓着一把黄色的糖果，这就是分享的本能。

在处理商品礼物问题上的原则可以简单地概括为"拒收礼物原则"。但是，很多情况是出于孩子意愿的自发性行为，拒绝礼物对于治疗师来说是棘手的，是具有挑战性的。同时，对于孩子来说也是非常重要的，这时，治疗师通过传达敏锐的理解和欣赏，让孩子们明白他们送礼物并不一定能表达他们的情感。在拒绝礼物时，治疗师可以说："你为了我买这个，说明你很在意我，我真的特别喜欢这个礼物，但是你没有必要送礼物来说明你喜欢我，我希望你可以明白这点"。有时，孩子们送的礼物是从商店里直接买来的，这时治疗师可以说"我希望你能用这些钱去买一个你自己更需要的东西。"正如在小学，送老师圣诞礼物是很常见的事情，而老师要是拒绝圣诞礼物则会造成孩子的困惑。

在治疗中，并没有固定的、快速的规则来应付送礼物的问题，一个经验丰富的治疗师会通过考虑以下几点来将孩子的挫败感降到最低：①礼物赠送的时机；②礼物的本质；③是否接受礼物的内在含义。

在学期结束给孩子以奖励或者当治疗关系结束时送给孩子纪念品

日常生活中常见的一些现象，如在治疗阶段结束后给孩子糖果、小笑脸标签，在孩子手背上盖章等行为都是不宜于治疗进展的，也不符合游戏治疗的应用理论。孩子在日常生活中已经学习到了一种经验就是为了得到奖励而努力表现出"好"的行为。他们知道如何获得这些。因此，这些奖励在游戏疗法经验中是会对孩子行为起到抑制作用。收受这些奖励的孩子是在治疗室内不表现出挑衅行为的孩子，如拿玩具枪射治疗师、犯错误、告诉治疗师他们不喜欢她或者显露出人格问题。游戏经验对于孩子来说就是本质上的奖励，因此，孩子们不再需要其他奖励。在游戏疗法中，不需要奖励来满足需要。

还有一个问题就是在结束治疗关系时是否送给孩子纪念品。有人认为纪念品可以引起"孩子对治疗师和这种经验产生回忆"，但是，我认为游戏治疗关系是充满感情的关系，它不是具体的礼物能充分表达的。我们可以让孩子在心里留下比任何实物都更重要的东西。拿在手里的东西会丢失，放在心里的东西永远都不会消失。孩子们需要记住治疗师吗？如果需要，是为什么呢？治疗师应当慢慢同孩子们解除关系，直到孩子们完全不需要他。这种解除关系的过程是从与孩子相见的第一天就开始了。这是对孩子回归义务的过程，这是授权于孩子的连续过程。如果孩子不再想起治疗师，是好事。治疗师的工作就是帮助孩子不断强大，强大到完全不需要他们。

要求孩子清理治疗室

一些孩子似乎需要足够的凌乱来表现自己。他们用过一件玩具后马上去玩其他玩具而不把玩具放回原来的地方。就像杰里，他在家时总是非常混乱，他游戏的状态表现了他的生活凌乱。在治疗结束时，玩具都是随意放在地上。治疗师应该要求孩子清理收拾治疗室么？要怎样暗示这个要求？让孩子做清理活动到底是满足了谁的需要？主张让孩子做清理的游戏治疗师觉得，如果让孩子离开时一片凌乱的话就像是治疗师强迫孩子离开一样。但是,也有一些治疗师要求孩子打扫清洁是因为急躁或者是对于孩子混乱行为的气愤,他们将孩子的行为人格化,感到孩子的行为是针对自己。

有些治疗师认为,孩子必须学会整理。他们以孩子需要培养生活能力为借口,这反而会导致孩子在治疗室的行为受到影响。如果治疗师在设定治疗限制时做适当的工作,让孩子在适当的区域游戏,那么自我控制问题将不会是个问题。关于这个问题,治疗师应该反复审视游戏疗法中孩子的理论。孩子需要充足的玩具和物体来表达他们自己和他们所有的人生经验。玩具是孩子的词汇,游戏是孩子的语言。所以,要求孩子打扫清洁,就相当于让他们收拾自己所表现出来的自己。有人认为,真正了解一个人行为的结果才能知道问题所在,了解自己的行为后果对于成年人来说就不重要么?治疗师在面对成年求助者时,会让他整理好自己的语言,少说自己的观点么?应该不会的。咨询师会让成年求助者放好咖啡杯,打扫毛毯或者让求助者收拾好弄脏的纸巾然后再离开吗?和成年人对比之后不难发现,如果让孩子打扫清洁,那就是我们对孩子比成人更缺少关注。

一个刚毕业的学生在参与了一次游戏治疗后这样写道:

我想知道怎样能适当地帮助詹姆斯认识到他混乱行为的后果。他答应不会打碎任何东西。但是当他离开房间时,屋内一片狼藉。可能治疗师应该说"詹姆斯,你可以决定你要在这个房间里做什么,但当你离开时请一切物归原处。"

这样的陈述会对一个有攻击性语言、心烦、说话大声的成年人讲么?如果游戏是孩子的语言,为什么就不能被接受呢?

另一个毕业生写到,"我尝试伴随一个孩子清理的过程,两次和一个胡乱扔东西的孩子在一起,我怀疑我的动机超越了治疗法变成了惩罚。"这个毕业生的真诚提醒了我们,让孩子打扫清洁到底是为了满足谁的需要?

在游戏治疗关系中,孩子在游戏过程中所体现的和所经历的比学会怎样去做整理要重要得多。要求孩子进行打扫或开始打扫是对于孩子的一种行为矫正,这会抑制孩子在治疗室里的行为。因为孩子会压抑一种信息,就是混乱真的不能被允许。孩子也会认为这是对于他弄乱治疗室的惩罚。

当孩子不肯整理的时候，治疗师也面临着左右为难的选择。那么治疗师应该怎样做？是准备和孩子进行一场心理战，还是允许孩子忽视这个要求，显然，两个选择都是不能接受的。选择会给孩子呈现出什么，下星期不能来或者下节课把所有玩具放回原处？如果当他离开时所有玩具都乱放会发生什么？这些选择都是无法被接受的。试图让孩子进行整理，会导致治疗师脱离理解和接受的角色，整个过程会疲于对孩子进行整理指导。治疗师要避免鼓励孩子进行打扫清洁。比如："孩子，你要记住把玩具放回去！""你整理得很好！"

打扫清洁不是孩子的义务，这是留给治疗师和其他工作人员的工作。然而，让其他工作人员或清洁人员来打扫同样是不合适的。据我所知，在美国没有一个游戏治疗室有清理打扫人员专门在每次治疗结束后打扫治疗室，这只能留给治疗师来打扫。当一个孩子把治疗室弄乱，工匠玩具全都掉到地上，玩具屋里的家具都掉了出来，所有的玩具士兵散落在沙盘中，这时也最能考验治疗师的忍受能力。

作为治疗师，需要一些时间来收拾好治疗室以便接待下一位孩子，45分钟为一阶段是足够的。如果孩子把治疗室弄得特别乱，那就需要更多的时间使治疗室恢复原样。这时可以在不告知孩子的情况下稍微缩短治疗时间。如果提前告诉孩子可能会让他们认为这是对于他们弄乱治疗室的惩罚。

告诉孩子他们进行游戏治疗的原因

一些治疗师会告诉孩子他们来到治疗室的特殊原因，他们相信孩子的认知对行为改变起到正性作用。然后孩子就会期望在治疗过程中认识问题，并且治疗师会帮助他改正目标问题，这样做是非常错误的。因为这会把治疗师放在主导位置，更像是问题中心而不是孩子中心。这种理论就是花费大量的能量认识问题，然而他人过多地关注更深层的问题可能对孩子有不利的影响。

儿童中心疗法是非处方性的，也不是以诊断信息为基础的，因此治疗师可能并不能掌握来访者的全部信息，尤其是诊断意义上的信息，因此，治疗师并不需要特意把治疗原因转达给孩子。

儿童中心疗法的观点是，没有必要告诉孩子他们来治疗室的原因。这些信息对于孩子的成长和改变是没有必要的。孩子可以在他们不知道自己在做什么，不知道做这些会改变什么的时候悄悄改变。如果原因解释对于孩子的改变是不可缺失的,那么怎样对抑郁的4岁孩子,强迫的3岁孩子和总是想着伤害弟弟的2岁孩子解释原因,并希望能帮助他们改变呢?说些什么理由能让一个癌症晚期的7岁孩子瑞安继续生活下去?能跟他说这些么?"你来到这是因为你要死了,你需要接受死亡。"显然不可以。瑞安问题的关键是生存,和我们一样,迫近的死亡只是他人生的一部分。怎样使治疗师能充分地理解一个将要死去的孩子在游戏治疗室里继续生活的必要性?这可能是个很极端的例子,但这个极端的例子让我们去审视问题的实质。如果条件对于孩子行为的改变是必要的,那么无论年龄、无论问题及原因在所有案例中都是必要的。

孩子来游戏治疗室显而易见的理由就是他们拥有着一些不能被接受的行为。治疗师要避免暗示给孩子一些信息,比如他们有些行为是错的,他们需要改正自己的行为。治疗师对于孩子的接受,可以增进孩子的自我接受,这都是成长和改变的必要条件。

特殊原因的解释对于孩子来说是一种惩罚。当孩子好奇问起时,治疗师告诉其一个普通的理由是最好的办法。如果孩子问道:"为什么我要来到这?"治疗师可以回答,"因为你的父母认为有时不能很好地照顾你,所以决定让你每星期二来游戏室,这段时间完全是属于你自己的。"

带朋友来治疗室

从任何一个治疗角度出发,带朋友来治疗室是不被允许的吉诺特和莱博(Ginott & Lebo,1961)。儿童中心理论在怎样看待孩子带玩伴到游戏治疗室这个问题上存在着很大的差异,吉诺特(1994)对孩子自主选择治疗伙伴持保留意见,而克斯莱恩认为,"如果治疗的中心真正是孩子,孩子自己选择团队比治疗师给他选择团队要有价值得多。"(Axline,1969:41)

根据多尔夫曼的理论:

如果当治疗关系不仅仅局限于两个人的关系时,而是在治疗小组中治疗最有效果,那么允许孩子带来一个朋友就不会影响治疗进展……当然,这不意味着孩子可以不停地带朋友来参加。有时一个孩子会一个接着一个地带人来,这些人可以代表他的问题,然后让他们消失是他的需要。(Dorfman,1951:263)

允许孩子带自己的朋友来游戏治疗室对于以下几种孩子是不恰当的,比如那些需要治疗师的全部注意力及接纳的孩子。以及那些非常敏感的、经常和其他孩子相比较的孩子。而那些受过性虐待或者有强烈攻击性的孩子在游戏治疗初期可能会对其他人产生侵略性行为。有创伤经历的孩子经常更加需要治疗师的关注。

当其他孩子在场时,治疗师要多加小心,不要暗示出其他孩子的在场会使任务更好的完成。如果孩子带来了一个好动的同伴,治疗师要简单无计划地对同伴进行回馈,对孩子的回馈比同伴多,会被理解为一种比较与批评。"莎莉你可以把积木堆成任何你希望堆的样子"这是很自然的回馈方式。如何回应那些坐着玩娃娃或者坐在沙盘旁边让沙子流过自己指缝的孩子们呢?用心不在焉的回应暗示孩子已经做得很好了?这可能是对于孩子带同伴来的最好回应方式。但是,当孩子与治疗师的关系已经稳定后,可以适当地让他经受一点儿风雨。

当孩子不断提出要带同伴来时,就要和孩子谈谈了。如果满足了孩子的要求,那么要在特殊的课程中设置多少注意事项?孩子会害怕他自己不被喜欢么?其他孩子在场时能改进治疗关系吗?孩子能透露他觉得棘手的问题吗?孩子害怕被别人看穿吗?

其他孩子在场有利于帮助改变治疗关系。一些孩子不愿意把个人的事情分享给同伴,比如自己或者家庭。这时,同伴在游戏治疗中还不是安全关系的一部分,孩子为了获得治疗师的关注而和其他孩子竞争。孩子可能用大部分时间给治疗师展示玩具,或者和治疗师说很多事情吸引治疗师的注意,或者站在治疗师身边不停地谈话来获得治疗师对他的关注。

治疗师的经验是否丰富对于要不要允许孩子带同伴来治疗室是很重要的,因为同伴之间的相互作用会对孩子有影响。这不是简单的相加,孩子相互鼓励,相互挑战,而且需要进行限制设置的活动也受到了影响。要想使得这样的团体游戏治疗有效,治疗师需要经过专门的技巧培训。

带朋友来参加游戏治疗不是独特的要求。通过和孩子谈话了解他带朋友来的需要后,允许朋友参与对孩子的治疗是有益处的。如果认为小组游戏治疗能更好地满足孩子的需要,那么必须把受到伤害孩子的需要放在集体活动形式的首位。比如,性虐待的孩子,可能拥有过激行为,治疗师必须考虑这些孩子要带朋友来的真正原因,而先将他们的需要暂时放在后面。

邀请父母、兄弟姐妹来游戏治疗室

游戏治疗室对于孩子来说是一个刺激的地方,他们可能希望给父母、兄弟姐妹展示这个特殊的地方。但是,这个要求会给治疗过程带来很多问题。在允许孩子邀请父母、兄弟姐妹来之前要弄清他为什么要这样做。一般来说,父母是不允许参加治疗过程的。通常在游戏治疗结束后,可以允许孩子带父母、兄弟姐妹来参观游戏治疗室。如果孩子再次提出这个要求,可能就不是要把游戏治疗室展示给父母或自愿让父母来参加游戏治疗,而是孩子希望与父母进行一些重要的交流。邀请朋友参与治疗的相关影响因素同样会影响邀请父母来的情况,在游戏治疗现场的父母会成为孩子难得的借口,这会严重影响孩子与治疗师关系的建立。因此,要保证有家长参与的治疗只是个别情况。当然,如果一个焦虑的孩子要邀请父母参与治疗,治疗师应当拒绝孩子的要求,用更多的关心和更敏锐的回馈来同孩子的交流。相反,如果一个严重焦虑孩子邀请父母的要求被允许时,这可以有效地降低她的焦虑水平。

如果兄弟姐妹在治疗结束后被邀请来参观游戏治疗室,必须要让他们明白这不是让他们游戏的时间。游戏治疗室是一个用于建立治疗关系的特殊地方,在这里要做的事情性质都是一致的。如果在结束时间,兄弟姐妹还在游戏,那么由此所建立的新的治疗关系会影响原有的治疗进程。

参考文献

Axline, V. (1969). Play therapy. New York: Ballantine.

Dorfman, E. (1951). Play therapy. In C. R. Rogers (Ed.), Client-centered therapy (pp. 235-277). Boston: Houghton Mifflin.

Ginott, H. (1994). Group psychotherapy with children: The theory and practice of play therapy. New York: McGraw-Hill.

Ginott, H., & Lebo, D. (1961). Play therapy limits and theoretical orientation. Journal of Consulting Psychology, 25, 337-340.

14 短期强化式游戏疗法

在现实生活中，即时满足、快速成功和根据需要迅速做出调整驱动着我们的生活。预先调整好、做好准备是我们融入社会、塑造价值观、形成亲密关系，甚至维持心理健康的一种方式。面对生活中遇到的种种困境，我们通常会采取速食面式的解决方式，而并不是去关注怎样学会更好地生活本身。游戏疗法呼吁家长们摒弃速食面式的解决问题方式，回归到建立以孩子为中心的游戏疗法关系当中来，并且正确对待专业人员在这个过程中的辛勤付出，相信在这个过程中会看到游戏疗法的疗效，看到孩子在情绪和发展方面的进步。

事实上，游戏疗法并不一定需要付出很长的时间，并不是月复一月，年复一年的长期治疗。只要在以孩子为中心的游戏疗法中的孩子自身内部创造机制，良好地去运作，孩子的很多行为问题都可以在相对短暂的时间内得到有效的改善，孩子自身天生的发展状态就有不断改善问题的能力。因此，临床医学家并不需要在孩子身上运用一些先决解决方案来匆忙地加速这种改善过程。

强化式游戏疗法

以儿童为中心的游戏疗法为孩子们建立了一种他们必需的关系，在这种关系中他们可以发展出对自身问题和情绪的适应性应对机制。我们当然不会盯着一个蹒跚学步的幼儿说，"你发展的不够快。"相反，我们对自然的发展进程有十足耐心和信任。同样的道理也可以用在游戏疗法中的孩子身上。当本书中描述的那种关系顺利建立之后，我们就能看到孩子可喜的进步。然而，我这么说并不是暗

237

示所有孩子的问题都能通过几次游戏疗法完全解决。

比起接受游戏疗法治疗的次数,更为重要的是治疗周期的安排。传统安排1周1次的治疗观念并不能与孩子的发展需要相适应。对于孩子来说,两次治疗之间相隔一周可能太过漫长,特别是对于那些遭遇性虐待、父母离异或其他同等程度创伤的孩子。

因此,游戏疗法的治疗师可以考虑把一些孩子的治疗安排得更紧凑一些。我们完全不清楚人类有机体到底可以吸收什么,也不能明确孩子在游戏疗法中需要多长时间才能取得我们希望看到的进展。过去1周1次的治疗安排主要是考虑到治疗师的需求,而忽略了孩子的情绪需要。

当一个孩子经历创伤体验时,治疗师可以考虑采用强化式游戏疗法,也就是在他接受治疗的头两周安排2~3次治疗,从而加速治疗进程。同时,强化式游戏疗法的对象最好是已经接受过这种治疗或者有过类似经历的孩子。对于经历了家人死亡、重大交通事故、性虐待、家庭暴力、动物袭击、爆炸事件以及其他生活压力事件的孩子来说,两次治疗之间间隔一周实在太过漫长。在一些案例中,有创伤体验的孩子可能需要在治疗的头一两周里安排每周5~6天的治疗。

孩子对于创伤事件的自然反应是通过无意识的领悟、克服、发展控制感或同化创伤体验从而重演或用游戏的方式表达事件本身的影响。因为孩子在用游戏表达他们生活中的事件时会象征性地宣泄他们的重大情绪体验,而真实事件和情绪之间的差距避免了孩子们被那些负性的情绪一下子打垮。当我们把治疗的间隔时间缩短时,这种差距就使孩子能够应对和同化紧张的情绪体验。这样就可以避免孩子自己识别或直接面对事件本身,因此,当治疗师指导孩子认清和鉴别恐惧或痛苦的情绪时,孩子在克服创伤体验时就不用自己识别或直接面对创伤事件。以孩子为中心的游戏疗法试图根据孩子自身的需要营造一种让孩子感觉被接受、理解、尊重,并且可以安全地应对痛苦的氛围。

游戏疗法不会用任何形式催促、鼓励或指导孩子的游戏。因此,孩子可以在任何时候自己探索可以安全表达的内容以及应对的进度。因为各个疗程并不是由治疗师安排,孩子自己就可以掌握治疗的进度,或快或慢,来适应其自身的情况。强化式游戏疗法缩短治疗之间的时间间隔,对于孩子在自己探索的主动性方面的信任尤为重要。如果孩子没有做好情绪上的准备去面对创伤事件,治疗师引导或组织他在游戏中表达痛苦的体验可能会对孩子造成二次创伤。以孩子为中心的游戏疗法相信孩子内在的驱动力让他们能够引导治疗关系中的各个方面,并且不会用任何形式指导孩子的游戏和对话,而是完全由孩子自己来引导治疗关系和游戏的进行。

在位于北德克萨斯大学的游戏疗法治疗中心中,已经运用了几种不同的强化式游戏疗法,从中得出了一个独特的范式。让一些仔细挑选出的孩子在 3 天的时间里每天接受 3 次 30 分钟的游戏治疗,每次治疗之间会有 30 分钟的休息时间,孩子可以去浴室或等候室休息,或者吃点零食。有趣的是,研究者观察到这样的游戏治疗取得的效果跟进行了 3 次的 1 周 1 次的治疗效果非常类似。举个例子来说,治疗师所描述的在 3 次 1 周 1 次的治疗中观察到的孩子探索方面的进步跟在 1 天 3 次治疗中的类似。家长也反应孩子在这种治疗中有积极的行为转变。

强化式游戏疗法研究

果德、兰德雷斯和乔达诺(Kot,Landreth & Giordano,1988)用短期儿童中心游戏疗法中的一个集中模式应用在目睹家庭暴力并且和他们的母亲一起待在家庭暴力庇护所中的孩子们身上。有 11 个孩子在实验组接受了 12 期 45 分钟的游戏疗法训练,每天 1 次,另外加上两周的庇护训练。另外 11 个孩子在对照组只接受庇护训练。和对照组相比,最终证明实验组的孩子在自我概念上有明显的提高,外在行为问题有了明显的降低,总体行为问题也有明显的降低。这种短期集中模式训练很适合在家庭暴力庇护所中不稳定、短暂的生活环境的孩子身上使用。

廷德尔 – 林德,兰德雷斯和乔达诺(2001)以与母亲住在家庭暴力庇护所内的目睹家庭暴力儿童为对象,在集中式的短期以儿童为中心的个体游戏治疗和集中式的短期以儿童为中心的手足团体游戏治疗之间进行了比较分析。团体游戏治疗组的 10 名儿童,除庇护服务外,还额外接受了为期两周,总共 12 个单元的手足团体游戏治疗,每天一个单元,每单元为时 45 分钟。从果德等(Kot,1998)的研究,得到了个体游戏治疗对比组和控制组。相较于控制组,手足团体游戏治疗组的儿童证人(如图)表现为自我概念显著增强,外显、内隐及总行为问题显著减少,侵犯、焦虑、抑郁等显著减轻。发现集中式短期手足团体游戏治疗和集中式短期个体游戏治疗对目睹家庭暴力的儿童有同等效力。

游戏室中数名儿童的存在便于抗拒型儿童通过观察其他孩子而发现治疗师是安全的。

琼斯和兰德雷斯（Jones，Landreth，2002）研究了以儿童为中心的游戏治疗对长期患有胰岛素依赖型糖尿病的儿童的影响。将儿童随机分配至实验组或不介入控制组。实验组儿童在为期 3 周的糖尿病患儿夏令营中，共接受 12 个以儿童为中心的游戏治疗单元，每单元为时 30 分钟，并安排定期夏令营治疗性介入。控制组儿童参加所提供的治疗性露营体验。两组均表现为焦虑评分增加。统计的实验组儿童糖尿病适应能力的明显增强大过控制组儿童。

沈（Shen，2002）将来自台湾农村小学的儿童地震灾民随机分配到以儿童为中心的游戏治疗组或控制组。所有孩子的评分均显示为高风险心理失调。以儿童为中心的游戏治疗组在四个星期内，接受了 10 个团体游戏治疗单元，每单元为时 40 分钟。结果表明，以儿童为中心的游戏治疗组表现为焦虑、生理焦虑、担忧/过度敏感及自杀的整体风险明显降低。结果还表明对焦虑有较大的整体治疗效果，而对自杀风险的治疗效果则较小或中等。

史密斯和兰德雷斯（Smith，Landreth，2003）调查了兰德雷斯亲子关系治疗（CPRT）的密集模式，10周亲子治疗模式（3周12个单元），对象是与母亲住在家庭暴力庇护所内亲眼目睹家庭暴力的儿童。相较于控制组，亲子治疗组的儿童表现为自我概念显著增强，外显、内隐及总行为问题显著减少，侵犯、焦虑、抑郁等显著减轻。

巴格利（Baggerly，2004）为住在收容所的儿童设计了单组前测/后测。孩子们参加了9到12个以儿童为中心的游戏治疗单元，一周一到两次，每次为时30分钟。结果显示自我概念、行为能力、抑郁、焦虑等负面情绪及消极自尊等均有明显改善。

短期游戏疗法

短期游戏疗法只有10～12期或者更短，它并不适用于所有需要游戏疗法治疗的孩子们。那些经历过长期性侵犯、身体虐待、精神创伤和有严重的情绪问题的孩子当然需要用长期治疗的方法。短期儿童中心游戏疗法被有效地用在发展问题等很多种孩子问题上，比如慢性疾病、学校学习障碍、行为问题、情绪调节和自我概念问题和面对家庭暴力等问题。如果孩子们体验到了温暖的、关心的、同情的、理解的和接纳的儿童中心游戏治疗并且可以自主控制整个治疗的进度和步骤，就可能出现明显的进步。

短期游戏疗法研究

虽然文献资料中已有许多使用了各种理论方法的成功短期游戏治疗的报告，此次评论仍着重短期以儿童为中心的游戏治疗的有效性，如资料所述。

弗莱明和斯奈德（1947）发现在12个非指导性团体游戏治疗单元后，相较于控制组，女孩组在人格适应上显示出明显改善。

克斯莱恩（Axline，1948）报告了一个用儿童中心的游戏疗法的典型案例，案例是一个5岁男孩选择性缄默，他不和其他小朋友接触，不和别人说话，在玩着球的时候如果有别的小朋友靠近就用手捂住自己的脸。他在3岁之前发展得都很好，之后当他表现出选择性缄默、拒绝自己走路的时候，他又好像回归到了婴儿期。在进行了5期游戏治疗之后，他的妈妈报告在家中他的行为有了明显的改善，攻击行为有所减少,口头表达的能力有一定的增强。学校方面也报告了他在行为上的积极改变。

比尔斯(Bills,1950)用以儿童为中心的游戏疗法对三年级的阅读障碍孩子进行干预。8个孩子一共接受了6次个人治疗和3次团体治疗。控制组没有接受治疗,治疗结束之后,所有接受治疗的孩子阅读水平都得到了提高,他们的团体阅读得分也显著高于控制组。

克劳(Crow,1990)报告指出,在对12个小学一年级有阅读障碍的孩子施行10次每周1次每次30分钟的个人游戏治疗后,他们在自我概念上有了明显改善。跟对照组相比,治疗组的孩子的内控得分也显著提高。

欧文(Irwin,1971)对一个因分裂症住院就医的16岁女孩实施了6次以儿童为中心的游戏治疗。这个女孩整天躺在床上,跟人没有眼神接触、情感淡漠、表情呆滞,整天只说一个词"黄色",肠胃和膀胱功能失调。仅在两次治疗后医护人员就反映她有很明显的行为转变。在整个6次治疗结束后,她经常在白天主动离开房间,大声地在其他病人面前读书,有了言语交流、眼神接触和情感表达,膀胱和肠胃功能恢复正常。追踪调查显示,两个月后,她重返学校,状况也在持续改善。

佩勒姆(Pelham,1972)针对社交不成熟的幼稚园儿童,进行了个体非指导性游戏治疗和非指导性团体游戏治疗的对比分析。两组儿童均接受了6至8个治疗单元。相较于控制组,两个治疗组的儿童在社会成熟方面均有积极的进步,老师的评分也表明两个治疗组的儿童的课堂举止有显著改进。

奥尔莱恩(Oualline,1975)对12个年龄在4~6岁患听力障碍的孩子实施了以儿童为中心的游戏治疗,他们都伴有行为问题。治疗组一共接受了10次每周1次、每次50分钟的治疗,之后他们在社会成熟度量表上取得的分数显著高于控制组。Oualline提到,因为不强调言语交流,以孩子为中心的游戏疗法对听力障碍的孩子上尤其有效。

巴洛、斯特罗瑟和兰德雷斯(Barlow,Strother & Landreth,1985)对一个四岁的躁狂症患者(拔下自己的头发,然后吃掉)施用了8次每周1次的以孩子为中心的游戏治疗,也获得了良好的效果。研究者指出,在治疗过程中最重要的因素是创设一个患者从未感受过的可以自由表达自己的氛围。到第7次治疗时,这个女孩的头上长出了新的头发,这为短期的孩子为中心的游戏疗法的疗效提供了一个可见的证据支持。

佩雷斯(Perez,1987)对比分析了针对受到性虐待儿童的以儿童为中心的个体和团体的游戏治疗。两组儿童均接受了 12 个治疗单元。在两个治疗组中,儿童的自我概念明显增强,而控制组儿童的后测得分则较低;治疗组儿童的自制得分明显升高,而控制组得分降低。个体和团体游戏治疗并无差别。

特罗特尔(Trostle,1988)发现在 10 个单元的非指导性团体游戏治疗后,相较于控制组,双语波多黎各儿童在自我控制上有显著改进,并且有较高发展水平的假装和现实的游戏行为。接受过以儿童为中心的游戏治疗的男孩比控制组的男孩或女孩更能接纳他人。

瑞伊,沃切尔,厄普丘奇,桑内尔及丹尼尔(Rae,Worchel,upchurch,Sanner,Danicel,1989)发现,相较于支持言辞取向条件,转换注意力游戏条件(允许玩玩具)和控制组,两个住院接受以儿童为中心的游戏治疗的儿童在医院恐惧上已明显降低。在任何其他组,均未证明恐惧的减少。

一个 5 岁的女孩因失去父亲而悲痛不已,勒维厄(LeVieux,1994)对她施用了以儿童为中心的游戏疗法。在治疗刚开始的时候,小女孩表现得很顽固、抑郁、情绪化,不肯合作。到第 7 次治疗时,孩子的妈妈表示她有很多明显的改变,比如她现在可以很自然地在谈及到父亲的死亡时,表达伤心和生气。

约翰逊、麦克劳德和福尔(Johnson,Mcleod & Fall,1997)针对有情绪或生理问题从而影响学校学习的孩子使用了 6 次以孩子为中心的游戏疗法。研究者、家长、老师都观察到孩子的强迫性行为减少,对环境的控制能力和表达情绪的能力都有了较明显提高。

韦伯(Webb,2001)针对那些对俄克拉荷马市爆炸案出现应激反应的部分孩子使用 1～3 次的游戏治疗,效果显著。这次治疗,韦伯把游戏室从小储物室搬到了爆炸现场附近的小学,对这些出现了应激反应的孩子进行 30 分钟的游戏治疗。

总　结

通常成人在各疗程之间需要充足的时间来反馈和消化信息,不过孩子好像不需要。安排游戏疗法的客观目的是为孩子提供一个机会,让他们尽可能快速高效地在游戏中找到生活的意义。很明显,有些孩子可以从几次集中安排的游戏治疗

中获益。很多研究结果显示,把传统的1周1次的治疗安排得更密集,能得到积极
的结果。一些挑选出来的孩子接受总共12次每天进行的游戏治疗,事实证明效果
比较显著。研究结果表明,只要2~3次治疗就可以帮助孩子发展技巧,从而应对
情绪,调整行为。孩子在几次的游戏治疗中就可以开始学会探索和解决问题,这
是一个强有力的论证,说明游戏疗法在孩子生活中至关重要。

参考文献

Axline, V. M. (1948). Some observations on play therapy. Journal of Consulting Psychology, 11, 61-69.

Baggerly, J. (2004). The effects of child-centered group play therapy on self-concept, depression, and anxiety of children who are homeless. International Journal of Play Therapy, 13, 31-51.

Barlow, K., Strother, J., & Landreth, G. (1985). Child-centered play therapy: Nancy from baldness to curls. The School Counselor, 32(5), 347-356.

Bills, R. E. (1950). Nondirective play therapy with retarded readers. Journal of Consulting Psychology, 14, 140-149.

Brandt, M. A. (2001). An investigation of the eflScacy of play therapy with young children. Dissertation Abstracts International: Section A. Humanities and Social Science, 61 (07), 2603.

Bratton, S., Landreth, G., & Lin, Y. (2010). Child parent relationship therapy: A review of controlled-outcome research. In J. Baggerly, D. Ray, & S. Bratton (Eds.), Child-centered play therapy research: Evidence base for effective practice (pp. 267-293). New York: Wiley.

Bratton, S., Ray, D., Rhine, T., & Jones, L. (2005). The efficacy of play therapy with children: A meta-analytic review oftreatment outcomes. Professional Psychology: Research and Practice, 36(4), 376-390.

Cox, E (1953). Sociometric status and individual adjustment before and after play therapy. Journal of Abnormal Social Psychology, 48, 354-356.

Crow, J. (1990). Play therapy with low achievers in reading (Doctoral dissertation, University of North Texas). Dissertation Abstracts International, 50(09), B2789.

Fleming, L., & Snyder, W. (1947). Social and personal changes following nondirective group play therapy. American Journal of Orthopsychiatry, 17, 101-116.

Irwin, B. L. (1971). Play therapy for a regressed schizophrenic patient. JPN and Mental Health Services, 9, 30-32.

Johnson, L., McLeod, E., & Fall, M. (1997). Play therapy with labeled children in the schools. Professional School Counseling, 1 (1), 31-34.

Jones, E., & Landreth, G. (2002). The efficacy of intensive individual play therapy for chronically iii children. International Journal of Play Therapy, 11, 117-140.

Kot, S., Landreth, G. L., & Giordano, M. (1998). Intensive child-centered play therapy with child witnesses of domestic violence. International Journal of Play Therapy, 7(2), 17-36.

LeVieux, J. (1994). Terminal illness and death of father: Case of Celeste, age 5½. In N. B. Webb (Ed.). Helping bereaved children: A handbook for practitioners (pp. 81-95). New York: Guilford.

Oualline, V. J. (1975). Behavioral outcomes of short-term nondirective play therapy with preschool deaf children (Unpublished doctoral dissertation, North Texas State University, Denton).

Pelham, L. (1972). Self-directive play therapy with socially immature kindergarten students (Doctoral dissertation, University of Northern Colorado, 1971). Dissertation Abstracts International, 32, 3798.

Perez, C. (1987). A comparison of group play therapy and individual play therapy for sexually abused children (Doctoral dissertation, University of Northern Colorado, 1987). Dissertation Abstracts International, 48, 3079.

Post, E (1999). Impact of child-centered play therapy on the self-esteem, locus of control, and anxiety of at-risk 4th, 5th, and 6th grade students. International Journal of Play Therapy, 8(2), 53-74.

Rae, W., Worchel, E., Upchurch, J., Sanner, J., & Daniel, C. (1989). The psychosocial impact of play on hospitalized children. Journal of Pediatric Psychology,

14, 617-627.

Shen, Y. (2002). Short-term group play therapy with Chinese earthquake victims: Effects on anxiety, depression, and adjustment. International Journal of Play Therapy, 11 (1), 43-63.

15 孩子游戏治疗

本章中所挑选的案例是为了呈现儿童中心法在游戏治疗中的横断面观点。在面询中精确保留下来的句子结构和语言的运用,被当做是孩子试图表运面询过程中真实的画面。在展示 3 个案例之前,为了明确治疗师的行为和促进接受情绪气氛为目的,我们首先来回顾一下以儿童为中心的游戏疗法。

在儿童中心法中,游戏治疗师要持续传达一种深远持久的信任,以保证孩子在游戏室里凭自己的能力做出一个恰当的决定。游戏治疗师要鼓励孩子去做决定,要温柔且关心地主动去倾听。孩子角色的自我定向是要受到尊重的。治疗师不要试图指导孩子的活动或是改变孩子以满足一些自己先入为主的行为期望或标准,要知道孩子是在给予他们自由表达和探索自身的信心和信任的气氛中接受自己的。

虽然积极参与了目前孩子世界的情绪经历,但游戏治疗师不是孩子的玩伴,这可能会妨碍孩子的言论自由。孩子可以做示范、决定自己的方向、有限度的表达自己的情感、兴趣和经验。尽管这样做有放任的感觉存在,但并不是所有的行为表达都是被允许的。比如,一个孩子想要将沙子倒在地板中央,(这时)将会有一个回应,如"沙子应该留在沙盘里"。

在游戏室安全的情感接受氛围中,孩子可以自由地表达混乱、不安全感、敌意,或者接受这样做而不会有负罪感。孩子觉得越安全,他们就越能适应自己的应对态度和情感。在治疗过程中,积极的情感和态度会逐渐被释放,孩子可以将自身看待成不会太坏也不会太好的个体,至少作为一个可接受的平衡体。这使孩子能够感到独立并从独一无二的、积极潜能和能力方面表达他们自己。这似乎是对本章中孩子进程很精确的描述。

南茜——从秃发到卷发①

南茜站在等候室的中央，身处于一个全新且陌生的环境中，而这个地方是北德克萨斯大学校园里的游戏治疗中心。她的左手在头顶绕着圈圈好像要扎头发，而她右手的两个手指完全塞在嘴里。大部分情况下，南茜看起来和其他的4岁小孩一样。尽管如此，有一个不能被忽视的显著特点就是：她完全是秃头。她左手手指在头顶的盘旋运动无疑证明她曾经有过头发。

南茜的父母报告说，南茜3岁的时候有着金黄色卷曲的头发，但是在过去的1年中，她开始吮吸拇指、扯头发并吃头发。南茜的父母确定她需要去做心理咨询。在与她母亲的诊断访谈后，咨询师一直认为进行游戏治疗并且家长定期陪同访谈，将是最有效的治疗方法。

家庭背景

在游戏治疗的初期，家庭背景尽管不是游戏治疗师要掌握的必要信息，但姆斯塔卡建议早期家庭情绪发展与游戏治疗中情绪培养应当并举。"孩子情绪的发展与增长可通过家庭关系，反映出其人际关系态度的强度。其中，最戏剧化和形式化的情绪会发生在人生的前5年里"（Moustakas，1982：217）。

南茜，4岁，同父母和4个月大的妹妹住在一起。南茜在刚出生几天后被收养。她的妹妹是父母的亲生女儿。她的父母都是大学毕业，爸爸是一家大公司的技术员，妈妈是一名家庭主妇。南茜家庭背景中有一些复杂的因素直接关系到南茜游戏治疗的主题。

南茜和父母在她2岁前与她的外祖父母生活在一起。之后他们搬到了自己家中。母亲对新生的妹妹过度保护，几乎不与孩子分开。而南茜几乎见不到她的妈妈。在南茜看来，这或许意味着自己从关注的焦点被"废黜"了。

南茜父亲上一段婚姻的儿子来和他们在一起居住过一段时间，之后又回到了

---

①南茜的案例来源于巴洛、斯特罗瑟和兰德雷斯（Barlow，Strother & Landreth，1985），使用经过了美国咨询和发展协会同意。

生母身边。这种情况让南茜确认在她生命中缺少永恒的东西。南茜的妈妈生病导致要每隔几天就去医院住院治疗,这更增加了南茜这种恐惧的可能。后来,她母亲必须在家里接受注射。

南茜的母亲和祖母几乎严格限制她所有的行为,包括整洁、礼仪、学习等。南茜妈妈努力使自己成为一个好妈妈,为南茜制定了很多的限制。结果表明,南茜的恐惧来自于与母亲分开、和妹妹竞争、反抗那些压制在她身上大量的不可抗拒的限制和命令。

游戏治疗中的南茜

开始的谨慎变为混乱

第 1 次治疗前,南茜在等候室里吮吸着手指并要求她妈妈来接她。当南茜的妈妈照顾她的妹妹玛丽时,南茜站在一边,吮吸着手指使自己安心下来,并警惕地看着游戏治疗师。南茜一家沿着礼堂被带进游戏室。在门口,玛丽和妈妈被要求回到等候室,而南茜开始了她游戏治疗的历程。她慢慢地环顾四周的玩具,像是刘姥姥进了大观园。在用眼睛小心的探索了这间屋子后,南茜试探性的触摸并检查房间里的玩具,并开始摆弄她喜欢的玩具。第 2 次疗程进行到一半,南茜脱掉鞋子,小心地将沙子撒在指缝间。水龙头也吸引了她的目光。沙子和水的旅程成为了每天要做的事,而且每次都伴随着洒落一地的水和沙子。游戏治疗师说“沙盘可以装下 2 杯水,南茜,而水槽可以装下 20 杯水”。她大笑,并选择不加水继续玩沙子。游戏治疗师感觉到南茜在这次会面中获得了解放,并增加了信任感和被接受感。

拥有自由并被接受

在第 3 个疗程中南茜铲起 2 个洋娃娃扔进火炉里并用水浸泡她们。之后,她坐在洋娃娃原来的床上并吮吸她们的水瓶。

在接下来的 3 个疗程中,与婴儿游戏仍然被作为初级行为继续沿用。这是第 1 次南茜自由地反抗由妈妈和祖母制定的限制性规定。游戏治疗师总是在南茜和其他婴儿边玩边偷偷吮吸奶瓶的时候,在她的膝头放上 1~2 个婴儿。她爬上玩具房和冰箱,花费更多的时间去吮吸她的瓶子。

她进一步通过弄坏橡皮泥并在上面走、弄撒油漆来释放自己的情绪。当她弄撒油漆的时候,她说,"我要是告诉妈妈了,她会很生气的",逐字说出她所知道的界限。尽管她以前的画都是直线和结构,但是她现在的画变得自由、流畅且有表现力。这一动作也更多地体现在橡皮泥上。起初,她仅仅是摸它,现在她很乐意用手指头捣弄它。

游戏治疗师接受南茜所做或所想的一切,而不做任何评价。南茜感觉到她自己的行为是会被支持的。在游戏间中,游戏治疗师对南茜的想法和决定传达着认可。这种无条件认可对于南茜来说是一种解放并帮助她信任自己。

在第5个疗程里,南茜扔泥、画骑式双轮车,并小心的将奶奶买的名牌鞋扔进装满水的水槽里。在这场突然爆发的愤怒之后,她把婴儿从床上扔下来,并走过去躺到床上,吮吸着水瓶,说"当我哭的时候你过来",游戏治疗师回答说"你想要被抱住和被爱"。南茜从婴儿床上下来,走过来,拿着水瓶爬到治疗师的膝上。他们边唱边舞了大概3分钟。南茜的眼神变得呆滞,就好像她回到了婴儿床上并扮演婴儿的角色一样。

那天,南茜或多或少对她的行为感到吃惊。她无法明显的分辨她自己作为婴儿的角色。她生气地说"不",这显然是她妈妈对她的命令。

即使南茜在游戏治疗的过程中从来没有企图拉扯自己的头发,但这是第1次在有她妈妈在场的时候南茜没有拉扯自己的头发。游戏治疗师注意到南茜头上一缕缕可爱的卷发。

即使她在以后的会面中也会偶尔短暂地吮吸水瓶,但南茜再也没有回到之前所展示出来的强烈婴儿角色。做这些婴儿的妈妈对于南茜来说是一个全新的且有好处的尝试。画画、切橡皮泥、用手在油漆里搅、用胶水和纸开发了她的初级行为活动。婴儿是过去式了。

有卷发的南茜

当南茜第7个疗程的时候,她的头上覆着短且自然的金色卷发。她继续和各种各样的玩具玩,特别是美术和手工材料。她开始和游戏治疗师玩"妈妈和南茜"。南茜扮演妈妈,说"不,不,不,这是我的。你不能拿它。去玩你自己的玩具"。治疗师被要求扮演南茜的角色,治疗师低声地问"告诉我当妈妈说不,不,不的时候,南茜会做什么?"南茜说"你吮吸你的指头,扯你的头发并且吃了它"。当治疗师试探性地问"是现在这个样子吗?"南茜用妈妈的声音说"不许那样做",然后大笑。其实,她完全清楚自己的习惯。

在等候室中,她的祖母试着去掌控南茜让她穿上大衣。南茜用"不"代替了她以前躲到一边吮吸手指、拉扯头发的行为,这种抵抗的能力是很短暂的。祖母企图控制南茜去背一首诗"我告诉过你卷心菜和国王"。南茜一面吮吸她的手指并拉扯头发,一面发呆地盯着空地。当她们出门后,祖母从南茜嘴里拿出手指说"手指在冷的时候很容易裂开,别嗑手指了"。即使南茜偶尔会屈服于这种命令的压力,她的头发依旧在长。

在第8次疗程中,南茜意识到这是最后一次见面。她嘴上没说什么,只是开始往常的游戏,不外乎钻洞、吮吸水瓶、扮演婴儿或是叫治疗师抱住婴儿。在最后的3个疗程中,南茜通过自己扮演"妈妈"这个角色已经分清了妈妈和婴儿的特点。通过油漆、橡皮泥、沙子,她玩游戏很自由但不凌乱。知道这是最后一次见面,南茜的日常道别增加了尺度;她拿了一小瓶水往她最喜欢的玩具上分别散了点。她又笑了笑,慢慢地走出了游戏室。

在等候室中,是关于最后一次会面的对话,治疗师邀请南茜随时回来,而她的反应是沉默和基本拒绝。但是,她不再愤怒、吮吸手指和拉扯头发了。

父母会诊

对父母的心理咨询和孩子游戏治疗搭配,促进在家里的交流,可以提高治疗效果。当给父母咨询时,游戏治疗师必须向父母解释游戏治疗的疗程是保密的。因此,会诊不会围绕孩子游戏治疗的细节。在南茜的案例中,游戏治疗师和她的父母每隔一周见半个小时,有2次持续了整整1个小时。在两次会诊的过程中,治疗师的目的是给南茜的父母提供尊重南茜情感和感知的洞察力以及发展交流技巧,这可以提高南茜和父母的亲子关系,养育技巧,如果采纳会对南茜和父母都很有益处。

讨论

南茜的游戏被格尼(Guerney,1983)描述成以下几个阶段:

1. 孩子开始自己适应游戏室的环境和游戏治疗师。
2. 孩子开始测试限度、表达愤怒并经历自由。

3. 孩子处理独立和依赖的关系。

4. 孩子开始表达关于他们自身和世界的积极情感。孩子也开始自己做决定去处理他们的世界。

　　游戏治疗的经历给南茜提供了一个理顺经历、表达情感和探索关系的方法。南茜和游戏治疗师的关系从小心谨慎成长发展为信任和接受。由于南茜没有任何其他新的经历，所以她将游戏当做她对环境和感知的结果。她从做和不做中保护自己。南茜从来没有经历过一个她可以做决定、没有恐惧和责难、可以做她想做的事情的氛围。这个氛围是由游戏治疗师创造的，一个简单而重要的因素使南茜能体会到从前没有的感觉：自由地表达自己。

　　克斯莱恩（Axline，1982）相信"通过一系列的游戏治疗揭露出的孩子早期持有的强烈感情，往往是意外的"。通过她的游戏，南茜显示出了她情感中的挫折和愤怒。这些显然是和她困惑自己在家庭中的地位以及妈妈对妹妹的过分关心有关系。南茜和婴儿、瓶子、婴儿床的游戏，证明了她尝试并开始通过她独一无二的经历去解决内部抗争。南茜的焦虑源于和母亲的分离，而且她和妹妹分享母亲的愤怒在经过游戏治疗后似乎得到了解决。她开始接受并扮演姐姐的角色，而不再是个婴儿了。这个改变在游戏室和家里都得到了证实。

　　第二个显示出来的阻挠是南茜与持续发生在她身上的由妈妈和祖母制定的限制的斗争。为了使自己成为一个好妈妈、好祖母，南茜的长辈们阻止她学习超过为她制定的限制以外的事物。南茜焦虑的表征之一就是她的秃头。南茜通过玩水、画画、把鞋和衣服弄脏或弄湿来试探为她制定的限制。不久之后，南茜为自己找到了很好的平衡点。她喜欢玩水和画画，并且不再故意挑战极端。

　　通常，南茜表现出更多的强烈情绪行为，这似乎是她早就准备好的一个完美计划，以测试现有的限度。在限制设定范围内表达出来的情绪，帮助南茜很好地处理她的情绪。

　　有时在孩子生活中事实上重要的事件却无法进入他们的游戏或是交往中，但是这些事件对孩子有着极其重要的影响，会激起他们的情感和想象。南茜在游戏室中从来没有吮吸手指或拉扯头发，只有一次她对游戏室中洋娃娃的假发产生兴趣。在游戏室之外的等候室，当她感受到父母命令的压力时，偶尔会吮吸手指，有过一两次的拉扯头发。

最后,在游戏室的氛围中证实了与南茜的关系不同以往她和妈妈以及祖母的教学关系。游戏治疗师不对南茜产生预期也不对她的游戏进行指导。南茜不久就认识到治疗师相信她可以自己做决定。南茜新建立的自己做决定的勇气在游戏治疗中同时也在游戏室外的世界中显露出来。

南茜能够运用她在游戏治疗中获得的经验去适应自己的世界。这种进步只可能发生在孩子觉得被无条件接受,鼓励做决定并且情绪安全的氛围中。南茜再次长出的头发似乎成为这些条件戏剧性的见证。

辛迪——一个有控制欲的小孩[①]

M女士描述她5岁的女儿辛迪时说"她对自己的玩具和东西都小心照料,当我要求的时候,总是把东西收起来,并把屋子清理干净。她是个好孩子,但是我不知……(长长的停顿)。我总是对她很生气,我不知道为什么。我知道对她生气不好,但是我……(停顿)。让我承认很艰难,但这是真的。我不知道哪里出了错。我只是很生她的气。她在家里并没有什么问题。当我想要约束她的时候我们会有冲突。她经常骂我很愚蠢。而且她总是按自己的方法做事。"

这样一个探索性的会面是很有必要的,系统地描绘辛迪,并决定游戏治疗是否有必要,所以在游戏治疗中心制订了下周见面的安排。在那次会面中,辛迪企图影响并控制我(Landreth),坚持让我帮她拿一些分明在她力所能及范围为的东西,问我问题并且为我做决定。她不能够容忍在她画画时犯极小的错误,当她卷起她的画扔进垃圾桶时一直说"我可以做得更好的"。

当我宣布距离结束只剩下5分钟时,辛迪说"我不在乎,我不走"。当会面结束的时候,我表示时间已经到了,辛迪说"我告诉你我不走。我现在要去做些什么。呃,画画"。她走向美术用具开始画画。我回答说"你想成为那个决定你可以在这呆多久的人,但是我们的时间到了。现在是时候去你妈妈在的等候室了"。我向门口走了几步。辛迪继续画画,并在口头上表达她的抵抗。我继续考虑她的

---

①辛迪的案例来源于巴洛、斯特罗瑟和兰德雷斯(Barlow, Strother & Landreth, 1986),使用经过了美国咨询和发展协会同意。

想法并制定了一个结束这次会面的界限。当辛迪自愿离开的时候我的耐心几乎被耗尽了。

辛迪表现出很多控制欲的行为,这让人不禁怀疑这是不是她在家中的典型行为。和她妈妈的交谈证实了辛迪经常在妈妈未察觉的情况下,做一些让人难以捉摸的操纵别人的事,并且这就是她对辛迪的基本愤怒。与辛迪额外会面安排好了。她的第二次游戏治疗展示了很多控制行为,而且她尝试与我建立关系。

第二次游戏疗程

辛　迪:(辛迪走进游戏室,直接走向沙盘,开始玩。坐在沙盘的一边筛沙子,辛迪告诉我她家新搬的房子。)我知道多久……呃……很久……好几个星期……呃,我只是不知道过了多少天。

治疗师:你可以记得你在那住了多久。你只是不知道那是多少周。

辛　迪:(继续玩着沙子。)我今天有一点喜欢你了。

治疗师:你比上次喜欢我了。

辛　迪:是的。(从沙盘移到画所在的桌子旁。)过来我们画画……如果你愿意的话可以帮我,或者如果你喜欢你可以看着。你想怎么做,看?

治疗师:我看着。

辛　迪:(走进洗漱间,开始洗刷子并将颜料灌进水槽里。)一个黑色的水槽。

治疗师:你把水槽弄黑的?

辛　迪:是的,装满黑色的水。

治疗师:哦。

辛　迪:(继续将颜料混到水里。)你听到水声了么?

治疗师:恩。我在这可以听到。

辛　迪:好吧,让它再流动一次。最好小心点。(把水开到最大。待在洗漱间中在水里泡了几分钟。从洗漱间出来,拿着一张大纸。)看着我马上要在这上面放东西了。

治疗师:你真的要开始工作了。

辛　迪:首先我要画画。哦,是的,对吧?

治疗师:你来之前就决定好了的。

辛　迪:是的,我做了决定。在昨天。我生日是前天。(拿起橡皮泥罐头。)把它放在……我把水放进去,这样它就可以飘起来了。(走进洗漱间。她的凉鞋在地上的沙子上滑,弄出很大噪音。)这是很滑的拖鞋。

治疗师:它们看起来很滑。

辛　迪:它们是很滑。(返回并开始画画。治疗师坐在辛迪的正对面。)你对美术有兴趣么?

治疗师:我喜欢美术,而且看起来你也很喜欢美术。

辛　迪:我喜欢画。昨天,我想想我画了……呃,是的,我画了一棵长了花和一只小猫的树,呃,一个小猫的喷泉。

治疗师:你在那幅画上画了很多东西。

辛　迪:一些鸟和天空……一些白色的鸟和蓝天以及一些叶子……还有……草地,之后我把它挂在我生日的告示板上。那是6月4号。

治疗师:那成为了一个真的很特别的生日。

辛　迪:当大家都庆祝的时候,我点了一个爆竹。

治疗师:你生日发生了很多事呀。

辛　迪:呃嗯……理由是警察出动了,寻找是谁放了爆竹。

治疗师:嗯。

辛　迪:也许他们是对的,因为你不该这么做。所以你受伤了。

治疗师:所以他们试着使人们远离伤痛。

辛　迪:呃嗯。(继续画画。当她将刷子从画板上移到颜料盒中蘸一下时,治疗师扭头跟随着她的动作。)你可以看我画画并且不用扭头。

治疗师:有时我做的事打扰你了?

辛　迪:是的。(收回画笔,在治疗师面前快速前移,嘲笑的看着她的脸。咯咯笑。)

治疗师:我猜你很奇怪刚才我想要和你玩游戏。

辛　迪:嗯。

治疗师:但我只是决定看你。

辛　迪:(拿画笔指着咨询师的脸咯咯的笑。)我戏弄你了,不是么?你也以为我要在你脸上画画。

治疗师:你有时是喜欢戏弄我。

辛　迪:是的,就像刚刚那样。

治疗师:哦,就像你刚刚戏弄我一样。

辛　迪:好吧。我不戏弄黛比。她是我堂妹,因为她不喜欢被戏弄。

治疗师:她不喜欢和你玩游戏。

辛　迪:不。呃,她不喜欢我对她恶作剧。

治疗师:嗯。

辛　迪:但是罗宾不介意。

治疗师:所以一些人不介意,另一些不是。

辛　迪:嗯。罗宾是我最喜欢的,因为贾妮不让我那么做。

治疗师:你喜欢那些允许你恶作剧的人。

辛　迪:嗯。罗宾是我最好的朋友,因为不管怎么说她是……(继续画画)蓝和红(她正画有着蓝色和红色窗子的房子)。

治疗师:一个蓝窗子和一个红窗子。

辛　迪:和一个有着黑门的紫房子。

治疗师:你用了很多颜色。

辛　迪:快要结束了?

治疗师:今天我们有30分钟。(她在房子上画了个黑门,而且黑色蘸到了其他颜色。)

辛　迪:好的。我可以把我的画弄乱。下次我不会把它弄成到处都是斑点。我可以画更好的。我可以做得更好点。

治疗师:你认为你可以做一个比这个更好的。

辛　迪:我可以! 我只是……我可以。(将湿了的画揉成一团扔进垃圾桶。)

治疗师:你只是知道你可以。

辛　迪:(她发现了手指画并决定画手指画。)这些微笑像手指画,不是么?

治疗师:你以前画过手指画?

辛　迪:是的,在周末的学校。你把手指画弄湿过么?

治疗师:在这里你可以选择你想做的事。

辛　迪:(进到洗漱间,把水撒在手指画上,回来,小心地用刷子画画。很显然她不想让颜料弄到她手上。她用刷子画了会儿手指画,然后将刷子在颜料里蘸了蘸,随后用另一个手拿着刷子,但是注意到拿刷子的手离颜料很近并迅速把手拿开。)

治疗师:只是不确定是否要将手伸进去。

辛　迪:我可以。它是手指画。(她去洗漱间洗刷子,出来,然后继续用刷子画手指画,用所有的颜色画圈。她返回洗漱间,洗刷子,出来,让水一直流着。之后她在画上混合了多种颜色去画。)

治疗师:现在这画有很多混在一起的颜色了。

辛　迪:在我作画的时候你能安静点么?

治疗师:当我说话的时候打扰你了。

辛　迪:是的。

治疗师:你在做事情的时候不喜欢被别人打扰。

辛　迪:做什么都行就是别说话,因为我不想,我不想在画画的时候被人打扰。朗达的打扰就行,因为她还是个婴儿,而且她不知道什么是好的,但你不可以!所以你最好安静点。

治疗师:我应该做得更好。

辛　迪:是的。

治疗师:而且我应该做你让我做的事。

辛　迪:好吧。(她继续画画,之后走进洗漱间,洗手,出来,开始用一个手的指尖画一棵树。)这里,一棵树,我可以画个比这个更好的树。

治疗师:很多时候你似乎更喜欢让自己做得再好一点。

辛　迪:嗯,我可以。

治疗师:你一直对自己说"我可以做得更好。"

辛　迪:嗯,我可以。

治疗师:嗯,你只知道你可以。

辛　迪:对的。我知道。现在你可以安静了么?记住我说的了?

治疗师:你想让我按你刚才说的做。

辛　迪:嗯,我确定。(继续画画,边哼着歌,边精力旺盛地用两只手画——真的斜着身子在纸上转着她的手。)我要在这放一点胶水。行么?行么?

治疗师:我猜你在想"我可以用那个胶水么"?

辛迪：嗯，我可以么？

治疗师：你只是不确定你应不应该。

辛　迪：我能么？（和充气玩具博博说，走进洗漱间，洗手。回来继续粘她的手指画。从胶水瓶里拿了2瓶胶水。）

治疗师：你拿了你想要的那么多。

辛　迪：（弄了一大把胶水。）它看起来像冰激凌。

治疗师：你觉得它看上去像冰激凌。

辛　迪：是的。它将成为紫色的冰激凌。

治疗师：所以你知道你想让它成为什么样？

辛　迪：紫色是个漂亮的颜色。

治疗师：你真的很喜欢这个颜色。

辛　迪：嗯，这是我最喜欢的。（拿了更大一把胶水和手指颜料混合着涂在纸上。）

辛　迪：你是罗杰斯先生么？（咯咯笑）

治疗师：我猜使你想起了另外的人。

辛　迪：是的……他喜欢画画，我也很喜欢他。

治疗师：所以我们俩你都喜欢。

辛　迪：是的。

辛　迪：现在我有双紫色的手。

治疗师：嗯。

辛　迪：（进到洗漱间，洗了很长时间的手，出来，说）再来一次，然后我就通过了。但是首先我要在里面用些沙子。

治疗师：你知道你想让它成为什么样，而且也知道你想用什么。

辛　迪：（拿了一点点沙子，加到她的颜料中，然后宣布。）这不够。（走回沙盘旁，拿了两大把沙子，倒在画上，盯着治疗师看她的反应。）

治疗师：你拿到和我想要的一样多。

辛　迪：（把沙子抹平，往沙子里加更多的胶水，混合，然后说）它们会粘住的。

治疗师：你知道结果是什么。

辛　迪：是的。（混更多的胶水，她的手上和胳膊上都是沙子和胶水。）这看起来像一种艺术……我创立的……只为你。（加更多的沙子。）

治疗师:所以你只为了我创立的。

辛　迪:如果你想要你也会拥有它。你想要么？

治疗师:如果你想把它留下来给我,那真是太好了。你只为我弄的。

辛　迪:你可以把它带回家。

治疗师:你很高兴我能拥有它。

辛　迪:嗯。(去洗漱间洗手。)

治疗师:辛迪,我们今天在游戏室还有5分钟,之后要去等候室找妈妈了。

辛　迪:(从沙盘中拿了一盘沙子,加到她的美术作品上,拍平,往沙子胶水作品上
　　　加手指颜料,说)我想用掉所有的蓝色,行么？

治疗师:你刚才决定每个都要用一点。

辛　迪:我会需要的。(倒空所有的蓝色颜料和沙子混在一起。将空容器扔进垃
　　　圾箱,进到洗漱间洗手,让水流着,出来,说)我画了一天,是么？

治疗师:你似乎画了很久了。

辛　迪:(继续将所有颜色的颜料和沙子混在一起,然后宣布。)我终于完成了。

治疗师:结束了。

辛　迪:用了一天时间。(她进到洗漱间,洗手,关掉水龙头。)现在要变成玉米卷
　　　了。(将一张报纸折起来并将纸的边缘粘在一起。)

治疗师:就像个大玉米卷。

辛　迪:(握着纸的边缘试着将玉米卷立起来。沙画很重,纸被弄破了。)哦！我想
　　　我需要更多。看起来我们得做个和这个一样的。(将纸的尾部折起来。)

治疗师:用不同的方法做。

辛　迪:是的。它像三明治。(看起来像。)

治疗师:嗯。一个大三明治。

辛　迪:啊。今天的完成了。我们走吧。这是你的……画。(将"画"递给治疗
　　　师。)你应得的。

治疗师:你刚为我做的。(用感激和珍惜的声音说。慢慢的拿起画,小心的放在
　　　桌上。)

辛　迪:我们今天结束了。

在第二次会面中,辛迪相比第一次会面立刻对我做了一个积极的改进,对我说"我今天比较喜欢你"。她的动机似乎很明显,因为这发生在会面开始的前15分钟,我几乎没有足够的时间去展现今天我有什么不同。辛迪继续通过不让我动头、不让我说话来测试我的耐心和接纳度。她的焦虑和需要做对的事在她破坏第一幅画的时候表达了出来。当辛迪画变得包含更多自由、有表现力的手指画、当玉米卷画被撕毁时的重新调整都显示了她逐渐增长的内在自由。为我画一幅画是辛迪建立关系的手段。在这次会面结束的时候,辛迪更有自信,可以容忍混乱,更有创造力的表现自己,也不再试图控制我了。

艾米——一个选择性缄默症孩子

布朗(Brown)和劳埃德(Lloyd)报告说每1 000名孩子中,大概有7.2名5岁时在学校不说话。凯文和方杜迪斯否认了这一现象,选择性缄默症,"一种特殊的状况,只限于在熟悉的环境或一群熟人中说话、交流"。(Kolvin & Fundudis, 1981:219)他们还报告选择性缄默症的孩子父母在和孩子说话的时候很正常,但在更多的社会环境中,孩子们就会变得很害羞。

选择性缄默症与遗尿症

在本节中,以一个5岁大的选择性缄默症小孩艾米为例来进行描述。她的母亲介绍她到该中心,因为她对艾米拒绝在学校或者是不在家的情况下缄默不语非常关心。艾米也表现出过分地害羞并且遭受着遗尿症(夜间尿床)的折磨。艾米在家中排中间,她有两个兄弟。她似乎非常亲近并且依赖她的母亲,这在选择性缄默症孩子中是非常常见的。(Kolvin & Fundudis,1981)

选择性缄默症孩子很依赖父母,尤其是他们的母亲。这在艾米的案例里也是存在的。她的母亲开始了在游戏过程中的治疗,并且在随后整个治疗中都在配合。艾米的父亲从来没有参与过,但是据说他在家里也非常配合治疗过程。在治疗孩子的时候,最理想的情况是有父母双方都能参与并且了解情况。但是在这个案例中,事实证明即使父母双方并没有共同参与并磋商治疗过程,游戏治疗也依然非常有效。

除了对选择性缄默症的关注,艾米的母亲还表示了对夜间尿床的关注。艾米的兄弟都有类似的情况。在一个对24个选择性缄默症孩子的研究中,凯文和方杜迪斯发现被研究对象中遗尿症的现象非常显著。他们还发现这些孩子都有如下的行为问题,如被过分的害羞困扰,表现出更多的不成熟(特别是在语言发育上),女孩缄默症患者比男孩更多,这些选择性缄默症更加棘手。美国心理学会(2000)在《精神障碍诊断与统计手册(第四版)》中也把选择性缄默症的孩子描述为过度害羞,社会孤立,行为困难和可能患有遗尿症。

行为表现

艾米的行为与发育与凯文和方杜迪斯对孩子的研究相符。根据艾米的老师反映,她似乎发育滞后,并且在5岁仍受遗尿症的困扰。根据她的老师和母亲描述,她极度害羞,行为表现与正常的5岁孩子不符。在他们过去的文献中,凯文和方杜迪斯没有发现有什么特别的原因与选择性缄默症有关。

艾米在她所参与的学校幼儿教育计划里的最初5个月里没有说一个字。她通过了所在的上一年龄层次幼儿筛查的所有非语言项目,被安排在特别教育教学班里。老师发现坐在那里并且观察周围环境的艾米是一个非常被动的女孩,她几乎没有社交能力,不与小组的其他孩子一起玩耍,但是选择独自和一个成年人玩耍。当另一个非常安静的女孩对她表示出特别的兴趣时,她接受了她。最初这个新来的女孩与她交谈,但是不久她就跟着艾米做手势。随着学期的进展,艾米变得越来越积极。她甚至有时候会笑起来。

而在室外,和她的同学们在操场上,艾米仍然无所事事。她没有与其他孩子互动。当老师拉着她的手,领着她到沙盘或者是走动,艾米会主动拉开距离。

艾米还表现出一些其他不正常的行为。她用双手抓住老师的脖子,如果她做到了就会笑。她多次用叉子刺她的玩具娃娃。如果她想去洗手间而老师忘记问她,她就会尿湿裤子,尽管她可以在任何时间告诉老师她想去洗手间。

她的母亲说艾米不会表达疼痛。她有一次坐在一个盛满热水的浴盆里,当她的祖母问她为什么还在水里时她只是茫然地看着她。在玩耍时她的耳环刺穿了耳朵,但是并没有告知她的老师,尽管她的耳朵在流血。她在体育馆里摔倒,嘴角在流血,老师问她疼不疼,她只会摇头。她在参观游玩或者是聚会上也并没有表现出兴奋或者是开心。

老师的影响

艾米的教师曾使用多种方法来试图诱发她的一些口头反应。她接受非语言的参与者。她被忽略了的时候,她不会口头回应。失败后,如果她不说话,她会被要求坐在一个"超时"的椅子上,但艾米似乎找到了坐在椅子上的乐趣。据她的老师反映,她认为任何人都不说一句话是好的。她对别人的接触有反映,并且有时候会坐在老师的腿上,这相对于其他班上的孩子是领先的。艾米的老师形容她是被动的、有抵抗性的,有时敌对、强迫、不主动表达情绪,可以接受一些人,回应情感,并愿意重复其他孩子的行为。

游戏治疗

一个孩子表现出选择性缄默症时,有必要采取一种让孩子感觉到舒适的沟通方式来进行治疗。那些总是寄希望于口头方式与孩子交流的治疗师往往不能最终建立起这种有效的沟通关系。这些选择性缄默症的孩子可以很容易地克制沉默的作用,从而也克制了与治疗师关系的发展。治疗师努力采取吸引、鼓励、哄骗或者诱骗这些孩子进行口头交流,结果使得这些孩子通常继续保持沉默。

这些选择性缄默症孩子根据以往的经验发现了成人想要的,并且知道如何轻松地通过沉默抵抗挫败他们的努力。玩耍是孩子情感的一种表达方式,因此游戏治疗便被选为艾米首选的治疗方法。他的心理治疗师认为,艾米需要一个让她感觉到舒适的治疗环境,在这里,她可以在一定限度内就像她预想的那样,通过自己不使用文字的方式跟成人沟通。

就游戏治疗的价值而言,康恩(Conn,1951)说:"在每一个游戏治疗方法期间,孩子学会接受和利用个人责任的形式和必要的自律,进行社会生活中的自我表达。"

一个沉默的开始

在初步的游戏治疗中,艾米完全没有任何语言,躲在油画框下足足45分钟。治疗师作出一些手势和口头表述,希望能够更好地交流情感。如果治疗师在很短的时间内不动或者保持沉默,艾米就会从画框下往外看,以确保治疗师仍在注意着她。在治疗结束后,艾米立即从画框下出来。

艾米的表妹苏珊陪着她来到中心进行第二次治疗。当艾米拒绝回到游戏室时,治疗师请苏珊进到游戏室来。但游戏室的门一打开,苏珊就开始说话,而艾米则回到她画框下的藏身处。苏珊玩了很多的玩具,大约10分钟后,艾米加入了苏珊的游戏,她们在 45 分钟里交谈自如。别人根本不会注意到这会儿艾米有什么不正常的地方。

这是突发的一个转机。治疗师决定在第三次治疗时增加艾米 9 岁的兄弟本,来更好地了解艾米人际交往的能力。在这次的治疗中,苏珊和本一起玩,而忽视了最终一直躲在画框下的艾米。第三次治疗之后,苏珊回到了她在另一个城市的家里。治疗师必须决定是看艾米一个人的情况,还是和她哥哥一起的情况。艾米还有个弟弟奈德,也非常希望加入到游戏室来。

兄弟组合游戏治疗

将兄弟姐妹放在一组一起进行治疗的问题在前人的文献里并没有太多记录。吉诺特(Ginott,1944)是少数提出这个关于兄弟姐妹一起治疗的问题的人。然而他的文章里只是建议将关系非常紧张的兄弟姐妹排除在一组里进行游戏治疗。而将兄弟姐妹们放置在一组里没有提及。

将兄弟姐妹们放置在同一组内进行治疗的可能性往往被排除在外,因为这需要整个游戏治疗的孩子是同一个年纪。根据伽兹达(Gazda,1989)和吉诺特(Ginott,1994)的建议,团体游戏治疗的孩子年龄相差不应当超过 1 岁。吉诺特(Ginott,1994)也指出,一些情况下,应当优先考虑孩子的攻击性,比如将大龄孩子放置在一组,未成熟的孩子与更年幼的孩子放置在一起。

吉诺特进一步指出,对学龄孩子的兄弟姐妹一起的游戏治疗应当考虑男女分开的可能性。我们发现,在 8 ~ 9 岁之前,其实并没有必要按照性别分开。

孩子分组游戏治疗与兄弟姐妹一起进行游戏治疗基本相等价。就像吉诺特(Ginott,1994)认为的那样,游戏室里有许多孩子有助于固化现实世界的经验。这在兄弟姐妹一组进行游戏治疗的过程中也是同样的。如果,就像吉诺特所说的那样,孩子们互相帮助承担人际关系的责任,在兄弟姐妹间更为显著,因为相对于人工构建的游戏治疗群体,兄弟姐妹有着更自然的关系。

寻找合适的组合

在艾米的案例里,兄弟姐妹间的小组治疗、独立治疗、家庭和简短咨询相结合,仿佛是最为合适的。当艾米和本在游戏室里玩耍时,本要为自己和艾米负责。艾米并没有做任何事,本可以带动两个人说话和玩耍。当艾米和奈德一起在游戏室时,艾米是老师和提供帮助的角色,尽管奈德也是能独立的。当两个男孩都进入游戏室,他们会一起玩而忽视艾米。当孩子们和他们的母亲一起来到游戏室时,他们都想去玩耍,但是在某种程度上表现得相对平等。

当艾米独自在游戏室时,她仍觉得害羞,很少言语。她通常会躲在她画框下的藏身处 10～15 分钟,直到她觉得出来是足够安全的。她玩得总是很不恰当,长时间地笑,或者是定期破坏性的感觉。这些行为是她从她哥哥们日常的行为里学来的,然而却在她独自玩耍时出现。

艾米需要学会控制

进一步的治疗继续进行。艾米希望能够完全控制沉默。当治疗师继续研究艾米的情感时,艾米表示反感并且失去控制。她会反复地说"不要看着我,别跟我说话。"这时候治疗师通常会妥协。艾米被给予"看"的控制,治疗师被给予"说"的控制。艾米似乎很满意有明确的控制权,也愿意让治疗师也有一个。艾米也开始逐步接受其他方面的部分控制权。本和艾米在两个不同的房间,两个人在自己控制下都不得不通过口头进行交流。在这样有许多孩子的条件下,艾米似乎有了更多的信心,她需要继续提高自己的社交能力,而不是更加内向。

由于艾米变得更加独立了,本不再是家庭负责者和保护者的角色。他采取了行动,以至于他的母亲曾公开对他订立纪律——这是家里的头一回。本逐渐让艾米独立起来,并且让艾米作为家庭成员负几个责任。母亲通过给予艾米更多的信任来鼓励这种沟通,她不让本去做艾米应做的事情,即使他可以做得更好更快。奈德也保持相对的独立,不完全孤立艾米也不完全受本的控制。艾米开始更加爱频繁地表达她的情感。她现在会举起拳头,表示"不要靠近我"或者"靠着你走我感到更安全"。

一个不同的艾米

艾米的信心延伸到了课堂上。说话、唱歌并参与到课堂中成为她的乐趣。而她的治疗也转移至学校的环境设置里。她喜欢做一个老师。当艾米忘记了一些数学公式,或者是忘记如何拼写单词时,她就说这个词是来自西班牙语。她的治疗师反映一些想法甚至只有艾米才能知道真正的含义。艾米喜欢在游戏室里,尽管最初的她只是在这里接受信息而不是表达。

在后面的治疗里,艾米积极参与到每一个学习表达的情景中,她的治疗进展非常快,她甚至在学校广播里朗诵了圣诞节故事。经过9个月和36个兄弟姐妹进行独立的治疗,艾米最终的收获是,将在今年春季回到课堂。随着艾米越来越多的口头表达,积极参与活动,她的遗尿症发生频率也降低了。

兄弟姐妹同组治疗的意义

在和她兄弟们一起的游戏治疗中,艾米获得了什么? 这种治疗,是最理想的亲近的人际交流模式。在这样一种特定的情况下,口头交流技能和人际交往技能缺乏的艾米,也在努力着超过他的亲人们。

很明显,相对于她的弟弟奈德,艾米已具备一些基本的社会和沟通技巧。艾米和本在游戏室的观察表明,照顾本已成为艾米的责任。通过本和艾米进行交流,治疗师帮助艾米尝试变得更加自信,而不必担心会有问题。虽然在独立的游戏治疗中,最终可能有类似的结果,但兄弟姐妹同组治疗的方法,似乎更快地带来了结果,因为问题的设置局限在家庭中,并且治疗的工作和在家里的工作有助于改善成员间的交流。

当然,我不是说兄弟同组治疗在任何条件下都适用,或者说这是经历了困惑的孩子最好的治疗办法,但是它确实给游戏治疗增加了一种新的以前没有尝试过的方法。事实上,艾米肯定需要一些时间,自己去尝试那些包括从他哥哥们那里新学来的行为,但在兄弟同组治疗的过程中,艾米可以安全地互动。

小 结

凯文和方杜迪丝(Kolvin & Fundudis,1981)指出,选择性缄默症治疗是相当棘手的。艾米案例研究表明,游戏治疗是一个可行的选择性缄默症孩子的治疗方法。

因为选择性缄默孩子有自己的行为,成人通常口头的催促并没有太大作用。它只是扩大了自己与孩子之间的差距。选择性缄默孩子选择不与外界沟通的原因,可能与他们所在的环境令他们恐惧有关。因此,提供一个孩子与亲人间口头交流的环境是很有意义的。多人一组游戏治疗和兄弟姐妹一组的团体游戏治疗过程中,治疗师可以提供一种使孩子感到安全,可以自由谈话的环境。

参考文献

American Psychiatric Association. (2000). Diagnostic and statistical manual of mental disorders (4th ed.). Washington, DC:Author.

Axline, V. (1982). Entering the child's world via play experience. In G. L. Landreth (Ed.),Play therapy: Dynamics of the process of counseling with children (pp. 47-57). Springfield, IL:Thomas.

Barlow,K.,Strother, J., & Landreth, G. (1986). Sibling group play therapy: An effective alternative with an elective mute child. The School Counselor, 34,44-50.

Barlow, K., Strother, J., & Landreth, G. (1985). Child-centered play therapy: Nancy from baldness to curls. The School Counselor, 32(5), 347-356.

Conn,J. (1951). Play interview therapy of castration fears. American Journal of Orthopsychiatry,25,747-754.

Gazda, G. (1989). Group counseling: A developmental approach. Boston: Allyn & Bacon.

Ginott, H. (1994). Group psychotherapy with children: The theory and practice of play therapy. Northvale, NJ:Aronson.

Guerney, L. (1983, April). Play therapy conference. Conference held at North Texas State University, Denton.

Kolvin,I., & Fundudis, T. (1981). Elective mute children: Psychological development and background factors. Journal of Child Psychology and Psychiatry and Allied Disciplines,22,219-232.

Moustakas,C. (1982). Emotional adjustment and the play therapy process. In G. L. Landreth (Ed.),Play therapy: Dynamics of the process of counseling with children (pp. 217-230). Springfield, IL:Thomas.

16 评估治疗效果和结束

关于治疗期间进行治疗效果评估与孩子在结束游戏治疗时的准备程度测定，这在一般文章中很少提起。之所以极少提起有两点可能：一是因为难以找出明确的答案；二是治疗师本身在结束治疗关系时面临困难所致。通常治疗师在建立治疗关系时并没有明确结束治疗的目标。毕竟，我们总是忙于建立和巩固关系。然而，结束治疗关系和建立治疗关系同等重要。

事实上了解孩子转变和进步的原因对治疗师比对孩子更加重要，因为这是治疗师必须了解的，而并不是孩子成长的必备条件。很少有孩子会思考自己是否在取得进步，他们只是自然地、完全地融入进了这个持续进步的过程，关于这一点治疗师必须清楚。与此同时，治疗师还必须清楚地认识到，治疗过程中的确能取得效果和治疗总会结束这一事实。因此，在适当的时候，治疗师就必须做出结束的决定，并且希望孩子最好也能参与到这个过程中。

在治疗中评估治疗效果

在游戏疗法治疗的过程中，单凭孩子在游戏室中的表现并不容易评估或观察到孩子的转变。孩子可能在一次次的治疗中表现得类似，而不会很快在游戏的类型或内容上表现出可观察到的转变。然而，孩子在游戏室外的行为改变却可能相对更明显。这是因为孩子在游戏室中满足了他们用消极方式表达自己的需要，到了游戏室外，这种需要就降低了。于是他们可能不再表现出一些消极的行为，而把创造性的能量集中到更积极的行为上。而在游戏室中，孩子可能维持之前表现出的行为，因为游戏室是一个用消极方式表达自己的安全区，也因为表达和检测那些消极感受的需要还没有完全得到满足。

我们都希望看到我们的工作顺利进行并且对孩子有帮助。但如果孩子在一次又一次的治疗中维持相同的行为表现，治疗师就可能感到有些焦虑，因为治疗师总期待在孩子身上更快地看到明显的转变。同样，如果孩子在游戏室中没有表现出明显可见的转变，治疗师就可能对自身产生怀疑，开始怀疑自己的能力或者这种治疗方法的疗效，开始对这种治疗失去信心，并考虑采用一种指导性更强的治疗方法。此时，治疗师需要清楚知道，达到自己的预期需要一个过程，而这一预期有时并非是孩子的需要。以孩子为中心的游戏疗法中，孩子的责任并不包括满足治疗师对自己行为转变的预期。孩子自身内在就拥有发展的时刻表，治疗师需要耐心地等待孩子自身的成长转变。

在游戏疗法中很少有孩子能取得巨大的突破。成长和行为的转变都是缓慢的过程。治疗师必须在这个过程中保持耐心。如果治疗师期待在孩子身上看到快速而巨大的进步，那么很可能是会失望的。而如果治疗师意识不到这一点，很可能会运用一个又一个的技术试图看到快速的转变，从而无法持续治疗，导致降低治疗效果。如果治疗师强烈地想要做出点什么，那么就应该保持坚持、耐心、理解，否则孩子很可能感觉到不被接纳，想要迎合治疗师。

在游戏疗法中，孩子的非言语行为提供了了解他们行为和功能总体状况的重要线索，同时也是评估治疗效果的重要信息。转变总是表现在无数细微的方面，而治疗师必须观察这些转变的外在表现。

转变的维度

在每一次的治疗中仔细记录孩子的行为表现，并与第一次治疗时的行为表现对比，以此来评估治疗中取得的进步。例如，杰森在前5次治疗中第一次靠近治疗师玩耍；杰森第一次离治疗师如此近；杰森第一次远离治疗师到房间的其他地方玩耍。再例如，凯西在每次治疗时都会在画架上画画，而这一次没有，那么治疗师必须清楚凯西不画画背后肯定是有原因的。一定有一些事情发生了变化。或者某种情绪的变化产生了。再例如，治疗师第一次需要限制凯利的活动，或者第一次不用限制凯利的活动。诸如此类的行为变化都是孩子情绪变化的信号。

经验法则

寻找每一个第一次。

斯科特是一个极为腼腆内向的 5 岁男孩,在第 4 次治疗期间,在找别的东西时把鳄鱼玩具递给我让我帮他拿着,这就是一个意义非常重大的第一次。对有些观察者来说,这可能只是微不足道的小事。然而从斯科特接近我这件事上,可以看出他对于我们关系感受的变化。他现在在这种关系中可能感觉更自在,并且可以安全地靠近我。这也同样是他第一次把我纳入到他的游戏中。用这种方式接近我对他来说需要勇气,同时也反应他对游戏有了一定的把控能力。这是否能成为他自我引导照顾自己的开端呢? 孩子的转变总是开始于这样一些细节,而不是声势浩大地宣告天下自己从此独立。

卡罗(Carol)在整个 6 次治疗中从来没有向治疗师寻求帮助或者让治疗师帮她出主意,表现仍然和前 5 次无异,尽管如此,这个过程仍可能孕育着意义重大的转变。布伦特在每次治疗中都会详细模拟做饭的场景,然后每次都会给玩偶喂食,但在这次治疗中他没有,这一转变也有着重大的意义吗? 我想是的,就如同塔米在 6 次治疗中第一次摆出了沙盘,一定有着某种意义。对治疗过程中出现的这些第一次进行仔细的审核,有助于治疗师了解治疗的进程。

第二个能够揭示孩子内在情绪变化的维度就是孩子游戏主题的变化与发展。情绪体验和经历对孩子来说十分重要,我们可以通过孩子在游戏中常常出现的,影响他们游戏参与的重复行为发现这些。所谓主题就是指孩子在游戏治疗过程中不断重复出现的事件或者话题。所以称之为主题就是因为不管什么时间,也不管游戏中途发生什么,该行为内容都重复出现。20 分钟一直在玩一条橡胶蛇,这算不算主题呢? 这不能被看做是一个主题。虽然对于一个 4 岁的孩子来说,这么长时间玩这样一个游戏异乎寻常,这样的游戏也可能有其一定的意义,并且影响治疗关系的建立,但只有重复两次以上才能被看做是主题。

当肖恩来到游戏室进行第 2 次治疗时,再次摆出了同样的场景,橡胶蛇绕着玩具屋爬行,把头贴近每一扇窗户和门,然后缓慢地似乎有预谋地爬上玩具屋的房顶,我开始猜想这是一个主题。当肖恩第 3 次重复相同场景时,我的怀疑得到了验证。在此基础上我了解到,就在肖恩接受第 1 次治疗的前几周,他家曾被连续抢劫两次。

主题并不总是可预见的,因为游戏的内容、活动和每次所用的玩具不同,但是游戏的主题或者说游戏的深层意义是相同的。在第 10 章提到的保罗的案例就是一个这样的例子。他通常会摆出这样一些场景,比如坐飞机旅行,人们却没有飞走,汽车旅行时保罗停留在离玩具屋很近的地方,还有就是他把玩具屋的所有家具和部件装在卡车上又很快的卸下来摆回原处,这些都非常明显地表现了离开或不离开家的安全感这一主题。

诸如此类重复出现的游戏行为可看做是情绪体验的表达。如果主题消失了,也就意味着孩子完成了情绪上的过渡,可以把精力放在别的事情上了。

结束的含义

结束是一个听起来就让人觉得不舍的词,好像很决绝,意味着我们将中断和孩子的常规联系和交流。也许可以用"总结""终点"这样的词,但还是免不了让人觉得决绝,就如同我们的关系已经到了尽头,再也没有存在的理由了。但是,事实并非如此。为了建立良性的有意义的治疗关系,治疗师和孩子一起付出了各种努力,这些努力可能是试探性的,可能是痛苦的,可能是渴望的,也可能是摇摆不定的。总有一些抑制不住的激动人心的时刻,交织着快乐和感动,当然也有生气和沮丧,重大的发现,安静地陪伴,互相理解和接纳。这样一种关系是永远不会终结的,它将会成为经历过这些的人人生中的一部分,伴随着他们一直向前,并不会仅仅因为某人决定不再常规性的会面而终结。

前人离去,新人到来构成了人类发展的变幻舞台。前人的离去总带着在生活中增长的价值和满足。然而,如果必须要对这些价值进行评估的话,只能放在最初的场景中,接着就不会继续产生影响,丧失其积极意义了。只有个人在不断重复的生活经历中自由运用在曾经的生活中获取的某种技能,这种技能的价值才能体现出来。这并不意味着遗忘或贬低前人,而是运用前人的经历为后人提供借鉴。(Allen,1924:293)

"结束"就这么一个词似乎不足以准确描述治疗师从一开始接触就朝着这个方向发展的过程。治疗师建立治疗关系的目的是帮助孩子发展自我责任感,增强自我,学会自我调节。这样的进展自然使孩子不再急切需要类似的治疗关系,与其说这是结束,不如说这是一种延伸。如果治疗师在情绪水平上成功与孩子建立联系,使治疗师和孩子分享内在自我,这就说明一个稳固的治疗关系成功地建立了,当然,这样一来结束个人间的关系就变得相对困难了。

决定结束的参照点

在以孩子为中心的游戏疗法过程中,如果事先治疗师没有专门针对孩子的特殊准备、个人调整和特定目标,什么时候结束治疗就成了一个难以回答的问题。经常会出现这样的问题,即当治疗师判定孩子某个特定的行为问题得到解决时,却还没有建立相关的结束治疗目标。由此可见,这种治疗关系关注的是孩子本身而不是一个特定的行为问题。因此,并不存在以观察为依据的参考点来评估治疗效果。霍沃思(Haworth,1994)提出下列问题作为评估结束的参考。

1. 对治疗师的依赖是否减少?

2. 对其他孩子使用房间或者看到治疗师时表现出多少的关注?

3. 他现在是否能接纳同一个人好的一面和坏的一面?

4. 他现在对于时间、意识、兴趣和接纳的态度是否有转变?

5. 在打扫房间时,他的反应是否有转变? 如果他曾经极为一丝不苟地打扫房间,现在如何?

6. 他是否接受自己和自己的性别?

7. 是否能够内省和自我评估? 是否将自己现在的行为和感受和之前做比较?

8. 词汇的质量和数量是否有变化?

9. 对玩具的攻击性是否减少?

10. 是否更从容地接受限制?

11. 他的艺术表达方式是否有变化?

12. 是否减少了选择婴儿般的游戏(比如,奶瓶)或回归类的游戏(比如,水)?

13. 是否减少了选择幻想或象征性的游戏和更多创造性或建设性的游戏?

14. 是否减少了体验到恐惧,体验的程度也降低?

上述问题帮助治疗师关注变化的过程,而不是某个事先确定的目标。无论如何,在确定是否有重要转变发生,决定是否结束治疗时,必须把注意力集中到孩子本身的变化上。以下方面可以作为评估孩子自我转变的参考。

1. 孩子更独立。

2. 孩子减少了困惑。

3. 孩子能自由地表达需要。

4. 孩子可以关注自我。

5. 孩子对自己的行为和感受负有责任感。

6. 孩子适当限制自己的行为。

7. 孩子更能自我指导。

8. 孩子更灵活。

9. 孩子对事件的容忍度更大。

10. 孩子有信心地开展活动。

11. 孩子合作且合理服从。

12. 孩子适当表达不满。

13. 孩子从不讨人喜欢到讨人喜欢。

14. 孩子更能接受自己。

15. 孩子在游戏中可以展示故事的结局和方向。

通常孩子的某些表现会给我们一些线索,提醒我们可以结束治疗。这些表现是多种多样的,如,有些孩子会在游戏室里闲逛,对玩具不再表现出兴趣;有些孩子尽管还在做游戏,但已经表现出不怎么参与的迹象;有些孩子经常会抱怨无事可做,他们看起来很无聊,在游戏室里无目的地乱逛等。此时,我们会听到孩子"我觉得我不需要再来了"等类似的语言。这样的话是一种宣言,宣告孩子想和治疗师分开,想依赖自己的意愿和能力,这是自我积极的宣言。有时,孩子会把自己现在的行为和反应与以前相比,与之前不同的反应意味着孩子自我的转变。除此之外,治疗师在游戏室中和孩子在一起的感受不断变化,家长和老师所报告的转变等,同样对于做出结束治疗的决定有很大的影响。

结束治疗关系的程序

治疗师在制订结束游戏治疗的程序时,要考虑到孩子的年龄、孩子对未来的发展观念,以及孩子理解和综合运用抽象词汇的能力。根据以孩子为中心的思想,孩子也应该参与到结束治疗关系的过程中。当治疗师认定孩子不再需要治疗体验或察觉到孩子结束治疗的愿望时,应该更加关注孩子所表现出的敏感,所做出的决定应该和孩子的感受保持一致。结束治疗时,治疗师可以询问孩子还需要到游戏室来几次,通过这种方式让孩子直接参与决定结束治疗的日期或最后一次治疗的时间。除了在结束治疗前要同孩子一起决定还需要几次治疗以外,其他结束的程序也同样是必不可少的。如此这样就可以避免类似学校和一些机构那样,在孩子还没有准备好结束的时候,学期的结束就意味至少3个月关系的结束了。

治疗关系的结束应该是一个平缓的过程,不能操之过急,并且要仔细考虑孩子的感受。如果游戏治疗没有用合适的方式结束,孩子可能感觉到被拒绝、惩罚或失落感。事实上,无论结束过程处理得多么的好,我们也不能保证孩子不会体验到类似的情绪。孩子可能会对于分离感到焦虑,这点也是可以理解的。类似的情绪都是可以接受的,我们并不会努力使孩子对离别"感觉好些"。因为这样做的话会忽视孩子在结束治疗关系时所体会到的焦虑、受伤、生气或者其他感觉。保持一个接纳的态度,让他们在感觉有需要的时候可以回来。

孩子需要时间来结束治疗关系,就像结束他们生活中其他重要部分一样。因此,真正意义上的结束需要在最后一次治疗的前2~3次治疗就开始。在开始建立治疗关系的时候,孩子融入到这种关系中需要一个发展变化的过程,同样孩子在结束治疗关系时,也需要时间来克服结束治疗关系所产生的感觉,习惯今后不会有这方面支持的感受。即使参与到结束治疗关系的计划制订当中,孩子也会体会到结束这样一种建立起来的良好关系是怎样的感觉。

在准备结束的过程中,有些孩子可能会出现暂时的退行,表现出早期治疗中所观察到的行为表现。这可能是孩子检验过去行为的方式,从而与现在的进行比较。孩子可能会在画上乱涂一通，然后说，"我过去就是这么画的，肯定都把我搞疯了。"有人指出，孩子表现出之前的行为可能是想说，"我不想离开，请让我继续留在这。"

对于有一些孩子，治疗师会考虑循序渐进的方法来结束治疗，把最后 2 次治疗改为 1 周 1 次和隔周 1 次。另一种方法是把最后 1 次治疗延迟 1 个月，这个决定应该以孩子的需要为准，而不是达到治疗师了解事情进展的需要。一旦决定终止治疗关系，在最后的 2～3 次治疗开始和结束时都应该提醒孩子他们还会再来游戏室里几次。对一些孩子来说，1 周的时间太长，他们很容易忘记还要到游戏室来几次。治疗师可以说，"卡罗尔，我想提醒你今天你到游戏室之后，以后还会来 2 次，暂时就这 3 次了。""暂时"为孩子将来可能有返回的需要留下了余地。

孩子对最后一次治疗的反映

通常我们很难预测一个孩子在最后一次治疗后会有什么反映。有些孩子可能比较能接受事实，他们甚至不会对最后一次到游戏室发表任何看法。治疗师在最后一次治疗中需要冷静地处理自己的情绪，无论是通过谈话或者最后的拥抱来表示自己的情绪都要慎重，如果是由孩子提出的，那就没有问题，否则，这样的行为就会被看做是治疗师的需求。治疗师应该避免如下的说法，"我会想念你的，"或者"我们在一起的时候我真的觉得很开心，"因为如果孩子没有同样的感受，这样的说法会让他感到内疚。即使是最后一分钟也是孩子的时间，是孩子表达自己的需要并且回应治疗师的时间。有些孩子可能会在门口逗留，或者不停地评论这个房间，或者把很多不沾边的事情告诉治疗师，他们以这种方式表达自己对离开的不舍。

有些孩子可能会对终止治疗关系感到非常生气，比如 7 岁的布雷德。我们曾经在一起进行过 12 次非常顺利的治疗，其间布雷德从未表现出不合适的凌乱或攻击性。他玩耍时总是很活泼却有尺度。在我们最后一次治疗期间，布雷德走进游戏室时说，"太好了，这是最后一次，"然后他开始把架子上的玩具扯下来摔到地板中央。尽管在这个过程中他一言不发，直到他把所有架子上的玩具都摔空了他才住手，但明显能感觉到他很愤怒。整个房间被搞得一塌糊涂，惨不忍睹，之后，布雷德开始把玩具放回去，同样是放完所有的玩具他才停手。这可是个大工程，几乎整个治疗过程他都在干这个。在剩下的最后 10 分钟,他为我们准备了精致的食物,并且还向我们介绍他做的是什么以及他最喜欢吃的东西。时间到了,他没有留下一句离别的话,也没有说再见就走了。布雷德曾经雄辩滔滔地向我们讲述离开的复杂心情。

有些孩子会很开放很直接地跟我们分享离别的感受,就像 7 岁的洛瑞,她下面的谈话就生动地描述了孩子和治疗师在分别时的重要性。这个谈话发生在最后一次治疗中。

洛　瑞:(正在把沙往罐子和盘子里装。)我有很多朋友,我们会是永远的朋友!
　　　　(眼光转向一侧的咨询员。)你也是我的朋友之一。

治疗师:听起来你觉得我们是永远的朋友。

洛　瑞:(认真的点了点头。)嗯,即使当你不在这了。

治疗师:所以,即使我离开了我们也永远是朋友。

洛　瑞:你可以跟上帝说说我。

治疗师:看来我必须一直记住你了。

洛　瑞:我们之间有一个暗号。(把她的电话号码写在一张纸上,在另外一张纸上贴了 4 个贴条。)给你,紧急的时候找我,这是我的电话。而且,无论你想要什么,你都可以看着这些图片喊"上帝"或"耶稣",我们就会联系起来。

治疗师:哦。原来你找到了让我们一直保持联系,一直做朋友的方法。

洛　瑞:对(点点头),一直保持联系。

未成熟结案

有时家长在不通知治疗师的情况下就不再带孩子来进行游戏治疗,治疗师也就没有机会使孩子为结案做好准备。这个过程对孩子而言通常是意外、慌乱的,并且常常发生在最不适宜的时间(如孩子刚好与治疗师分享了一些激动人心或私人的东西,第一次测试或打破限制,或在上次治疗单元中,对承担责任做出重要改变时)。如果孩子不能回到游戏室,他可能将这些经历内化为在上次治疗单元中发生的事情的惩罚。如果家长意外地不再继续治疗,治疗师应联系家长,并解释结束单元的重要性。

最后单元中,儿童可经历一次良性的结案,结束这段对他们而言已经很重要的关系。

参考文献

Allen, F. (1942). Psychotherapy with children. NewYork: Norton.

Haworth, M. (1994). Child psychotherapy: Practice and theory. Northvale, NJ: Aronson.

17 游戏治疗研究

虽然以儿童为中心的游戏治疗(CCPT)的研究跨越了 60 多年,在众多设置和各种各样存在问题上,这些研究也提供了证据证明其有效性,但本章重点却在于 1995 年至 2010 年间的以儿童为中心的游戏治疗研究。所回顾的两次整合分析研究除外。在游戏治疗领域中,CCPT 是研究最彻底的一种理论方法。巴格利在《以儿童为中心的游戏治疗研究》(Baggerly, Ray, & Bratton, 2010)中指出:

你会注意到,(在本书中)说明的所有调查研究均建立在以儿童为中心的游戏治疗理论导向及亲子治疗方法的基础上。这是因为事实上自 2000 年来(2000—2010 年),专业期刊上发表的所有游戏治疗研究均为 CCPT 或亲子治疗。(第 xiii – xiv 页)

雷(Ray, 2008)进行了目前记录在案的最大规模的 CCPT 调查研究,涉及 202 名 2—13 岁的儿童。她统计分析了在 9 年时间里,转诊到大学咨询诊所,每周接受个体 CCPT 的儿童的档案数据。儿童按存在问题分配到数据组,疗程长短作为自变量,亲子关系应激作为因变量。统计结果证明 CCPT 对外显问题,综合外显/内隐问题,及非临床问题(亲子关系)均具有显著影响。结果还指出 CCPT 的影响随单元数而增加,尤其是 11 到 18 个单元可达到统计显著性,并伴有较大影响规模。

一般来说,参与雷的研究的大部分人在游戏治疗研究和心理治疗领域中均是非典型的。与大多数心理治疗领域的结果研究一致,CCPT 研究同样也受限于一般较小的样本数量,从而限制了研究发现的概括。整合分析将各项研究的发现结合起来以确定整体治疗效果,从而使克服样本数量较小带来的限制成为可能。

整合分析调查研究

勒布朗、里奇（LeBlanc，Ritchle's，2001）以及布拉顿，雷，莱因和琼斯（Bratton，Ray，Rhine，Jones，2005）的研究是最早的整合分析研究,仅强调游戏治疗的功效。两项研究均证明了游戏治疗的有效性,为人们接纳更广义儿童心理治疗领域中的游戏治疗和亲子治疗,作出了贡献。两项研究还发现游戏治疗是一种可用于儿童的可行程式。

勒布朗和里奇（LeBlanc，Ritchie's，2001）的整合分析回顾了 1950 年至 1996 年的 42 项受控游戏治疗研究,发现这 42 项研究有 0.66 的标准差,为中等治疗效应量。其中 20 项研究使用了无照顾者参与的以儿童为中心的游戏治疗。发现这些研究的总体平均效应量为 0.43,为中等治疗效果。

布拉顿等（Bratton etal.，2005）进行了更全面的整合分析,涉及 1942 年至 2000 年的 93 项关于游戏治疗的受控结果研究,这些研究满足以下标准:使用受控研究设计,足够计算效应量的数据,及由作者认定的标记为游戏治疗的干预。游戏治疗干预深一层的定义包括那些使用辅助人员(主要是家长)和专业人员作为干预的直接提供者的研究。分成辅助人员类的大部分研究均采用了亲子治疗方法学。

布拉顿等利用了科恩的 d 值（1988）准则（0.2 = 较小;0.50 中等;0.80 = 较大）来解释治疗效应量（ES）。他们发现游戏治疗表现出总体较大的治疗效果（ES = 0.80);意味着,接受游戏治疗的儿童实现了 0.80 的标准差,在特定结果量数上高于未接受游戏治疗的儿童。参与研究者的平均年龄为 7 岁。

另外,布拉顿等还发现,游戏治疗对各种问题类型有中等到较大的有利影响,对内隐问题,ES = 0.81;对外显问题,ES = 0.79;对综合问题,ES = 0.93。据报告,根据自我观念、社会适应、人格、焦虑、适应功能发挥、家庭功能发挥,包括亲子关系质量等的结果量数,在这些方面上,也有中等到较大的治疗效果。在预计游戏治疗结果时,发现年龄和性别并非重要因素,在这两方面,游戏治疗显露出相等的效果。

在这 93 项结果研究中,有 26 项的游戏治疗是由辅助人员进行的,确定为家长、老师或接受过游戏疗法并由心理健康专业人员监督的同龄指导者,并对这些游戏治疗的结果进行了测量。这组中的所有研究均利用了 CPRT(亲子关系治疗,即 10 单元亲子治疗模型)或其他亲子治疗培训方法学,因而在理论上,这些研究使用了一致的以儿童为中心的游戏治疗原则和技巧。布拉顿等对该组研究进行了更深一层的分析,以探索将父母进行的亲子治疗作为区别于心理健康专业人士进行的游戏治疗的一种疗法的效果。作者发现,相较于传统的游戏治疗(ES = 0.72,中等较大效应量),亲子治疗表现出更强大的治疗效果(ES = 1.15,较大效应量)。布拉顿,兰德雷斯和林(2010)进一步分析了整合分析数据以确定仅使用了 CPRT 方法论(一般是指由兰德雷斯建立的在早期研究中的 10 单元亲子治疗模型)的亲子治疗研究的整体治疗效果。统计分析得到 CPRT 研究的总体 ES 值为 1.25;仅由父母进行的 CPRT 研究的总体 ES 值较大,为 1.30(略去老师及学生指导者),在此研究中,研究人员由布拉顿或兰德雷斯亲自培训并监督。这项要求保证了对治疗协议的坚持。

布拉顿等所报告的人本游戏治疗干预(在所回顾的研究中,主要确定为以儿童为中心的及非指导性游戏治疗)的效应量(ES = 0.92)属于较大效果的范围。应注意的是,人本研究包括了监护人参与(亲子治疗等)的研究,以及专业人士进行治疗的研究。人本游戏治疗干预的各项发现支持游戏治疗协会成员最新调查的观点,该项调查指出,多数协会成员赞成以儿童为中心的游戏治疗(CCPT)方法(Lambert et al.,2005)。

虽然整合分析调查研究已经调查了 CCPT 的效果,并将此作为更大游戏治疗研究回顾的一部分(Bratton et al.,2005;Leblanc & Ritchie,2001),林(Lin,2011)进行的整合分析研究却首次将重点仅放在 CCPT 的有效性上。他回顾了 1995 年至 2010 年的各项研究,并从中选取了 52 项受控结果研究,这些研究满足以下标准:使用 CCPT 方法论,使用控制或比较重复测量的设计,使用标准化心理计量评估,以及明确报告了效应量或有充足的信息以便计算效应量。

布拉顿等建议研究人员使用更有说服力的研究方法,据此,林的整合分析研究纳入了更严谨的方法论,如细致的编码程序、评估发表偏倚的多种策略、采用多层线性模型(HLM)技术和严谨的效应量计算。鉴于此,林告诫说,虽然他的某些发现看起来与以前的整合分析结果有出入,但这些结果必须根据在其研究中使用的效应量计算公式和统计分析方法的差异来解释。

参与林集中研究的儿童的平均年龄为 6.7 岁。52 项集中研究中,33 项研究的参与者大多数是男孩,11 项研究的参与者大多数是女孩,还有 8 项未识别性别。这些研究利用的治疗安排包括个体游戏治疗、个体活动治疗、团体游戏治疗、团体活动治疗,以及 CPRT/亲子治疗。平均治疗单元数为 11.87,标准差 4.20。

HLM 分析估计该 52 项集中研究的总体效应量为 0.47($p < 0.001$),从统计学的角度,该结果很重要,表明从治疗前到治疗后,相较于未接受 CCPT 治疗的儿童,对接受过 CCPT 干预的儿童而言,相应标准差提高了近 1/2。CCPT 对以下方面有中等的正面效应:监护人/儿童关系治疗效应(ES = 0.60),自我效能(ES = 0.53)和总行为问题(ES = 0.53);对以下方面有较小的正面效应:内隐问题(ES = 0.37)和外显问题(ES = 0.34)。林的结论认为对儿童而言,CCPT 是一种有效的心理健康干预,对广范围的行为问题、儿童自尊及照顾者/儿童关系应激均有较大影响。

发现儿童种族是治疗结果的一个影响因素。在所选取研究中,其中 15 项的大多数儿童是白种人。另 15 项的多数儿童是非白种人(其中 3 项研究中,多数儿童是非裔美国人,4 项中为拉美/拉丁裔,5 项中为亚洲/亚裔美国人,还有 3 项中为其他种族)。还有 16 项研究为混合组。经过 CCPT,大体上非白种儿童比白种儿童表现出更大的改善。林的结论认为,基于该发现,强烈建议从业者可自信地认为 CCPT 是一种文化敏感的干预。

跨文化以儿童为中心的游戏治疗研究

已经证实以儿童为中心的游戏治疗(CCPT)具有广泛的跨文化应用性。众多调查研究已经表明 CCPT 在多元文化上是有效的:针对在校拉美裔儿童的 CCPT 培训(Garza & Brattor,2005),针对以色列学校辅导员和老师的短期 CCPT 培训(Kagan & Landreth,2009),针对中国地震灾民的团体游戏治疗(Shen,2002),针对波多黎各儿童的团体游戏治疗(Trostle,1988),针对非裔美国儿童的简短 CCPT(Post,1999),针对日本儿童的简短 CCPT(Ogawa,2006),针对在肯尼亚与弱势儿童合作的专业人员的简短 CCPT 培训(亨特,2006),以及针对有内稳问题的伊朗儿童的 CCPT(Bagat,2008)。

多项研究也证明了亲子关系治疗(CPRT,即 10 单元亲子治疗模型)的益处,家长种族也各不相同:中国父母(Chau & Landreth,1997;Yuen, Landreth & Baggerly,2002),韩国父母(Jang, 2000;Lee & Landreth, 2003),德国父母(Grskovic &

Goetze,2008），以色列父母（Kidron & Landreth,2010），美国原住民父母（Glover & Landreth,2000），非裔美国父母（Sheely-Moore & Bratton,2010），以及拉美裔父母（Villarreal,2008；Ceballos & Bratton,2010）。

CCPT 的实验及类实验研究回顾

以下回顾仅限于 1995 年至 2010 年间发表的 CCPT 受控结果研究，并满足以下标准：使用 CCPT 方法论，使用控制或比较重复测量的设计，且使用标准化心理计量。

以儿童为中心的游戏治疗（CCPT）受控结果研究（1995—2010）		
作者	参与者/方法	发现
贝克洛夫.针对患系列广泛性发育障碍的儿童的亲子治疗.科学与工程.1988,58(11):6224	N＝23 位家长,经证明其 3 至 10 岁的孩子患有广泛性发育障碍,按家长时间分配至治疗组 C＝11 位未治疗/等候治疗 E＝12 位接受 CPRT CPRT 组接受 10 个单元 CPRT 培训(每周一次,2 小时),并与孩子共同进行 7 个游戏单元(每周一次,30 分钟) 类实验设计	相较于控制组,从前测到后测,接受了 CPRT 培训的家长针对其孩子对自主性和独立性的需要的认可和接纳能力取得统计显著的增加。即使没有统计显著性,相较于控制组,在对孩子的总体接纳上,家长仍报告了更大的提高。
布朗戈,雷.学校中的游戏治疗:提高学业成绩的最优方法咨询与发展杂志.2011(89):235-242	N＝43 名成绩差的一年级学生;由学校随机分配到两个组 C＝20 名未治疗/等候治疗 E＝21 名儿童接受 16 个单元的 CCPT(每周两次,30 分钟) 实验设计	相较于控制组,实验组儿童在学业成绩综合得分上表现出统计显著的提高,表明儿童的综合学习能力提高。
勃兰特.游戏治疗对幼童功效的调查.人文及社会科学.2001,(07):2603	N＝26 名儿童,其家长或老师提到他们有适应困难,年龄 4 到 6 岁 E＝13 名接受 CCPT(从两所大学诊所中随机选取) C＝13 名未治疗控制(从某小学随机选取) CCPT 组接受 7 到 10 个 CCPT 单元(每周一次,45 分钟) 类实验设计	根据家长报告,相较于控制组,CCPT 组的儿童表现出内隐行为问题的统计显著减少。即使没有统计显著性,经过一段时间,相较于控制组,CCPT 组儿童的家长仍报告了自我压力有很大程度的减弱。

续表

作者	参与者/方法	发现
布拉顿,兰德雷斯.单亲亲子治疗:对父母接纳、移情和应激的疗效. 国际游戏治疗学报.1995,(1):61-80.	N = 43 位单亲家长,经证明其 3 到 7 岁的孩子涉及行为问题,随机抽签到治疗组 C = 21 位未治疗/等候治疗 E = 22 位接受 CPRT CPRT 组接受 10 个单元 CPRT 培训(每周一次,2 小时),并与孩子共同进行 7 个游戏单元(每周一次,30 分钟) 实验设计	各组间经过一段时间的差别揭示了 CPRT 组的家长表现出与孩子间移情相互作用的统计显著的增强,正如独立评审员直接观察到的一样。相较于控制组,经过一段时间,接受 CPRT 培训的家长还报告了父母接纳的统计显著的增加,以及亲子关系应激和孩子行为问题统计显著的减少。
布拉顿,塞瓦略斯,等. 对参加提前教育的托儿所高危儿童破坏行为的早期心理健康干预.	N = 54 名学龄前儿童,3 到 4 岁,经证明有破坏行为,随机抽签到治疗组 C = 27 名活动控制 E = 27 位接受 CCPT 实验组接受 16 到 20 个单元个体 CCPT(每周两次,30 分钟) 活动控制组接受 16 到 20 个单元书籍辅导(每周两次,30 分钟) 实验设计	各组间经过一段时间的差别揭示了 CCPT 组儿童在其老师报告的外显行为、侵犯行为、注意力缺乏多动障碍(ADHD)行为、对立违抗性行为上,有统计显著的改善。
塞瓦略斯,布拉顿.低收入、第一代移民的拉丁裔父母学校本位亲子关系治疗(CPRT):对儿童行为及亲子关系应激的疗效. 学校中的心理学.2010,47(8):761-775	N = 48 位移民拉美裔家长,其参加提前教育的孩子经证明有行为问题,随机抽签到治疗组 C = 24 位未治疗/等候治疗 E = 24 位接受 CPRT CPRT 组接受 11 个单元文化适应的 CPRT 培训(每周一次,2 小时),并与孩子共同进行 7 个游戏单元(每周一次,30 分钟),CPRT 课程和单元进行均使用西班牙语 实验设计	经过一段时间,相较于控制组,接受了 CPRT 培训的家长报告了在以下方面统计显著的改善:(a)孩子外显及内隐行为问题;以及(b)亲子关系应激。CPRT 表现出对所有因变量较大的治疗效果。CPRT 组 85% 的儿童临床或临界行为问题均降至正常水平;62% 的父母报告从家长压力临床水平减至正常。各项发现根据文化相关的观察进行讨论。

续表

作者	参与者/方法	发现
周,兰德雷斯.针对中国父母的亲子治疗:对亲代移情互动,孩子对父母的接纳及父母应激的疗效.国际游戏治疗学报.1991;6(2):75-92	N = 34 位移民的 2 - 10 岁孩子的中国家长,根据随机抽签及家长时间,将各位家长分配到治疗组 C = 16 位未治疗/等候治疗 E = 18 位接受 CPRT CPRT 组接受 10 个单元 CPRT 培训(每周一次,2 小时),并与孩子共同进行 7 个游戏单元(每周一次,30 分钟) 类实验设计	经过一段时间,相较于控制组,CPRT 组的家长在与孩子的移情互动上表现出统计显著的增加,正如独立评审员在游戏单元中直接观察到的一样。从前测到后测,相较于控制组,CPRT 组的家长还报告了在父母接纳上统计显著的增强,以及在亲子关系应激上统计显著的减弱。
科斯塔斯,兰德雷斯.针对受性虐待儿童的非违规家长的亲子治疗.国际游戏治疗学报.1999,8(1):43-66	N = 26 位 5 到 9 岁受性虐待儿童的非违规家长,根据随机抽签及位置,将各位家长分配到治疗组 C = 12 位未治疗/等候治疗 E = 14 位接受 CPRT CPRT 组接受 10 个单元 CPRT 培训(每周一次,2 小时),并与孩子共同进行 7 个游戏单元(每周一次,30 分钟) 类实验设计	各组间经过一段时间的差别揭示了接受了 CPRT 帝训的家长有如下表现:(1)在与孩子的移情互动上表现出统计显著的增加,正如独立评审员的评价一样;(2)在孩子接纳上报告了统计显著的增加;(3)在亲子关系应激上报告了统计显著的降低。即使没有统计显著性,接受了 CPRT 培训的家长仍报告了其子女从前测到后测,在行为问题、焦虑、情绪适应和自我概念上明显的改善。
丹吉尔,兰德雷斯.针对言语困难儿童的以儿童为中心的游戏治疗.国际游戏治疗学报.2005,14(1):81-102	N = 21 名有言语问题的托儿所及幼稚园儿童,年龄 4 到 6 岁 随机抽签到两组 C = 10 位未治疗/等候治疗,仅有定期言语障碍矫正 E = 11 名接受以儿童为中心的游戏治疗,同时接受定期言语障碍矫正;25 个单元(每周一次,30 分钟,每双)。由于实验组有 11 名儿童,一组由 3 名儿童组成 实验设计	即使各组间经过一段时间的差异并未达到统计显著性,但相较于控制组,实验组儿童在改善幼小、较晚说话儿童的表达性语言能力上仍表现出较大疗效,并在感受能力上表现出中等疗效。

续表

作者	参与者/方法	发现
多乌布拉夫.以儿童为中心的游戏治疗对情绪智力、行为,和家长作风应激的疗效.科学与工程.2005,66(03):1714	N=19名儿童,至少1次按《精神疾病诊断与统计手册》第四版(DSM-IV)轴I诊断,年龄7到10岁随机抽签到两组C=10名未治疗/等候治疗E=9名接受以儿童为中心的团体游戏治疗,10个单元(每周两次,40分钟)实验设计	经过一段时间,没有发现各组间基于儿童自陈报告的儿童情绪智力,以及基于家长报告的儿童行为问题有统计显著的变化。相较于控制组,实验组儿童的父母也未报告在自我压力上有统计显著的减弱。
法尔,巴尔凡茨,J.,约翰逊,尼尔森.游戏治疗干预及其与自我效能和学习行为的关系.专业学校咨询.1999,2(3):194-204	N=62名5到9岁儿童,其应对机制不能促进学习行为C=31名未治疗控制E=31名接受CCPT随机抽签分组6个单元(每周一次,30分钟)实验设计	经过一段时间,即使在各组间没有发现统计显著的差异,实验组儿童仍表现出自我效能的改善,但控制组儿童的情况却稍有恶化。老师报告说两组儿童的课堂行为均有所改善,特别是实验组进步较大,不过助理研究员的课堂观察却不支持老师的报告。
弗拉海夫,雷.团体沙盘治疗对青春期少年的疗效.团体工作专业人员杂志.2007,32(4):362-382	N=56名四到五年级学生C=28名未治疗控制E=28名接受针对经证明有行为困难的青春期少年的团体沙盘治疗随机抽签分组10个单元(每周一次,45分钟)实验设计	根据老师报告,经过一段时间,相较于控制组,实验组表现出总体、外显及内隐行为问题统计显著的改善。经过一段时间,相较于控制组儿童父母的报告,实验组儿童的父母报告了孩子外显行为问题统计显著的改善。
加尔萨,布拉顿.针对拉美裔儿童的学校本位以儿童为中心的游戏治疗:结果与文化考虑.国际游戏治疗学报.2005,14:51-79	N=29名从幼稚园到五年级的拉美裔儿童,经证明有高危行为,年龄5-11岁C=14名小组指导课程E=15名接受CCPT随机抽签分组15个单元(每周一次,30分钟)两组均有双语咨询师实验设计	根据家长报告,从前测到后测,从双语咨询师处接受了CCPT的拉美裔儿童表现出外显行为问题统计显著的减少,与课程治疗组相比,疗效较大。即使结果未揭示各组间统计显著的差异,仍证明CCPT对儿童内隐行为问题有中等疗效。

续表

作者	参与者/方法	发现
格洛弗,兰德雷斯.针对印第安保留地的美国原住民的亲子治疗.国际游戏治疗学报.2000,9（2）:57-80	N = 21 位 3 – 10 岁儿童的美国原住民家长,生活在美国西部的居留地;根据在居留地的位置,将各位家长分配到治疗组 C = 10 名未治疗/等候治疗 E = 11 位接受 CPRT CPRT 组接受 10 个单元 CPRT 培训(每周一次,2 小时),并与孩子共同进行 7 个游戏单元(每周一次,30 分钟) 类实验设计	经过一段时间,相较于控制组,CPRT 组的家长在与孩子的移情互动上表现出统计显著的增加,正如独立评审员在游戏单元中直接观察到的一样,其子女在所希望的游戏行为上也同样表现出统计显著的增加(独立评审员)。接受过 CPRT 培训的家长还报告了父母接纳的增强,以及亲子关系应激的减弱,同样其子女也报告了自我概念的增强,虽然这些结果均没有统计显著性。
戈斯科维克,格茨.对德国母亲的短期亲子治疗:受控研究发现.国际游戏治疗学报.2008,17（1）:39-51	N = 33 位德国母亲,2 周住院治疗,孩子年龄 4 到 12 岁 C = 18 位在控制组 E = 15 位在亲子治疗组,全部培训项目持续两周,培训前有两个单元,每单元90 分钟,在两周时间内,鼓励母亲与孩子共同进行不少于 5 个游戏单元 类实验设计	根据家长报告,经过一段时间,相较于控制组,亲子治疗组家长的孩子在总体和内隐行为问题上表现出统计显著的改善,同时,亲子治疗组的家长在对孩子的正面关注上也表现出统计显著的增加。
汉克尔.亲子关系治疗:希望破坏附着。（未发表博士论文）	N = 30 名寄养儿童(2 到 8 岁);30 名养父母 C = 15 名儿童/8 名家长(家长支援组) E = 15 名儿童/15 名家长接受 CPRT CPRT 组接受 5 个单元 CPRT 培训(每周一次,3 小时),并与孩子共同进行 6 个游戏单元(每周两次,30 分钟) 类实验设计	根据家长报告,即使结果显示在 CPRT 组和对比组之间没有统计显著的经过一段时间的变化差异,两组中的寄养儿童在对父母的依赖困难上有所改善。

续表

作者	参与者/方法	发现
哈里斯，兰德雷斯.针对被囚禁母亲的亲子治疗：五周模型.国际游戏治疗学报.1997,6（2）：53-73	N＝22位拥有3到10岁儿童的被囚禁的母亲；循环分配到治疗组（根据在给定点进入县监狱的母亲人数），结合随机抽签和选择，以保持每组观察例数相等 C＝10位未治疗/等候治疗 E＝12位接受CPRT CPRT组接受10个单元CPRT治疗（每周两次，2小时），并在探视时与孩子在监狱共同进行7个游戏单元（每周两次，30分钟） 类实验设计	经过一段时间，相较于控制组，CPRT组母亲在与孩子的移情互动上表现出统计显著的增加，正如独立评审员直接观察到的一样，并报告父母接纳统计显著地增强，以及子女行为问题统计显著地减少。
赫尔克，雷.儿童教师关系培训对老师和助理使用关系建立技巧，以及对学生课堂行为的影响.国际游戏治疗学报.2009,18（2）：70-83	N＝24名学龄前儿童的提早教育教师（12对教师-助理配对），儿童经证明有高危行为问题；按随机抽签和教师时间，分配教师到治疗组；儿童（n＝32）按教师组的安排分配到治疗组 C＝12位（6对）活动控制 E＝12位（6对）接受儿童教师关系培训（CTRT） CTRT组接受教师适应的10单元CPRT治疗方案，之后为8周课堂辅导（每周三次，15分钟） 对比研究由莫里森（2007）进行 类实验设计	各组间经过一段时间的差异揭示了接受过CTRT培训的教师及助理在课堂使用关系建立技巧上表现出统计显著的增加。相较于活动控制组，结果表明出接受过CTRT培训的教师及助理在课堂更多地使用关系建立技巧与学生外显行为问题的降低之间的统计显著的关系。从前测到中测，再到后测，相较于活动控制组儿童，实验组儿童显示出外显问题统计显著的减少。
霍尔特.针对收养儿童及其父母的亲子关系治疗.对儿童行为、亲子关系应激，及父母移情的疗效.科学与工程.2011,71（8）	N＝61位收养或寄养到收养2—10岁儿童的养父母 C＝29位未治疗/等候治疗 E＝32位接受CPRT CPRT组接受10个单元CPRT培训（每周一次，2小时），并与孩子共同进行7个游戏单元（每周一次，30分钟） 实验设计	经过一段时间，相较于未治疗控制组的儿童，收养父母报告接受过CPRT的儿童在其总体及外显行为问题上显示出统计显著的更大的改善。此外，相较于未治疗控制组的收养父母，CPRT组的收养父母还报告了治疗前后的亲子关系应激统计显著的减弱。

续表

作者	参与者/方法	发现
张.亲子治疗对韩国家长的有效性.国际游戏治疗学报.2000,9(2),39-56	N=30位3到9岁儿童的韩国母亲 C=16位未治疗/等候治疗 E=14位接受适应性CPRT CPRT组接受8个单元CPRT培训(每周两次,2小时),并与孩子共同进行7个游戏单元 类实验设计	相较于控制组,接受过CPRT培训的家长在与孩子的移情互动上表现出统计显著的增加,正如在游戏单元中所观察到的一样,这些家长还报告,相较于控制组,子女行为问题统计显著的减少。
约翰逊-克拉克.亲子治疗对儿童行为举止问题及亲子关系质量的疗效.科学与工程.1996,57(4):2868	N=52对母亲-孩子配对(孩子年龄3到5岁) E1=17对在亲子治疗组(母亲接受每周一次为时2小时的亲子培训单元,共10周,并与孩子共同每周进行一次为时30分钟的游戏单元,共7周) E2=18对在游戏组(母亲与孩子共同每周进行一次为时30分钟的游戏单元,共7周,不接受任何培训) C=17对在未治疗控制组 实验设计	经过一段时间,相较于游戏对比组和未治疗控制组,亲子治疗组的家长报告了孩子行为举止问题统计显著的差异,在追踪随访中,相较于游戏对比组和未治疗控制组,亲子治疗组的家长还报告了对其子女行为举止问题统计显著的低关注度。
琼斯,兰德雷斯.强化式个体游戏治疗对长期患病儿童的功效.国际游戏治疗学报.2002,11(1):117-140	N=30名7到11岁儿童,诊断患有胰岛素依赖型糖尿病(IDDM) C=15名未治疗 E=15名接受CCPT(其中14名儿童在3周内接受12个治疗单元,1名儿童接受10个治疗单元) 随机抽签分组 实验设计	根据家长报告,相较于控制组,从前测到后测,CCPT组儿童在糖尿病适应上表现出统计显著的改善。但是,在追踪随访中,CCPT组和控制组在糖尿病适应上均表现出微小的改变。虽然各组间经过一段时间的差异没有统计显著性,CCPT组儿童的家长仍报告了孩子在行为问题上有明显改进。

续表

作者	参与者/方法	发现
琼斯,费琳,布拉顿.中学生作为有学校适应困难的少年儿童的治疗剂:亲子治疗培训模型的有效性.国际游戏治疗学报.2002,11(2):43-62	N = 31 名初中及高中学生,均进入长达一年的同伴辅导课程;一班随机抽签接受 CPRT 治疗方案;另一班分去接受传统 PALS 课程(学生随机抽签到治疗组) C = 15 名接受 PALS 课程 E = 16 名接受适应性 CPRT(配合一年期课程结构) 26 名儿童(年龄 4 到 6 岁)随机分到实验组(e = 14)或控制组(c = 12) 两组辅导员在定期课堂时间中接受培训,并与儿童(4 到 6 岁)进行大约 20 次游戏单元,这些儿童均由老师认定为难以学业有成。CPRT 辅导员每周 20 分钟的游戏单元由参加过游戏治疗及 CPRT 治疗方案培训的专业人士直接监督。各项数据取自琼斯(2002)和费琳(2002)。 实验设计	经过一段时间,相较于 PALS 组,CPRT 组儿童的父母报告了孩子内隐及总体行为问题统计显著的减少。即使没有统计显著性,相较于 PALS 组,CPRT 组儿童的父母仍报告了孩子外显行为问题的明显改进。根据老师的报告,即使 CPRT 组和 PALS 组之间没有发现统计显著的差异,CPRT 组的儿童的期望行为仍表现出明显增加,而 PALS 组的儿童只是稍有增加。
凯尔,兰德雷斯.针对有学习困难儿童的父母的亲子治疗.国际游戏治疗学报,1999,8(2):35-56	N = 22 位家长,其 5 到 10 岁的孩子有学习困难;随机抽签到治疗组 C = 11 位未治疗/等候治疗 E = 11 位接受 CPRT CPRT 组接受 10 个单元 CPRT 培训(每周一次,2 小时),并与孩子共同进行 7 个游戏单元(每周一次,30 分钟) 实验设计	结果表明,相较于未治疗控制组,从前测到后测,接受过 CPRT 培训的一组父母接纳统计显著的改善,亲子关系应激统计显著的减弱。即使没有统计显著性,相较于控制组,经过 CPRT 培训的家长仍报告孩子的行为问题有较大改进。

续表

作者	参与者/方法	发现
卡普勒维茨.团体游戏治疗对阅读成绩及矫正阅读者间的情绪症状的疗效.科学与工程.2000,61(01):535	N＝40 名三到四年级学生,年龄 8—10 岁,经验证参加矫正阅读;利用随机号码表随机抽签到治疗组 C1＝13 名未治疗控制 C2＝13 名安慰剂/活动控制 E＝14 名团体 CCPT 所有学生参与者持续接受矫正阅读 CCPT 组在 10 周内接受 10 次为时 30 分钟的游戏治疗单元 安慰剂/活动控制组在 10 周内接受 10 次为时 30 分钟的非治疗单元 类实验设计	根据家长报告,三组学生经过一段时间的行为症状没有统计显著的改变差异,同时老师也报告说这三组学生的行为症状和阅读成绩没有统计显著的改变差异。学生自陈报告的结果表明,三组经过一段时间的情绪症状和学校适应没有统计显著的改变差异。不过,根据组长报告,在干预期内,CCPT 组及安慰剂组的学生却在参与性上表现出统计显著的增加。
凯拉姆.改进亲子治疗培训对比关于接纳、应激及儿童行为的父母教育课程的有效性.科学与工程.2004,64(08):4043	N＝37 对亲子配对,由 CPS 推荐;随机抽签到治疗组 C＝17 对接受父母教育课程 E＝20 对接受改进 CPRT 治疗方案 两组均参加 8 个周单元,每周 1.5 小时 实验设计	研究结果表明,在各组间及各组内,家长作风应激及孩子行为问题均没有统计显著的差异。相较于对比组,接受过 CPRT 的父母报告有父母接纳上有较大改进,不过此发现并没有统计显著性。
季德龙,兰德雷斯.以色列针对以色列父母的密集式亲子关系治疗.国际游戏治疗学报.2010,19(2):64-78	N＝27 位 4 到 11 岁儿童的以色列家长;根据家长时间分配到治疗组 C＝13 位未治疗/等候治疗 E＝14 接受 CPRT CPRT 组接受 10 个单元 CPRT 培训(每周一次,2 小时),并与孩子共同进行 7 个游戏单元(每周一次,30 分钟) 类实验设计	相较于控制组父母,从前测到后测,CPRT 组在与孩子的移情互动上表现出统计显著的增加,正如观察员单盲评价的一样,同时,该组还报告亲子关系应激有统计显著的减弱。经过一段时间,相较于控制组,CPRT 组家长还报告其孩子的外显行为问题也有统计显著的减少。

续表

作者	参与者/方法	发现
兰德雷斯,乔达诺.目睹家庭暴力儿童的强化式以儿童为中心的游戏治疗.国际游戏治疗学报.1998,7(2):17-36	N=22名儿童,年龄4到10岁,居住在家庭暴力庇护所,根据儿童在庇护所的时间,将其分配到各组 C=11名未治疗控制 E=11名接受CCPT CCPT组在12天到3周的时间内,接受12次为时45分钟的游戏治疗单元 控制组在前测和后测期内,各接受一次为时45分钟的游戏单元 类实验设计	经过一段时间,相较于控制组,CCPT组儿童的家长报告,孩子的总体和外显行为问题有统计显著的改善,并且CCPT组儿童还表现出统计显著的自我概念增强。根据独立评审员的评分,经过一段时间,相较于控制组,CCPT组儿童在与治疗师的身体接近以及积极游戏主题方面,均显示出统计显著的增加。
兰德雷斯,洛鲍.被囚禁父亲的亲子治疗:对儿童的父母接纳,父母应激及儿童适应的疗效.咨询与发展杂志.1998,76:157-165	N=32位被囚禁的父亲,孩子年龄4到9岁;随机抽签到治疗组 C=16位未治疗/等候治疗 E=16位接受CPRT CPRT组接受10个单元CPRT培训(每周一次,1.5小时),并在每周一次的家人探视中与孩子在监狱共同进行8到10个游戏单元 实验设计	经过一段时间,相较于控制组,CCPT组的父亲报告自己对孩子的接纳有统计显著的增加,并且亲子关系应激有统计显著的减弱。此外,父亲在CPRT组的儿童也报告,从前测到后测,其自尊心有统计显著的增强。
兰德雷斯.移民美国的韩国父母的亲子治疗.国际游戏治疗学报.2003,12(2):67-85	N=32位移民的韩国父母,孩子年龄2到10岁;随机抽签到治疗组 C=15位未治疗/等候治疗 E=17位接受CPRT CPRT组接受10个单元CPRT培训(每周一次,2小时),并与孩子共同进行7个游戏单元(每周一次,30分钟) 实验设计	各组间经过一段时间的差异揭示了CPRT组的家长的如下表现:(1)在与孩子的移情互动上表现出统计显著的增加,正如独立评审员直接观察到的一样;(2)报告了自己对孩子的接纳有统计显著的增加,并且亲子关系应激有统计显著的减弱。
麦克奎尔.对适应困难的儿童的以儿童为中心的团体游戏治疗.人文与社会科学.2001,61(10):3908	N=29名幼稚园儿童,经证明有适应困难,年龄5到6岁 C=14名未治疗/等候治疗 E=15接受团体CCPT 实验组儿童接受12个单元的以儿童为中心的团体游戏治疗(每周一次,40分钟) 控制组数据取自巴格利(1999) 类实验设计	经过一段时间,虽然控制组与实验组之间没有统计显著的差异,但是却发现实验组儿童的行为存在积极的趋势。而且,实验组儿童的家长也报告了亲子关系应激的减弱,虽然两组间经过一段时间并无统计显著的差异。

续表

作者	参与者/方法	发现
莫里森,布拉顿.提早教育项目的早期心理健康干预:儿童教师关系培训（CTRT）对儿童行为问题的有效性.学校中的心理学.2010，47（10）：1003-1017	N = 24 位学龄前儿童的提早教育教师（12 对教师-助理配对），儿童经证明有明显的高危行为问题;按随机抽签和教师时间,分配教师到治疗组;儿童（n = 52）按教师组的安排分配到治疗组 C = 12 位（6 对）活动控制 E = 12 位（6 对）接受 CTRT CTRT 组接受教师适应的 10 单元CPRT 治疗方案,之后为 8 周课堂辅导（每周三次,15 分钟） 类实验设计	根据老师报告,在三个测量点上,相较于活动控制组,接受过 CTRT 培训的儿童的外显和总体行为问题表现出统计显著的减少,确定治疗效果较大。相较于活动控制组,CTRT 对减少儿童的内隐问题行为也有中等疗效。84%的接受过 CTRT 的儿童的临床或临界行为问题移至正常功能水平。
帕克曼,布拉顿.表现出行为问题的有学习障碍的青春期少年的学校本位团体游戏/活动治疗干预.国际游戏治疗学报.2003，12:7-29	N = 24 名四到五年级学生,年龄 10 到12 岁,经证明有行为困难;随机抽签到治疗组 C = 12 名未治疗控制 E = 12 名接受团体 CCPT/活动治疗 CCPT 组在 12 周内接受每周 1 小时的游戏治疗单元 实验设计	根据家长报告,相较于控制组儿童,实验组儿童的总体及内隐行为问题经过一段时间表现出统计显著的改善。即使经过一段时间,没有发现两组孩子在外显问题的改善上有统计显著的差异,实验组儿童的违法和侵犯行为仍显示出值得注意的改善。
波斯特.以儿童为中心的游戏治疗对四、五、六年级高危险群学生的自尊、控制点及焦虑的影响.国际游戏治疗学报.1999，8（2）：1-18	N = 168 名四至六年级高危险群学生,年龄 9 到 12 岁 C = 91 名未治疗控制 E = 77 名接受 CCPT CCPT 组接受游戏治疗,1-25（平均 = 4）个单元（每周一次） 不进行随机抽签 类实验设计	经过一段时间,发现 CCPT 组和控制组学生在自尊心上有统计显著的差异。更精确地说,CCPT 组学生的总体自尊心大致保持一致,但控制组学生却表现出总体自尊心的衰退。即使经过一段时间后没有发现各组间统计显著的差异,CCPT 组学生的控制点仍大致保持相同,而控制组学生的控制点却表现出明显的衰退。

续表

作者	参与者/方法	发现
波斯特,麦卡里斯特,希里,等.针对视作高危的学龄前儿童的以儿童为中心的幼儿园教师培训.国际游戏治疗学报.2004,13(2):53-74	N＝17位高危学龄前儿童(其行为令人担忧)的老师;根据统筹研究安排,不得将老师或儿童随机分配到治疗组 C＝8位未治疗;E＝9位接受适应性CPRT CPRT组老师总共接受23周的干预:10周适应性CPRT团体单元(每周一次,2小时),期间与确认的学生每周进行一次为时30分钟的游戏单元,共7周,并接受45分钟的个别督导;接下来的13周为团体干预,着重帮助老师归纳总结课堂CPRT技巧(每周一次,2小时) 类实验设计	根据老师报告,经过一段时间,相较于控制组,实验组儿童在适应性、内隐及总体行为上均显示出统计显著的改善。接受CPRT培训的老师在移情互动,并且在与儿童1对1的游戏单元中及课堂上对目标游戏治疗技巧的使用上,均显示出统计显著的增加(通过评审员单盲的直接观察进行评估)。
雷.两次咨询干预降低老师儿童关系应激.专业学校咨询.2007,10(4):428-440	N＝93名高危险群的托儿所儿童到五年级学生,年龄4到11岁(n＝59名教师) E1＝32名接受CCPT 儿童接受16个CCPT单元(每周两次,30分钟) E2＝29名接受教师咨询(TC) 教师接受8个TC单元(每周一次,10分钟) C＝32名接受CCPT＋TC 儿童接受16个CCPT单元(每周两次,30分钟);教师接受8个TC单元(每周一次,10分钟) 随机抽签分组 实验设计	即使经过一段时间没有发现各组间统计显著的差异,三组的老师仍报告老师儿童关系应激经过一段时间有统计显著的改善。根据老师报告,在22名于前测时已证明在ADHD范畴内处于或高于临床水平的儿童中,有11名在后测时已证明低于临床水平;在13名于前测时已证明在学生特性范畴内处于或高于临床水平的儿童中,有7名在后测时已证明低于临床水平。
雷,布朗戈,沙利文,等.攻击性儿童的以儿童为中心的游戏治疗的探索性研究.国际游戏治疗学报.2009,18(3):162-175	N＝41名攻击性儿童,年龄4到11岁 C＝22名未治疗/等候治疗 E＝19名接受CCPT 第一次涉及游戏治疗的儿童分到CCPT组,在7周内接受14个治疗单元(每周两次,30分钟) 仅有32位家长完成了前测和后测(E＝15,C＝17) 老师为所有41名儿童完成了前测和后测 类实验设计	即使经过一段时间各组间的差异没有统计显著性,相较于控制组儿童,CCPT组儿童的老师仍报告了儿童的侵犯行为有明显的较大程度的减少。

续表

作者	参与者/方法	发现
雷,休特尔科布,蔡.表现出注意力缺乏多动障碍症状的儿童的游戏治疗.国际游戏治疗学报.2007,16(2):95-111	N=60 名幼稚园到五年级学生,证明有注意力问题和多动障碍,年龄 5 到 11 岁 C=29 名接受阅读辅导(RM); E=31 名接受 CCPT CCPT 组儿童接受 16 个 CCPT 单元(每周一次,30 分钟) RM 组儿童接受 16 次个别阅读辅导(每周一次,30 分钟) 随机抽签分组 实验设计	没有发现各组间儿童的 ADHD 症状有统计显著的差异。经过一段时间,相较于 RM 组,CCPT 组儿童的老师报告儿童在个性特征上针对老师的应激有统计显著的改善,这也表明了 CCPT 对减少儿童情绪抑郁、焦虑及退缩等困难有中等疗效。
雷.亲子治疗对父母接纳和儿童适应的疗效(未发表硕士论文).恩波利亚州立大学(堪萨斯)	N=50 位家长,其 3 到 10 岁的孩子证明有情感依附问题 C=25 位未治疗/等候治疗 E=25 位接受 CPRT CPRT 组进行 10 个单元的 CPRT 培训(每周一次,2 小时),并与孩子共同进行游戏单元 类实验设计	相较于控制组,CPRT 组家长报告从前测到后测,父母接纳有统计显著的增加。即使没有统计显著性,相较于空制组家长,接受了 CPRT 培训的家长仍报告亲子关系应激与孩子行为问题有所减弱或减少。
伦尼.个体及团体游戏治疗对有适应问题的幼稚园儿童的有效性的对比研究.人文与社会科学.2003,63(09):3117	N=42 名幼稚园儿童,证明有适应问题 C=13 名未治疗 E1=1 名接受个体 CCPT E2=15 名接受团体 CCPT 个体 CCPT 组在 12 周内接受 10 到 12 个为时 30 分钟的治疗单元,每周一次 团体 CCPT 组接受在 14 周内接受 12 到 14 个为时 45 分钟的治疗单元,每周一次 随机抽签到 E1 组和控制组 E2 组数据取自麦克奎尔(1999) 类实验设计	经过一段时间,相较于未治疗控制组,个体 CCPT 组儿童的家长报告孩子总体及外显行为问题有统计显著的改善。没有发现在个体和团体 CCPT 治疗干预之间存在统计显著的差异。

续表

作者	参与者/方法	发现
费琳.由经过培训的中学生进行的游戏治疗干预对适应不良儿童行为的疗效:对学校咨询师的涵义.人文与社会科学.2002,62(10):3304	与琼斯(2002)进行对比研究,发表于琼斯,费琳,布拉顿(2002)。	
舒曼.以儿童为中心的游戏治疗对被指有攻击性的儿童的有效性.摘自 J. 巴格利,D. 雷,& S. 布拉顿(编辑者),以儿童为中心的游戏治疗研究:有效实践实证(第193-208页).新泽西州霍博肯市:威利出版社	N = 37 名攻击性幼稚园儿童到四年级学生,年龄 5 到 12 岁 E = 20 名接受 CCPT C = 17 名接受小组课程指导 CCPT 组接受 12 到 15 个 CCPT 单元(每周一次,30 分钟) 小组指导组接受 8 到 15 个团体单元 随机抽签分组 实验设计	没有发现 CCPT 组与小组指导组之间存在统计显著的差异。不过,根据家长报告,相较于小组指导组,CCPT 组却有更多孩子表现出攻击行为的改善。
沙希,卡普尔,苏巴克里希纳.对情绪困扰儿童的游戏治疗的评价.国立心理卫生与神经科学研究院杂志.1999,17(2):99-111	N = 10 名儿童,证明有情绪障碍,年龄 5 到 10 岁 E = 5 名接受非指导性游戏治疗 C = 5 名未治疗 游戏治疗组接受 10 个非指导性游戏治疗单元,管理员接受 2 到 3 个家庭咨询单元 控制组的管理员仅接受一个家庭咨询单元 实验设计	目前未发现未治疗控制组与非指导性游戏治疗组之间存在统计显著的差异,但相较于后测的控制组,游戏治疗组儿童的家长和老师均报告对儿童总体行为和情绪,以及行为问题的担忧均有统计显著的降低。

续表

作者	参与者/方法	发现
希里-穆尔,布拉顿.优势养育对低收入非裔美国家庭的干预.专业学校咨询.2010,13（3）:175-183	N＝23位低收入非裔美国家长,其参加提前教育的孩子证明有行为问题;随机抽签到治疗组 C＝10位未治疗/等候治疗 E＝13位接受CPRT CPRT组接受10个单元CPRT培训(每周一次,2小时),并与孩子共同进行7个游戏单元(每周一次,30分钟) 实验设计	各项发现表明,相较于未治疗控制组,CPRT组经过一段时间表现出在儿童总体行为问题和亲子关系应激上统计显著的改善。疗效较大。根据各项发现,对文化考虑也进行了探讨。
沈.中国地震灾民的短期团体游戏治疗:对焦虑、抑郁及适应性的疗效.国际游戏治疗学报.2002,11(1):43-63	N＝30名三到六年级学生,证明为高危失调,年龄8到12岁 C＝15名未治疗控制 E＝15名接受以儿童为中心的团体游戏治疗 随机抽签分组 CCPT组接受4周的团体游戏治疗(每周2到3次,40分钟) 实验设计	经过一段时间,相较于控制组,实验组儿童在其总体焦虑、生理焦虑、忧虑/过度敏感,以及自杀风险上表现出统计显著的降低。结果还表明,以儿童为中心的团体游戏治疗对减少儿童的焦虑、忧虑和过度敏感有总体较大的疗效,同时对降低儿童自杀风险也有较小到中等的疗效。
史密斯,兰德雷斯.针对失聪及有听力障碍的学龄前儿童的老师的亲子治疗.国际游戏治疗学报.2004,13(1):13-33	N＝24位失聪及有听力障碍的学龄前儿童的老师,儿童年龄2到6岁;在分级随机抽签的基础上,按班分配到治疗组,以保证各组儿童年龄相等 C＝12位未治疗/等候治疗 E＝12位接受CPRT CPRT组老师接受10个培训单元(每周一次,2小时),并与确认的儿童共同进行7个游戏单元(每周一次,30分钟) 实验设计	随时间产生的各组间的差异揭示了,CPRT组儿童在行为问题和社会情感功能上有统计显著的改善。相较于控制组老师,接受了CPRT培训的老师在与学生的移情互动上显示出统计显著的增加(评审员单盲直接观察),同时,这些老师还报告学生对其的接纳也有统计显著的提高。

续表

作者	参与者/方法	发现
史密斯,兰德雷斯.目睹家庭暴力儿童的密集式亲子治疗:与个体及手足团体游戏治疗的比较.国际游戏治疗学报.2003,12(1):67-88	N = 44 名 4 到 10 岁目睹了家庭暴力的儿童 C = 11 名未治疗对比(果德,等,1998) E1 = 11 名的母亲接受 CPRT E2 = 11 名接受个体游戏治疗(果德,等,1998) E3 = 11 名接受手足团体游戏治疗(取自廷德尔-林德等,2001) CPRT 组在 2 到 3 周内接受 12 个单元的 CPRT 培训(每次 1.5 小时),并与孩子进行平均 7 个游戏单元(30 分钟) 类实验设计	经过一段时间,相较于控制组:(1)接受 CPRT 培训的家长报告其孩子行为问题有统计显著的减少,并且(2)CPRT组儿童报告自尊心有统计显著的增强。而且,从前测到后测,CPRT 组的父母在与其孩子的移情互动上表现出统计显著的增加(评审员单盲直接观察)。各治疗组的结果揭示了,各项干预之间并无统计显著的差异。
斯旺森.以儿童为中心的游戏治疗对 2 年级阅读低于年级水平的学生的阅读成绩的影响.人文与社会科学.2008,46(5)	N = 19 名二年级学生,阅读低于年级水平 C = 11 名未治疗控制 E = 8 名接受 CCPT 随机抽签分组 CCPT 组儿童接受 14 次个体 CCPT 单元(每周一次,30 分钟) 实验设计	即使经过一段时间没有发现各组间统计显著的差异,但实验组和控制组在 DRA 上的平均得分仍表明经过三个测试期的阅读能力有所改善。虽然没有对评估成绩进行统计分析,但两组在 RR 上的平均得分仍揭示了在治疗期间的改善。
兰德雷斯,乔伊纳,索特.针对长期患病儿童家长的亲子治疗.国际游戏治疗学报.2002,11(1):79-100	N = 23 位家长,孩子长期患病住院治疗,年龄 3 到 10 岁;按家长日程将家长分配到治疗组 C = 11 名未治疗/等候治疗 E = 12 名接受 CPRT CPRT 组老师接受 10 个单元的 CPRT 培训(每周一次,2 小时),并与其孩子共同进行 7 个游戏单元(每周一次,30 分钟) 类实验设计	相较于控制组,接受过 CPRT 培训的家长报告亲子关系应激和孩子的行为问题有统计显著的减弱或减少。经过一段时间,相较于控制组,CPRT组家长还报告在父母接纳上有统计显著的增加。

续表

作者	参与者/方法	发现
廷德尔-林德,兰德雷斯,乔达诺. 目睹家庭暴力儿童的密集式团体游戏治疗. 国际游戏治疗学报. 2001,10(1): 53-83	N = 32 名儿童,住在家庭暴力庇护所,年龄 4 到 10 岁 C = 11 名未治疗/等候治疗 E1 = 10 名接受手足团体 CCPT E2 = 11 名接受个体 CCPT E1(实验组)在 12 天内接受 12 个手足团体 CCPT 单元(45 分钟) E2(对比组)在 12 天内接受 12 次个体 CCPT 单元(45 分钟) 按儿童在庇护所内的居住时间,将儿童分配到 E1 组和控制组 类实验设计	根据经过一段时间,相较于控制组,根据其自陈报告,实验组儿童在其自我概念上表现出统计显著的增强,并且根据家长报告,实验组儿童在其总体、外显行为问题、攻击性行为,及焦躁和阻抑行为上均有统计显著的改善。不过,实验组和对比组之间并未发现有随时间产生的统计显著的差异。
维拉里尔. 对拉美裔父母的学校本位的亲子关系治疗(CPRT). 人文与社会科学. 2008,69(2)	N = 13 位拉美裔家长,孩子年龄 4 到 10 岁,随机抽签到治疗组 C = 7 名未治疗/等候治疗 E = 6 名接受 CPRT CPRT 组接受 10 个单元的 CPRT 培训(每周一次,1.5 小时),并与其孩子共同进行 7 个游戏单元(每周一次,30 分钟) 实验设计	相较于控制组家长,接受了 CPRT 培训的家长报告显示从前测到后测,其孩子的内隐问题有统计显著的减少。即使没有统计显著性,接受了 CPRT 培训的家长还报告了孩子的外显问题有比控制组更大程度的减少。
沃特森. 对表现出与童年抑郁有关的消极外显行为的学生的早期干预方法:游戏治疗在学校的功效研究. 人文与社会科学. 2007,68(5):1820	N = 30 名托儿所儿童到一年级学生,证明有外显行为问题,年龄 4 到 7 岁 随机抽签分组 C = 15 名未治疗控制(平常的治疗) E = 15 名接受团体游戏治疗 实验组接受 16 个团体游戏治疗单元(每周两次,30 分钟) 实验设计	对控制组和实验组,单独进行配对样本 t 检验。结果表明,控制组儿童的社会技巧和问题行为没有随时间产生统计显著的差异。实验组在社会技巧上表现出随时间的统计显著的改善,但问题行为却没有此表现。不过,本研究并未分析各组间的差异。

续表

作者	参与者/方法	发现
袁,兰德雷斯,巴格利. 对移民的中国家庭的亲子治疗. 国际游戏治疗学报. 2002,11(2):63-90	N = 35 名移民的中国家长,孩子年龄 3 到 10 岁,随机抽签到治疗组 C = 17 名未治疗/等候治疗 E = 18 名接受 CPRT CPRT 组接受 10 个单元的 CPRT 培训（每周一次,2 小时）,并与其孩子共同进行 7 个游戏单元（每周一次,30 分钟） 实验设计	随时间产生的各组间的差异揭示了,CPRT 组的家长在与其孩子的移情互动上表现出统计显著的增加,正如独立评审员在游戏单元中直接观察到的一样。各组间统计显著的结果均支持 CPRT,包括父母接纳的增加,亲子关系应激的减弱,以及儿童行为问题的减少。

注:各治疗组指示符号:E = 实验,C = 控制或对比。本表中的设计和大部分信息均来自布拉顿(2010);布拉顿,兰德雷斯,林(2010);以及雷,布拉顿(2010)。

小结

以儿童为中心的游戏治疗是一个动态的过程,此过程以一种适应生长发育的方式理解儿童自己的措辞,允许儿童通过他们天然的沟通媒介游戏来展现自己。游戏治疗关系是一种为儿童持续发掘自我的过程,该过程因治疗师对孩子坚定的信念及其理解与接纳孩子的承诺而得到促进,并创造了一种安全的关系,同时由儿童内化,使儿童能自由展现并探索那些典型的未曾与其他成年人分享的个人维度。

以儿童为中心的游戏治疗师的全部重点均在儿童本身,而不是儿童的"问题"。因此,儿童游戏的内容和方向由儿童自己决定。以儿童为中心的方法并非一种基于已确定的儿童问题而规定的方法。一个关键的概念就是,行为是儿童对自己世界的知觉和对自己的感觉的函数。因此,治疗师应努力理解儿童的知觉观。通过查看孩子的双眼,一定就能理解孩子的行为。

以儿童为中心的游戏治疗在游戏治疗领域中是研究最为彻底的理论模型,在证明该方法对各种各样的儿童问题的有效性,以及该方法密集式和短期游戏治疗等限制时间的设置的有效性上,其结果是明确的。以儿童为中心的游戏治疗必须,并将一直关注存在和生成的过程。

参考文献

Baggerly, J., Ray, D., & Bratton, S. (2010). Child-centered play therapy research: The evidence basel or effective practice. Hoboken, NJ: Wiley.

Bayat, M. (2008). Nondirective play therapy for children with internalizing problems. Journal of Iranian Psychology, 4(15), 267-276.

Beckloff, D. R. (1998). Filial therapy with children with spectrum pervasive development disorders. Dissertation Abstracts International: Section B. Sciences and Engineering, 58(11), 6224

Blanco, P., & Ray, D. (2011). Play therapy in the schools: A best practice for improving academic achievement. Journal of Counseling and Development, 89, 235-242.

Brandt, M. A. (2001). An investigation of the efficacy of play therapy with young children. Dissertation Abstracts International: Section A. Humanities and Social Science, 61 (07), 2603.

Bratton, S. C., Ceballos, P., Shelly, A., Meany-Walen, K., & Prochenko, Y. (in review) An early mental health intervention on disruptive behaviors of at-risk prekindergarten children enrolled in head start.

Bratton, S. C., & Landreth, G. L. (1995). Filial therapy with single parents: Effects on parental acceptance, empathy and stress. International Journal of Ptay Therapy, 4 (1), 61-80.

Bratton, S. C., Landreth, G. L., & Lin, Y. W. (2010). Child parent relationship therapy: A review of controlled-outcome research. In J. Baggerly, D. Ray, & S. Bratton (Eds.), Child-Centered Play Therapy Research: Evidence Base for Effective Practice (pp. 267-293). Hoboken, NJ: Wiley.

Bratton, S., Ray, D., Rhine, T., & Jones, L. (2005). The efficacy of play therapy with children: A meta-analytic review of treatment outcomes. Professional Psychology: Research and Practice, 36(4), 376-390.

Ceballos, P., & Bratton, S. C. (2010). School-based child-parent relationship therapy (CPRT) with low-income first-generation immigrant Latino parents: Effects on children's behaviors and parent-child relationship stress. Psychology in the Schools, 47(8), 761-775.

Chau, I., & Landreth, G. (1997). Filial therapy with Chinese parents: Effects on parental empathic interactions, parental acceptance of child and parental stress. International Journal of Play Therapy, 6(2), 75-92.

Cohen, J. (1988). Statistical power analysis for the behavioral sciences (2nd ed.). Hillside, NJ: Erlbaum.

Costas, M., & Landreth, G. (1999). Filial therapy with nonoffending parents of children who have been sexually abused. International lournal of Play Therapy, 8(1), 43-66.

Danger, S., & Landreth, G. (2005). Child-centered group play therapy with children with speech difficulties. International Journal of Play Therapy, 14(1), 81-102.

Doubrava, D. A. (2005). The effects of child-centered group play therapy on emotional intelligence, behavior, and parenting stress. Dissertation Abstracts International: Section B. The Sciences and Engineering, 66(03), 1714.

Fall, M., Balvanz, J., Johnson, L., & Nelson, L. (1999). A play therapy intervention and its relationship to self-efficacy and learning behaviors. Professional School Counseling, 2(3), 194-204.

Flahive, M. W., & Ray, D. (2007). Effect of group sandtray therapy with preadolescents. Journal for Specialists in Group Work, 32(4), 362-382.

Garza, Y., & Bratton, S. C. (2005). School-based child-centered play therapy with Hispanic children: Outcomes and cultural considerations. International Journal of Play Therapy, 14(1), 51-79.

Glover, G., & Landreth, G. (2000). Filial therapy with Native Americans on the Flathead Reservation. International Journal of Play Therapy, 9(2), 57-80.

Grskovic, J., & Goetze, H. (2008). Short-term filial therapy with German mothers: Findings from a controlled study. International Journal of Play Therapy, 17(1), 39- 51.

Hacker, C. C. (2009). Child parent relationship therapy: Hope for disrupted attachment (Unpublished doctoral dissertation, University of Tennessee, Knoxville).

Harris, Z. L., & Landreth, G. (1997). Filial therapy with incarcerated mothers: A five week model. International Journal of Play Therapy, 6(2), 53-73.

Helker, W. P., & Ray, D. (2009). The impact child-teacher relationship training on teachers´ and aides´ use of relationship-building skills and the effect on student classroom behavior. International Journal of Play Therapy, 18(2), 70-83.

Holt, K. (2011). Child-parent relationship therapy with adoptive children and their parents: Effects in child behavior, parent-child relationship stress, and parental empathy. Dissertation Abstracts International: Section B. Sciences and Engineering, 71 (8).

Hunt, K. (2006). Can professionals offering support to vulnerable children in Kenya benefit from brief play therapy training? Journal of Psychology in Africa, 16(2), 215-221.

Jang, M. (2000). Effectiveness of filial therapy for Korean parents. International Journal of Play Therapy, 9(2), 39- 56.

Johnson-Clark, K. A. (1996). The effect of filial therapy on child conduct behavior problems and the quality of the parent-child relationship. Dissertation Abstracts International: Section B. 57(4), 2868.

Jones, E. M., & Landreth, G. (2002). The efficacy of intensive individual play therapy for chronically iii children. International Journal of Play Therapy, 11(1), 117-140.

Jones, L., Rhine, T., & Bratton, S. (2002). High school students as therapeutic agents with young children experiencing school adjustment difficulties: The effectiveness of filial therapy training model. International Journal of Play Therapy, 11(2), 43-62.

Kagan, S., & Landreth, G. (2009). Short-term child-centered play therapy training with Israeli school counselors and tethers. International Journal of Play Therapy, 18 (4), 207-216.

Kale, A. L., & Landreth, G. (1999). Filial therapy with parents of children experiencing learning difficulties. International Journal of Play Therapy, 8(2), 35-56.

Kaplewicz, N. L. (2000). Effects of group play therapy on reading achievement and emotional symptoms among remedial readers. Dissertation Abstracts International: Section B. Sciences and Engineering, 61 (01), 535.

Kellam, T. L. (2004). The effectiveness of modified filial therapy training in comparison to a parent education class on acceptance, stress, and child behavior. Dissertation Abstracts International: Section B. Sciences and Engineering, 64(08).

Kidron, M., & Landreth, G. (2010). Intensive child parent relationship therapy with Israeli parents in Israel. International Journal of Play Therapy, 19(2), 64-78.

Kot, S., Landreth, G., & Giordano, M. (1998). Intensive child-centered play therapy with child witnesses of domestic violence. International Journal of Play Therapy, 7 (2), 17-36.

Lambert, S., LeBlanc, M., Mullen, J., Ray, D., Baggerly, J., White, J., et al. (2005). Learning more about those who play in session: The national play therapy in counseling practice project (Phase I). International Journal of Play Therapy, 14(2), 7-23.

Landreth, G., & Lobaugh, A. (1998). Filial therapy with incarcerated fathers: Effects on parental acceptance of child, parental stress, and child adjustment. Journal of Counseling & Development, 76, 157-165.

LeBlanc, M., & Ritchie, M. (2001). A meta-analysis of play therapy outcomes. Counseling Psychology Quarterly, 14(2), 149-163.

Lee, M., & Landreth, G. (2003). Filial therapy with immigrant Korean parents in the United States. International Journal of Play Therapy, 12(2), 67-85.

Lin, Y. (2011). Contemporary research of child-centered play therapy (CCPT) modalities: A meta analytic review of controlled outcome studies (Unpublished doctoral dissertation, University of North Texas, Denton).

McGuire, D. E. (2001). Child-centered group play therapy with children experiencing adjustment difficulties. Dissertation Abstracts International: Section A. Humanities and Social Sciences, 61(10), 3908.

Morrison, M., & Bratton, S. (2010). An early mental health intervention for Head Start programs: The effectiveness of child-teacher relationship training (CTRT) on children's behavior problems. Psychology in the Schools, 47(10), 1003-1017.

Ogawa, Y. (2006). Effectiveness of child-centered play therapy with Japanese children in the United States. Dissertation Abstracts International, 68(026), 0158.

Packman, J., & Bratton, S. C. (2003). A school-based group play/activity therapy intervention with learning disabled preadolescents exhibiting behavior problems. International Journal of Play Therapy, 12(2), 7-29.

Post, P. (1999). Impact of child-centered play therapy on the self-esteem, locus of control, and anxiety of at-risk 4th, 5th, and 6th grade students. International Journal of Play Therapy, 8(2), 1-18.

Post, P., McAllister, M., Sheely, A., Hess, B., & Flowers, C. (2004). Child centered kinder training for teachers of pre-school children deemed at risk. International Journal of Play Therapy, 13(2), 53-74.

Ray, D. C. (2007). Two counseling interventions to reduce teacher-child relationship stress. Professional School Counseling, 10(4), 428-440.

Ray, D. C. (2008). Impact of play therapy on parent-child relationship stress at a mental health training setting. British Journal of Guidance and Counselling, 36, 165-187.

Ray, D. C., Blanco, E J., Sullivan, J. M., & Holliman, R. (2009). An exploratory study of child-centered play therapy with aggressive children. International Journal of Play Therapy, 18(3), 162-175.

Ray, D. C., Schottelkorb, A., & Tsai, M. (2007). Play therapy with children exhibiting symptoms of attention deficit hyperactivity disorder. International Journal of Play Therapy, 16(2), 95-111.

Ray, D. E. (2003). The effect of filial therapy on parental acceptance and child adjustment (Unpublished masters'thesis, Emporia State University, Kansas).

Rennie, R. L. (2003). A comparison study of the effectiveness of individual and group play therapy in treating kindergarten children with adjustment problems. Dissertation Abstracts International: Section A. Humanities and Social Sciences, 63(09).

Rhine, T. J. (2002). The effects of a play therapy intervention conducted by trained high school students on the behavior of maladjusted young children: Implications for school counselor. Dissertation Abstracts International: Section A. Humanities and Social Sciences, 62(10), 3304.

Schumann, B. R. (2010). Effectiveness of child-centered play therapy for children referred for aggression. In J. Baggerly, D. Ray, & S. Bratton (Eds.), Child-centered play therapy research: The evidence base for effective practice (pp. 143-208). Hoboken, NJ: Wiley.

Shashi, K., Kapur, M., & Subbakrishna, D. K. (1999). Evaluation of play therapy in emotionally disturbed children. NIMHANS Journal, 17(2), 99-111.

Sheely-Moore, A., & Bratton, S. (2010). A strengths-based parenting intervention with low-income African American families. Professional School Counseling, 13(3), 175-183.

Shen, Y. (2002). Short-term group play therapy with Chinese earthquake victims: Effects on anxiety, depression, and adjustment. International Journal of Play Therapy, 11（1），43-63.

Smith, D. M., & Landreth, G. L. (2004). Filial therapy with teachers of deaf and hard of hearing preschool children. International Journal of Pla? Therapy, 13(1), 13-33.

Smith, N., & Landreth, G. (2003). Intensive filial therapy with child witnesses of domestic violence: A comparison with individual and sibling group play therapy. International Journal of Play Therapy, 12(1), 67-88.

Swanson, R. C. (2008). The effect of child centered play therapy on reading achievement in 2nd graders reading below grade level. Master Abstracts International: Section A: Humanities and Social Sciences, 46(5).

Tew, K., Landreth, G., Joiner, K. D., & Solt, M. D. (2002). Filial therapy with parents of chronically iii children. International Journal of Play Therapy, 11(1), 79-100.

Trostle, S. (1988). The effects of child-centered group play sessions on social-emotional growth of three- to six-year-old bilingual Puerto Rican children. Journal of Research in Childhood Education, 3, 93-106.

Tyndall-Lind, A., Landreth, G., & Giordano, M., (2001). Intensive group play therapy with child witnesses of domestic violence. International Journal of Play Therapy, 10(1), 53-83.

Villarreal, C. E. (2008). School-based child parent relationship therapy (CPRT) with Hispanic parents. Dissertation Abstracts International: Section A. Humanities and Social Sciences, 69(2).

Watson, D. (2007). An early intervention approach for students displaying negative externalizing behaviors associated with childhood depression: A study of efficacy of play therapy in the school. Dissertation Abstracts International: Section A. Humanities and Social Sciences, 68(5).

Yuen, T., Landreth, G., & Baggerly, J. (2002). Filial therapy with immigrant Chinese families. International Journal of Play Therapy, 11(2), 63-90.

致　谢

我之所以能顺利地开展并完成本书第一版的写作,主要是因为我生命中最重要的几个人给予了我极大的帮助,正是在他们充满爱的支持和鼓励之下,这本书才有机会和大家见面。这几个重要人物分别是我的妻子和3个孩子,在得到了他们无私而温暖的帮助之后,我终于能抛开各种琐事杂念,专心致力于本书的写作。我的妻子莫尼卡替我分担了很繁重的工作,她不但要打字,还得敦促我重写某些章节,因为这些章节对我自己来说清晰明了了,而对其他人来说却不一定能够理解。作为父亲我还要特别地感谢一下我的3个孩子:金伯莉,当她假期回家发现自己的卧室已被我"接管"(被放入了一台办公电脑、3张桌子和一大堆书)以后,她对我保持了耐心,并对我的工作给予了理解;卡拉,她对我再次写书表现出了极大的热情;Craig,深夜当我工作疲倦时,体贴细致的他给我送来了点心。

在对游戏疗法的"情感释放"和"成长促进"作用进行探索的过程中,我的研究生们总是对他们的新发现激动不已,他们的兴奋之情不断地激励着我,加上出版社长期以来也一直在支持和鼓励我,我终于决定开始动笔书写本书的第二版。让我感到欣慰的是,很多人都认为这本书的第一版能为他们提供帮助。当听说有人读过本书中文、韩文和俄文的不同译本时,我深切地感受到了自己工作的价值。

本书照片中所拍摄到的儿童都是志愿者,而非来访者。我非常感谢这些孩子以及他们的父母能够积极地配合我的工作。此外,我还要感谢学术期刊编辑部的工作人员能够允许我将自己之前的一些文章或其中的部分内容再次出版,这些文章的题目是:《谁是所谓的游戏室咨询师?》(1982),发表于《校园咨询师》(The School Counselor,29:359-361. 美国咨询与发展协会授权再版);《游戏治疗师在儿童生活中的独特性》(1982),发表于《德克萨斯人事与指导学会期刊》(Texas Personnel and Guidance Association Journal,10:77-81);《游戏疗法:在小学咨询中对儿童游戏的促进式运用》(1987),发表于《小学辅导与咨询期刊》(Elementary School Guidance and Counseling Journal,21:253-261,美国咨询与发展协会授权再版)。